경춘선

사계절 여행

경춘선 사계절 여행

1판 1쇄 인쇄 2012년 2월 25일
1판 1쇄 발행 2012년 3월 1일

지은이 김수남 · 변지윤 · 윤규식 · 임운석 · 정철훈

발행인 김국률
발행처 예조원

출판등록 제301-2010-184호

주소 서울시 중구 필동1가 21-4
전화 (02)2272-7272 팩스 (02)2272-7275

값은 표지에 있습니다.
ISBN 978-89-94129-34-1 (13980)

이 도서의 국립중앙도서관 출판시도서목록(CIP)은
e-CIP 홈페이지(http://www.nl.go.kr/ecip)에서 이용하실 수 있습니다.
(CIP제어번호: CIP2012000834)

여행작가 5인의 5색 테마여행 안내

경춘선
사계절 여행

김수남 · 변지윤 · 윤규식 · 임운석 · 정철훈 지음

예조원

그 이름 앞에선 가슴이 설렌다. 경춘선!

경춘선은 서울에서 춘천까지의 노선이다. 보통은 기차 노선을 말하지만 전철이 그 자리를 대신 꿰차면서 요즘은 전철 노선을 뜻하는 말이 되었다. 춘천까지의 고속도로나 국도도 경춘선이라 부른다. 그러나 역시 경춘선이라 하면 '덜컹덜컹' 철로여행이어야 제 맛이다.

추억 속 경춘선도 기차여행이었다. 친구들끼리, 연인끼리 그리고 학우들과 함께한 낭만 가득했던 여행길이었다. 젊음을 노래하고 사랑과 우정을 나눴으며, 손에 잡히지도 않았던 그 시절의 낭만을 좇았다. 뜨거웠던 시절이었다. 그래서 경춘선이라는 이름 앞에선 지금도 가슴이 설렌다.

경춘선 여행의 종착지는 언제나 청평사였다. 깊은 산사의 이미지보다는 유람선 오가는 호반의 정취가 먼저 생각나는 곳이다. 볼을 떼어가는 듯 매서운 겨울바람과 세상 모든 것을 다 집어삼키려는 듯 모락모락 피어오르는 물안개를 헤치고 가야 만날 수 있다. 피안의 세계가 따로 없다.

청평사와 소양호에 얽힌 흑백 추억이 하나 있다. 25년 전의 일이다. 친구 넷이서 청평사계곡 아래 소양호변에 텐트를 치고 캠핑을 하게 되었다. 밤새 비가 얼마나 쏟아졌을까. 텐트 안으로 들이차는 물을 계속 퍼냈다. 그러다 마침내는 텐트를 조금 더 위쪽으로 옮

기기까지 했다. 불어나는 수위로 위험한 상황까지 다다른 것이다. 그렇게 뜬눈으로 밤을 지새다보니 날이 밝았고 비도 그쳤다. 나중에 뉴스를 통해 알았지만 그날 엄청난 폭우로 곳곳에서 물난리가 났고 야영객들이 고립되었다고 한다. 그때 함께 사선(死線)을 넘던 옆 텐트에서 인사를 건네 왔다. 예닐곱 명의 직업군인들이었는데 청평사계곡에 흘러내리는 흙탕물로 커피를 타서 한 잔 하라고 내미는 게 아닌가. 그때 마셨던 커피 맛을 지금도 잊을 수 없다. 공지천에서 야경을 벗 삼아 커피 한 잔 하는 것이 으레 경춘선 여행의 코스처럼 된 요즘이지만 그래도 그때의 흙탕물 커피 맛에는 비할 바가 못 된다.

　재작년 이맘때쯤이었다. 경춘선 기차가 역사 속으로 사라진다고 하여 마지막 추억 여행을 떠난 적이 있다. 시간의 때가 뿌옇게 묻은 객차 안에서 홀로 빛바랜 상념을 더듬었다. 객차는 주민들과 여행객들이 뒤섞여 빈자리가 하나도 없다. 객차 안으로 군것질거리를 가득 실은 작은 손수레가 들어오자 덜컹거리는 시간여행은 절정으로 달렸다. 작은 그물망에 든 감귤, 삶은 계란, 사이다…… 빠끔 고개를 내민 얼굴들이 옛 모습 그대로라 반갑기만 하다.

　여행은 추억 만들기이다. 경춘선에 얽힌 추억 한둘 가지고 있지 않은 이 없으리라. 멋진 추억을 가진 이에겐 그 화려했던 날을 한 번 더

품어보란 뜻으로, 아직 그럴 추억이 없는 이에겐 남부럽지 않은 싱싱한 추억을 만들라는 의도로 후배 작가들과 '경춘선 행(行)'을 작당하게 됐다. 추억을 더듬다보니 의외로 다양한 색깔이 나왔다. 각기 개성이 다른 다섯 명의 여행작가가 다섯 가지 색깔을 담았다. 열 가지, 백 가지도 넘는 색깔 중에서 겨우 다섯 가지 색깔만 담았다. 나머지는 경춘선에 몸을 실은 독자들의 몫이리라.

마지막으로 여행작가들의 경춘선 이야기에 귀 기울이고 한 권의 책으로 묶어주신 예조원 김국률 대표에게 감사 인사를 전한다. 마침 멋진 경춘선 준고속열차(좌석형 급행열차)가 새로 개통된다고 하니, 같이 경춘선에 몸을 싣고 추억 밟기 여행이나 떠나자고 할 요량이다. 우리나라에서 최초로 선뵈는 2층짜리 객차도 눈길을 끌고 무엇보다 열차의 이름이 가슴을 설레게 만든다.

'청춘!'

청춘이다. 바로 여행하기 좋은 때 아닌가!

2012년 2월 고창 동리연당에서
여행작가 김수남

CONTENTS

Section **1** 오감 체험 여행지   ★김수남

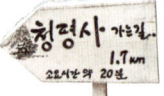

경춘선 전철 노선별 여행 정보

용산역

전쟁기념관

🚇 1호선 및 중앙선 환승, ITX ✉ ☎ 서울특별시 용산구 한강로3가 40-999. 02)3780-5408

청량리역

세종대왕기념관

홍릉수목원

🚇 ITX ✉ ☎ 서울특별시 동대문구 전농동 588-1. 02)967-1791

상봉역

🚇 7호선 및 중앙선 환승, 일반

✉ ☎ 서울특별시 중랑구 상봉동 115. 02)432-7783

망우역

망우리공원묘지

18p

신내역

🚇 중앙선 환승, 일반 ✉ ☎ 서울특별시 중랑구 상봉1동 72. 02)432-7788

★ 6호선 환승
2012년 12월 개통 예정

갈매역
(삼육대)

동구릉(건원릉)
268p

태릉
260p

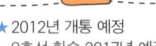
별내역

★ 2012년 개통 예정
8호선 환승 2017년 예정

🚇 일반 ✉️📞 경기도 구리시 갈매동 502-39. 031)572-8827

퇴계원역

우석헌자연사박물관
74p

진접여객구 고가
81p

🚇 일반 ✉️📞 경기도 남양주시 퇴계원면 퇴계원리 218-8. 031)571-7788

사릉역

사릉
140p

🚇 일반 ✉️📞 경기도 남양주시 진건읍 사능리 605-3. 031)575-8862

금곡역

홍유릉
82p

남양주아트센터
205p

🚇 일반 ✉️📞 경기도 남양주시 금곡동 404-14. 031)591-7109

평내호평역

천마산
206p

묵현역

★2013년 6월 개통 예정

🚃 일반·ITX ✉ 📞 경기도 남양주시 평내동 156. 031)591-7788

마석역

피아노폭포와
피아노화장실
26p

모란미술관
274p

마석5일장
32p

🚃 일반
✉ 📞 경기도 남양주시 화도읍 마석우리 222-2. 031)593-7788

대성리역

대성리국민관광지
280p

🚃 일반
✉ 📞 경기도 가평군 청평면 대성리 393-3. 031)584-0616

몽골문화촌
148p

축령산자연휴양림
221p

청평역

안전유원지
156p

쁘띠프랑스
298p

 일반·ITX(청량리발) 경기도 가평군 청평면 청평리 125-1. 031)584-0012

청평호수상레포츠
38p

아침고요수목원
286p

백련사 템플스테이
90p

상천역
(호명호수)

호명호수
292p

상천에덴 유스호스텔
314p

 일반 경기도 가평군 청평면 상천리 1261. 031)585-8874

가평역
(자라섬·남이섬)

자라섬 오토캠핑장
122p

남이섬
162p

 일반·ITX 경기도 가평군 가평읍 달전리 567. 031)581-2855

남이섬 가는 배
162p

이화원
235p

현양농경유물박물관
129p

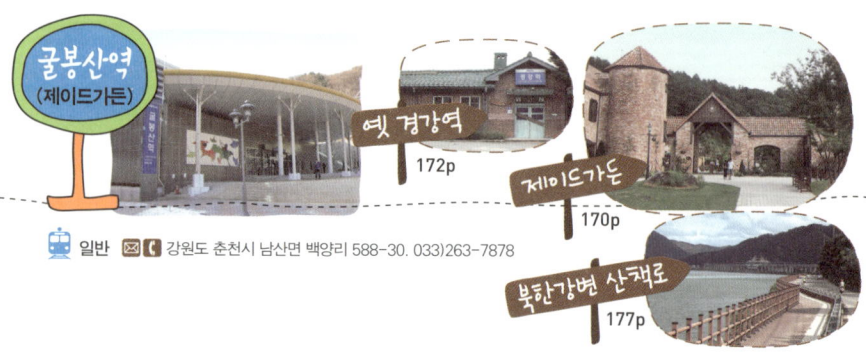

굴봉산역
(제이드가든)

옛 경강역
172p

제이드가든
170p

북한강변 산책로
177p

🚆 일반 ✉ 📞 강원도 춘천시 남산면 백양리 588-30. 033)263-7878

백양리역
(엘리시안강촌)

엘리시안 강촌리조트
249p

🚆 일반 ✉ 📞 강원도 춘천시 남산면 강촌리 680-7. 033)262-8827

강촌역

추억의 옛 강촌역
180p

강촌유원지
178p

구곡폭포
242p

🚆 일반 · ITX(청량리발)
✉ 📞 강원도 춘천시 남산면 방곡리 산67-1. 033)261-7897

김유정역

김유정 동상
188p

김유정 문학전시관
184p

 일반 ✉ 📞 강원도 춘천시 신동면 증리 859-3. 033)261-7780

남춘천역
(강원대)

공지천 190p

에티오피아 참전 기념관 194p

일반·ITX 강원도 춘천시 퇴계동 673-1. 033)257-7022

온의닭갈비 195p

중도유원지 306p

의암호 인어상 257p

춘천역
(한림대)

소양강처녀상 195p

일반·ITX

강원도 춘천시 근화동 190. 033)241-7758

춘천막국수체험박물관 66p

애니메이션박물관 60p

강원도립화목원 52p

소양호 청평사 130p

Section ①

오감 체험 여행지

★ 글·사진 김수남

두 발로 만나는 위인열전

망우리공원묘지

망우

'생사일여(生死一如)'라는 말이 있다.
삶과 죽음이 하나이므로 그 경계가 없고,
차별 또한 없다는 뜻이다. 망우리공원 사색의 길을 따라
걷다보면, 삶과 죽음에 대해 다시 생각하게 된다.
죽은 이의 무덤을 두고 막연하게 공포로만 여기던 마음이
얼마나 잘못되었는지도 깨닫게 된다. 노무현 전 대통령이
마지막으로 남기고 간 말처럼 '삶과 죽음이 모두 자연의
한 조각' 아니겠는가.
한때 공동묘지라는 이름 탓에 공포와 혐오의
대상으로 여겨지던 망우리묘지가 시민들이 즐겨 찾는
역사묘지공원으로 대변신을 했다. 특히 망우리공원
사색의 길은 가을철 서울의 아름다운 3대 산책길로
뽑혔다. 그 산책길에서 반가운 이름들을 만나본다.

함께 하기   친구, 가족, 때로는 혼자
좋은 계절   언제든지 좋아요

박인환 선생의 시비.
대표작 〈목마와 숙녀〉의
일부 구절이 새겨져 있다.

박인환 선생

(1926~1956 시인)

인생은 외롭지도 않
그저 잡지의 표지처
통속하거늘 한탄할
그 무엇이 무서워서
우리는 떠나는 것일

「목마와 숙녀」 중에서

★주소... 서울특별시 중랑구 망우동 산 57
★교통... 경춘선 망우역 1번 출구 → 51, 52번 버스(딸기원 서문 하차) /
　　　　　165, 201, 202, 330-1, 765, 8005 버스(동부제일병원 하차)
　　　　　→ 도보 15분
　　　　　서울 중랑교 → 망우로 → 망우리공원묘지
★이용... 별도의 입장료는 없음. 연중무휴, 상시 개방.
★문의... 관리사무소 02)434-3337 culture.jungnang.seoul.kr

'근심을 잊게 되었다'는 뜻에서 붙은 지명이 망우리(忘憂里)이다. 사실 여부를 확인할 방법은 없지만 일설에 의하면, 조선 태조 이성계가 구리시 인창동의 건원릉 자리를 사후 자신의 유택으로 정하고 돌아오는 길에 '이제야 근심을 잊겠노라'라고 말한 데에서 유래되었단다.

서울특별시 중랑구 망우동과 구리시 교문동의 경계가 되는 곳에 망우리고개가 있다. 현재의 망우리고개는 예전에 넘나들던 고개보다 남쪽에 새로 난 길이고, 원래 고갯길은 중앙선 도농역과 망우역 사이의 기차 터널 위쪽이었다. 어찌되었든 망우리고개는 태조가 지나간 후에 고갯길이 넓게 잘 다듬어졌으며, 태조의 장례 행렬 또한 이 길로 지났다고 한다.

이곳에 묘지들이 들어서기 시작한 것은 1933년부터이다. 1912년 일제에 의해 '묘지·화장·화장장에 관한 취체규칙'이 제정되었는데, 당시 경성부에서 관리한 공동묘지는 미아리·이문동·이태원·만리동·여의도 등 19개소에 달했다고 한다. 현재 대부분의 공동묘지는 주택지로 변했고 망우리만 서울 시내의 유일한 공원묘지로 남았다. 망우산 일대 83만 2,800㎡의 공간에 분묘가 가득 차면서 1973년부터는 더 이상 새로운 묘를 쓸 수 없게 되었다. 40년간 2만 8,500

여 기의 묘지가 생긴 것이다. 근년 들어 이장과 납골을 꾸준히 장려
한 결과 현재는 9,900여 기만 남았고 계속 줄어들 전망이다.

위인들의 묘비명에서 나의 삶 되돌아보기

　망우리묘지는 한국의 근현대사가 보존되어 있는 곳으로, 현재 역
사묘지공원으로 단장되어 있다. 공원 내에는 아동문학을 널리 보급
시키고 어린이 보호운동에 앞장 선 소파 방정환을 비롯해, 3·1운동
당시 민족대표 33인에 속하는 만해 한용운·오세창 등 애국지사들의
묘와 지석영·박인환·이중섭 등 이름만 들어도 고개를 끄덕일 만한
저명인사들이 잠들어 있다. 안창호 선생의 묘도 강남구 신사동 도산
공원으로 이장되기 전까지는 이곳에 있었다. 공원 안에는 애국지사
와 저명인사들의 묘지 위치와 시설을 알기 쉽도록 종합안내판이 설
치돼 있고, 산책로를 따라 이들의 업적을 알 수 있는 연보비가 함께
세워져 있어 방문객들의 이해를 돕고 있다.

　몇몇 특이한 묘가 눈길을 끈다. 소파 방정환(1899~1931)의 묘는 봉
분이 없고 돌로 되어 있다. 돌에는 '동심여선(童心如仙 - 어린이의 마음
은 신선과 같다)'이란 글귀가 새겨져 있다. 33세의 젊은 나이에 세상을
뜬 방정환 선생은 원래 화장을 했었고 유골은 홍제동 화장터에 봉안

나란히 붙어있는
오세창 선생의 묘와
문일평 선생의 묘.

진보당사건에
휘말려 억울한
죽음을 당한
조봉암 선생의
묘에는 비문 없는
백비가 세워져
있다.

되었다. 그러다가 타계 5년 뒤에 망우리로 이장하여 그때 묘비를 세운
것이다. 비석의 글씨는 독립운동가이자 당대의 명필인 오세창이 썼는
데 오세창 선생도 망우리공원에, 그것도 소파 방정환 선생과 가까운
곳에 잠들게 되었으니 각별한 인연이라 할 수 있다.

죽산 조봉암(1898~1959)의 묘도 발길을 오래 붙잡는다. 한때 이승
만의 정적(政敵)이자 대통령 후보였던 조봉암은 진보당사건에 휘말려
1959년에 억울하게도 사형 당하고 만다. 유족들은 '간첩'이라는 누명
을 벗을 때까지 비문을 새기지 않기로 해 지금까지 백비(白碑)로 전해
지고 있다. 당시 조봉암 선생은 다음과 같은 유언을 남겼다고 한다.

"나에게 죄가 있다면 많은 사람이 고루 잘 살도록 정치 운동한 것
밖에 없다. 나는 이(李) 박사와 싸우다 졌으니 패자가 이렇게 죽임을
당하는 건 흔히 있을 수 있는 일이다. 다만 내 죽음이 헛되지 않고 이
나라 민주 발전에 도움이 되기 바랄 뿐이다."

조봉암 선생은 사후 52년이 지난 최근(2011년 1월)에야 뒤늦게 무
죄 판결을 받았다.

종두법 보급에 앞장선 의사이자 한글학자인 지석영(1855~1935)의
연보비에는 '우리 가족에게 먼저 실험해 보아야 안심하고 쓸 수 있지
않겠느냐'라고 적혀 있어, 보는 이들의 가슴을 뜨겁게 만든다. 1880
년 가족에게 먼저 우두를 접종하면서 쓴 글이라고 한다. 산책로를 따

라 걸으며 애국지사들의 숨결도 느껴 보고 커다란 나무들이 우거진 자연관찰로에서 자연체험까지 할 수 있으니, 아이들의 체험학습 장소로도 잘 어울린다.

차분하게 걷다보면 근심이 없어지는 사색의 길

5.2km에 달하는 순환로는 '사색의 길'이라고 명명되었는데 이곳을 찾는 시민들에게 산책로와 등산로로 큰 사랑을 받고 있다. 공동묘지란 인식을 벗어나 주말뿐만 아니라 평일에도 수많은 사람들이 찾아오는 장소로 거듭나게 된 것이다. 게다가 이곳 사색의 길은 '가을철 서울의 아름다운 산책길 세 곳' 중의 하나로 손꼽힌다. 어린이대공원의 은행나무길, 청계천 수크령길과 더불어 가을 정취가 물씬 풍기는 걷고 싶은 길 1순위로 뽑혔다.

망우리공원 입구에서 15분 정도 걸어 들어가면 묘역관리사무소를 지나 사색의 길이 시작된다. 산책로는 두 갈래 길처럼 보이지만 순환로이기 때문에 어느 쪽으로 향하든 출발점으로 다시 돌아온다. 그래도 고민이 된다면 오른쪽 길을 따라 도는 게 길이 평탄하고 쉽다. 관리사무소에서 유명인사 묘역 안내도를 받아들고 출발하면 많은 도움이 된다.

구리 둘레길과 이어진 망우리공원 사색의 길. 한나절 걷기 좋은 길이다.

특히 사색의 길 곳곳에서 시원스레 탁 트인 서울의 경관을 조망할 수 있는데, 가까운 중랑구를 중심으로 서울 강북 일대와 멀리 북한산과 도봉산 그리고 한강 너머 남양주 일대까지도 감상할 수 있다. 망우리공원에서 용마산으로 넘어 가는 길은 서울시가 선정한 우수경관 조망 명소로, 경관 조망 전망대도 설치되어 있다. 가던 걸음을 잠깐 멈추고 1,000만 명이 넘는 인구가 아등바등 살아가는 서울의 겉모습을 위에서 내려다보는 것도 재밌다. 파란 하늘 아래 알록달록 레고 블록을 쌓은 것처럼 빼곡하게 들어서 있는 작은 건물들을 보고 있으면, 마치 소인국의 걸리버가 된 것 같기도 하고 천상의 세계에 들어선 것 같은 착각도 든다. 망우리공원에 잠들어 계신 분들은 이곳의 지명처럼 정

말 근심이 없겠구나 하는 생각도 떠오른다. 그동안 왜 그렇게 아웅다웅 살았나 하는 후회와 함께 살아서 이렇게 파란 하늘을 볼 수 있음에 감사하게 된다.

망우산 일대는 특히 남한에서 드물게 고구려유적이 발굴되어 고고학적 의미가 깊은 곳이기도 하다. 망우산에서 용마산을 거쳐 아차산까지는 산지로 연결되어 있어 조선시대에는 모두 아차산으로 통칭해 불렀는데, 산 능선에는 '보루'라고 하는 고구려 군사 시설이 10여 개나 남아 있다. 보루는 적을 감시하기 위해서 산봉우리에 세운 소형 석축산성을 말하는데, 삼국시대 한강유역은 고구려 · 백제 · 신라 모두에게 전략적 요충지로 매우 중요한 곳이었기에 많은 보루가 세워졌다. 망우산 보루는 분묘가 조성되면서 유구는 대부분 훼손되었고, 주변에서 토기 조각들만이 종종 발견되고 있다. 사색의 길은 용마산 등산로와도 이어져 있으니 용마산을 지나 아차산까지 산행을 하며 고구려유적을 돌아보는 것도 좋다.

망우리공원 곳곳에 있는 약수터는 서울 시내 으뜸 약수터 중에서도 물맛 좋기로 소문나 있다. 서울 시내 300여개가 넘는 약수터 가운데 드물게, 3년 동안 18번의 수질검사에서 모두 합격했을 정도이다. 서울 시내에서 커다란 나무가 우거진 숲 속 산책로를 따라 공원을 한 바퀴 돌며, 맑은 공기와 맑은 물로 몸과 마음을 정화시킬 수 있으니 얼마나 좋은가. 게다가 절로 역사공부까지 된다. 두 발로 걸으며 만나는 위인열전이다.

용마폭포공원

용마산 중턱 채석장 자리를 인공폭포공원으로 꾸몄다. 3개의 인공폭포
와 연못이 있다. 가운데 용마폭포는 높이가 51m로 동양에서 가장 높은
인공폭포로 유명하다. 양쪽의 청룡폭포와 백마폭포 또한 높이가 20m
나 되어 거대한 폭포수가 장관을 이룬다. 곳곳에 원두막과 야외식탁이
있어 가족나들이에도 좋고, 수영장 · 축구장 · 배드민턴장 · 테니스장 ·
게이트볼장 등 운동시설과 전망대 · 야외음악당이 있어 다양한 사람들이
찾는다. 특히 중앙 잔디광장은 야외결혼식장으로 활용되기도 한다.
공원은 24시간 개방되지만 폭포는 5월~9월까지 낮 12~1시, 2~3시, 4~5시 하루 세 차례만 가동된다.
겨울철에는 인공폭포가 빙벽타기 장소로, 연못은 스케이트장으로도 활용된다. 지하철 7호선 용마산역에
서 도보 5분 거리.

✉ ☎ 서울특별시 중랑구 면목4동 산1-4, 중랑구청 공원녹지과 02)2094-2340~5

중랑캠핑숲

서울 도심에서 텐트를 치고 즐길 수 있
는 몇 안 되는 캠핑장이다. 개발제한구
역 내 비닐하우스 등으로 훼손된 곳을 복원해 공원으로 조성했는데,
학생단체 야영과 가족단위 캠핑장으로 인기다. 47개 캠핑 사이트마
다 주차공간이 따로 있고 전기시설과 바비큐그릴, 야외테이블, 스파
와 샤워시설 등이 마련되어 있어 편리하다.
숲체험존, 생태학습존, 청소년문화존 등 주변 환경이 잘 꾸며져 있으며, 다양한 공원프로그램과 자연체
험프로그램을 운영하고 있어 어린이들도 참여할 수 있다. 중랑캠핑숲은 텐트 위주의 야영시설로 캠핑카
나 캠핑트레일러의 사용은 어렵고, 인터넷으로만 예약이 가능하며 당일 예약은 어렵다.

✉ ☎ 서울특별시 중랑구 망우동 241-20, 캠핑장 관리사무소 02)434-4371~2 parks.seoul.go.kr/JungnangCampGround

아차산

아차산의 이름과 관련하여 〈삼국사기〉에는 '아차(阿且)'와 '아단
(阿旦)'이라는 이름이 혼용되어 나오는데 조선 태조 이성계의 이
름이 '단(旦)'이어서 이와 모양이 비슷한 '차(且)'로 고쳐 불렀다는 이야기가 전한다.
아차산에는 삼국시대 유적인 아차산성이 있다. 테뫼식 형태를 하고 있는 산성 일대
에서는 고구려시대의 성벽과 집터, 연못터 등이 발굴되었고 철기류와 토기류 등의 유
물도 발견되었다. 역사기행을 목적으로 산을 찾는 이들도 많다.

✉ ☎ 서울특별시 광진구 구의2동 산8, 아차산관리사무소 02)450-1655

소문난
맛집

홍이네분식

떡볶이가 주 메뉴인 분식집답게 골목길에 위치
해 있다. 이곳의 떡볶이는 '옛날식' 떡볶이
라고 소문났는데 부재료를 많이 넣고 양념도 많이 치는 요즘 떡볶
이와 달리 간단한 양념만으로도 감칠맛을 만들어 내는 게 특징이
다. 소스도 약간 묽은 편인데 자극적이지 않으면서도 깔끔한 맛
때문인지 한번 먹게 되면 자꾸만 생각나 찾게 된다.

✉ ☎ 서울특별시 중랑구 망우동 342-47. 02)439-5831

글쎄, 여기가 하수처리장이래!

피아노폭포와 피아노화장실

마석

하수처리장이 관광명소라고? 웬 뜬금없는
소리일까 반문하겠지만 남양주시 화도읍의
화도하수처리장은 연간 20만 명이 방문하는 인기 명소다.
하수처리장은 말 그대로 생활하수를 정화하여 깨끗한
물로 만들어 내보내는 곳이다. 그런데 화도하수처리장은
정화된 하수로 인공폭포를 만들어 방류한다. 폭포의
길이가 91.7m에 달하는, 세계 최초의 하수처리 폭포이다.
폭포 앞에 있는 화장실 모양새 역시 범상치 않다. 커다란
피아노 모습을 하고 있다. 2층에 있는 화장실을 가기 위해
계단을 오르면 피아노 소리가 난다. 하수 정화 과정을
살펴볼 수 있는 환경체험관이 바로 옆에 있어 훌륭한
현장체험학습 코스로 입소문 났다.

함께 하기 가족, 연인, 어린이 단체
좋은 계절 봄~가을(3월에서 11월까지만 피아노폭포가 가동됨)

피아노폭포와
피아노회장실이 있는
화도하수처리장 전경.

* 주소... 경기도 남양주시 화도읍 금남리 612

* 교통... 🚇 마석역 출구 → 30-9번 마을버스 승차 → 피아노폭포 앞(25분여 소요)

🚗 서울 → 양평 방향 6번국도 → 팔당댐 지나 대성리 방향으로 좌회전 →
피아노폭포 이정표 따라 좌회전 → 화도하수처리장

* 이용... 피아노폭포는 3월에서 11월까지만 가동, 기타 시설은 연중무휴로
09시~18시까지 개방. 입장료 없음. 체험학습 프로그램을 운영하고
있으며 단체는 사전 예약제.

* 문의... 화도하수처리장 031)590-8225~6 hwadostp.go.kr

길이 91.7m의 위용을
자랑하는 피아노폭포.

남양주 화도하수처리장은 피아노폭포와 피아노화장실로 유명하다. 2층짜리 화장실 건물은 커다란 흰색 피아노 모습을 하고 있고, 하수를 정화한 깨끗한 물은 61.5m 높이에서 떨어지는 91.7m의 길이의 폭포에 의해 방류되고 있다. 폭포와 흰색 피아노 모양의 화장실이 함께 어우러진 풍경은 마치 외국에 온 듯 낯설다.

보기에도 감탄사가 터질 만한 이 이색 아이디어는 시민 제안에서 나왔다. 반응은 폭발적. 따로 홍보를 하지 않는데도 입소문이 이어지면서 연일 관광객들이 몰려들고 있다. 특히 유치원생들의 방문이 많다. 입장료가 없는 데다가 이색 건물에 간단한 물놀이까지 할 수 있으니 아이들에겐 최고의 테마파크다.

이곳에선 방귀 소리도 음악으로 변한다

피아노폭포는 펌프를 이용하여 정화된 물을 산등성이까지 끌어 올려 인공바위로 꾸며진 폭포를 통해 흘려보내는 형태를 하고 있다. 아무리 가물어도 폭포수는 일정한 양을 유지하며 계속 내려온다. 바닥에 도달한 물은 그대로 계곡을 따라 흘러나가 북한강과 합류한다. 오염된 하수에서 질소와 인을 제거하고 완벽하게 멸균시킨 건강하고 깨끗한 물이다.

피아노폭포 앞에는 피아노화장실이 있다. 커다란 흰색 피아노 1대가 세워져 있는데 그 앞에 서면 마치 거인국 나라에 온 듯한 착각에 빠진다. 화장실이 있는 2층으로 올라가기 위해 계단을 밟으면 피아노 소리가 난다. 이쯤 되면 동화 속으로 빨려 들어가는 판타지 계단 같다. 물론 이곳을 오르는 이들이 다 화장실에 용무가 있는 건 아니다. 2층 화장실에서 유리창을 통해 내려다보는 피아노 폭포와 하수처리장 일대의 전경이 참 아름답기 때문에 대부분 호기심 반, 구경 반으로 올라간다. 화장실 입구의 남녀 식별 표지는 음표 모양이다. 이곳에선 방귀만 뀌어도 음악 소리가 나올 듯하다.

2층 높이의
피아노화장실.
남녀 출입 표시도
음표 모양으로
돼 있다.

유치원생들이 단체 견학을 오면 피아노 화장실 뒤에 있는 '심청이 물놀이 마당'이라는 이름의 S자형 물놀이 시설을 더 좋아한다. 얇게 흐르는 개울이 재현되어 있는데, 바지를 걷어 올리고 찰방찰방 노는 일이 웅장한 폭포나 이색 화장실 구경하는 것보다 더 재미있다. 인솔교사가 세심히 제지를 하지만 이내 옷이 흥건하게 젖고 만다. 아이들에겐 물놀이만큼 재미있는 오락거리도 없다. 간혹 데이트 나온 연인들이 심청이가 들고 있는 물동이를 향해 동전을 던져보지만 쉽게 들어가질 않는다. 디딜방아 체험장도 있다. 사람이 올라서서 힘껏 밟았다 놓으면서 곡식을 빻거나 찧는 도구인데, 사이 좋아 보이는 한 쌍의 연인이 연신 웃음보를 터트리며 방아질이다.

하수정화시설 옆에 세워진 환경체험관은 일종의 전시관이다. 환경오염의 심각성을 깨닫게 해주고 하수처리 과정을 자세하게 보여주는 곳이다. 2층에는 영상실이 있어 단체로 체험학습을 신청한 팀에게 개방이 된다. 영상은 4분짜리에서 10분짜리까지 다양하게 준비되어 있어 참여자의 특성에 맞춰 상영된다. 물 절약, 에너지 절약 그리고 기후 변화와 환경 변화 등 다양한 내용을 담고 있다. 환경체험관의 체험학습 교육은 자원봉사로 구성된 남양주시민들에 의해 진행된다. 영상으로만 끝나는 것이 아니라 간단한 교육까지도 이루어져 모두 30분 정도 소요된다. 별도로 요청을 하면 숲해설까지 진행해 준다고 하니 최고의 체험학습 명소라 할만하다.

'심청이 물놀이 마당'에서 물놀이 중인 어린이들(위). 체험학습 나온 어린이들(아래).

남양주종합촬영소

40만 평 규모에 달하는 아시아 최대의 영화제작 시설이다. 영화 촬영을 위한 야외 세트장부터 다양한 규모의 스튜디오에 의상과 소품실까지, 영화 제작에 필요한 모든 시설이 한곳에 모여 있어 시나리오만 있으면 원스톱 제작이 가능하다는 곳이다. 영화 '공동경비구역 JSA'를 비롯하여 '취화선' '왕의 남자' '조선명탐정' 등 수많은 히트 영화가 제작되었고, '추노' '동이' '해신' 등 TV 사극도 여럿 찍은 명실공히 한국 영화촬영의 메카이다. 관광객들에겐 판문점 촬영세트와 민속마을 세트, 전통한옥 세트 등의 촬영장과 영상 체험관, 애니메이션 미니어처 체험전시관, 소품실 등이 인기이며 시네극장이 운영되고 있어 입장객들이라면 누구나 무료로 영화를 관람할 수 있다. 입장료는 어른 3천원, 어린이 2천원.

✉ ☎ 경기도 남양주시 조안면 진중리 221-1. 031)579-0605 studio.kofic.or.kr

왈츠와닥터만 커피박물관

북한강변에 자리 잡은 멋진 건물이 인상적이다. 붉은색 벽돌 건물은 작은 성(城)을 연상시키는데 입구에는 빨간 버스가 한 대 세워져 있어서 독특한 분위기를 풍긴다. 1층은 레스토랑이고 2층은 커피박물관 형태로 운영되고 있다. 박물관에는 커피의 역사와 일생, 커피 문화 등 각종 자료가 전시되어 있으며, 재배 온실이 있어 커피나무를 직접 만나볼 수도 있다. 직접 추출한 커피를 마셔볼 수 있는 체험공간도 있으니 5천원의 입장료가 아깝지 않은 셈이다. 어린이 3천원.

✉ ☎ 경기도 남양주시 조안면 삼봉리 272-5. 031)576-0020 wndcof.org

서호미술관

북한강변에 자리잡은 문화공간이 대부분 그러하듯 1층은 미술관, 2층은 레스토랑으로 운영된다. 자연환경을 그대로 활용한 미술관의 입지가 돋보이며 넉넉한 공간에서 수준급 작품을 감상할 수 있는 전시장도 훌륭하다. 전시뿐 아니라 가끔 퍼포먼스나 음악회 같은 특별한 이벤트를 열기도 한다. '갤러리 서호'라는 이름의 인사동 문화공간이 북한강변에 서호미술관이라는 이름으로 자연 속 문화공간을 만든 것은 2001년이다.

✉ ☎ 경기도 남양주시 화도읍 금남리 571-8. 031)592-1864 www.seohoart.com

예당

청국장정식, 보리밥정식 등을 내놓고 있는 토속음식 전문점이다. 1인 12,000원의 정식을 주문하면 묵밥 · 청국장(된장찌개) · 돼지불고기 · 조기 · 두부 · 감자떡 · 빈대떡류와 나물 등 15가지가 넘는 반찬이 나온다. 정갈하고 깔끔한 상차림과 맛이 인상적이다. 순두부전골과 토종닭백숙 등의 요리도 있다. 인근에 있는 양주칼국수(594-1586) 집은 칼국수와 직접 빚은 만둣국이 맛있다.

✉ ☎ 경기도 남양주시 화도읍 금남리 511. 031)592-4724

사람 사는 이야기에 쇼핑은 뒷전

마석5일장

마석 민속 5일장은 구경하는 것만으로도 흥이 난다.
5일장은 5일마다 열리는 정기시장을 이르는
말인데 갈수록 사라져가고 있어 안타깝기만 하다.
마석우리에서 열리는 '마석5일장'은 서울에서
가까우면서도 규모가 큰 장이다. 싱싱한 농산물과
해산물, 다양한 잡화와 그냥 지나칠 수 없는 먹음직스런
군것질거리들이 골목을 빼곡하게 채운다. 물건을 사지
않더라도 구경만 해도 즐거운 것이 장터 여행이다. 어디
구경하는 재미뿐일까. 시장 사람들의 세상 살아가는
이야기를 듣는 재미도 쏠쏠하다. 모두가 '인간극장'의
주인공들이다. 그런 이야기에 귀를 기울이다보면 시장
구경도 뒷전으로 밀리기 마련이다.

함께 하기 가족, 연인, 친구 끼리
좋은 계절 연중(매 3일과 8일)

마석우리 일대에서
열리는 마석5일장.

주소... 경기도 남양주시 화도읍 마석우리 일대

교통... 마석역 출구에서 도보 400여m

서울 · 춘천간고속국도 화도IC 진출 → 마석4거리
→ 마석5일장(마석지구대 일대)

이용... 5일장은 보통 오전 10시에서 오후 4시 사이에 둘러보는 것이 좋다.
이른 시간엔 영업 준비에 상인들이 바쁘고, 너무 늦은 시간엔
'떨이'를 끝낸 상인들이 하나둘 철수하기 때문이다.

문의... 마석상우회 011-331-6840, 마석상가번영회 010-3022-5780,
마석영세상인회 010-9057-0619

장이 서는
'마석우리'는
옛날부터 맷돌이
많이 나왔다고
하여 이름 붙여진
곳이다.

여행지의 속 깊은 모습을 보려면 그 지역의 재래시장을 둘러보는 것이 좋다. 특히 5일장은 사람 살아가는 세상 이야기가 있어서 더욱 재미있다. 마석우리에서 열리는 마석5일장은 일대에선 보기 드물게 규모가 큰 정기시장이다.

장이 서는 마석우리(磨石隅里)는 옛날부터 맷돌이 많이 나왔다고 하여 이름 붙여진 곳. 맷돌모루, 맷돌머루라고도 불렀다. 외지인들에게는 '마석'이 친근한 지명인데 경춘선 마석역에서 걸어서 접근할 정도의 가까운 거리다.

마석장은 매 3일과 8일에 열린다. 즉 3일과 8일, 13일과 18일, 23일과 28일이 장날이다. 전통 5일장도 농촌형과 도시형으로 나눠볼 수 있는데 조금씩 그 양태가 다르다. 농촌형은 손님이 주인공이다. 장날을 핑계로 읍내에서 서로 만나 막걸리도 마시고 옛 친구들과 오랜만에 회포도 푸는 만남의 장이 농촌형 5일장이다. 상인은 준비한 물건을 다 팔면 팔아서 좋고, 못 팔아도 사람들과 이야기 나누고 읍내 바람 실컷 쐬니 즐겁기만 하다. 도시형은 상인이 주도권을 쥐고 있는 경우가 많다. 상인들이 준비한 여러 가지 상품을 구경하는 재미가 쏠쏠하다.

마석장은 도시형에 가깝다. 장터 인근에 대형마트가 둘이나 있지만 5일장이 열리는 날이면 어김없이 장사꾼들과 손님들로 넘쳐난다.

미꾸라지에 빨간 고추와 숯을 넣는 이유

상인들의 영업 형태를 보면 크게 3가지 부류로 나뉜다. 매장을 가지고 영업 하는 상인들이 첫 번째다. 이들은 상설시장의 주인공들이기도 하다. 두 번째 부류는 매장은 없지만 차량을 동원하여 임시 매장을 펼쳐서 영업을 하는 이들이다. 이들은 장날 따라 지역을 옮겨 다니며 영업을 하는 '현대판 장돌뱅이'다. 차량을 이용해 이동하므로 품목이 다양하다. 의류와 신발, 생활용품 등을 다루는 잡화상부터 각종 가공식품을 다루는 식품상, 신선도가 생명인 농수산물을 판매하는 상인들도 있다.

5일장이 열리는 날이면 도로변에 아낙네들의 좌판도 대거 등장한다.

또 다른 한 부류는 좌판이다. 대부분 규모가 매우 영세한 편으로, 품목은 농산물이 많고 연령대 역시 노인이 많다. 대부분 가까운 곳에서 직접 재배한 채소나 과일, 직접 짜낸 기름 등을 가지고 나와서 판매를 한다. 3가지 부류에 들어가진 않지만 등에 태극기통을 매고 시장을 구석구석 누비면서 태극기를 파는 아주머니와 같이 '나홀로 이동형' 행상도 있다.

상인들이 파는 물건을 보면 대형마트에는 없는 특별한 것들도 눈에 띈다. 살아있는 미꾸라지를 파는 상인은 미꾸라지가 든 대야에 빨간 고추와 숯을 두 덩이 넣어 두었다. 그래야 미꾸라지의 살이 안 빠진다면서 영업 비밀임을 강조한다. 개와 고양이, 관상용 새를 들고 나온 상인도 있다. 그다지 구매력 있어 보이지 않는 어린이들이 초롱초롱한 눈으로 동물들을 구경하고 있다. 한 마리에 1,000원씩 하는 빨간 금붕어들도 새로운 주인을 기다린다.

빨간 고추와 숯이 두 덩이 들어있는 미꾸라지 대야가 시선을 끈다.

두 마리에 5,000원씩 팔고 있는 치킨 코너 앞에 늘어선 줄은 좀처럼 줄어들 기미가 보이지 않는다. 이 정도면 '통큰 치킨'도 울고 갈 가격이다. '뻥!' 소리와 함께 곡물을 튀겨내는 뻥튀기 또한 5일장에

선 빠지지 않는 품목이다. 직접 띄운 청국
장, 좀처럼 보기 힘든 올방개묵장아찌, 직
접 현장에서 만들어 판매하는 어묵, '공
룡알'이라는 이름의 찹쌀도넛……. 5일
장은 눈요기만으로도 충분히 여행자들을
마음 설레게 한다.

상인들 중에는 가끔 괴짜, 기인도 있다. 벨
트와 지갑 등을 팔고 있는 잡화상 유면섭 씨
는 소문난 실력파 화가이다. 그는 춘천장, 가
평장, 마석장을 주로 다니면서 벨트와 지갑
좌판을 펼친다. 좌판 한 켠에는 그가 직접
그린 달마도와 민화가 함께 진열되어 있
다. 시장바닥임에도 손님이 없을 땐 틈
틈이 그림을 그린다. 재미있는 작품도
있다. 화투 그림에서 모티브를 따와 세
상의 섭리와 인생의 참 교훈을 담은 그
림이다. 그림 한 켠에 가지런히 써진 화제
에 대한 설명을 듣고 나면 세상의 진리를 만
난 듯 깊은 감동을 얻기도 한다. 불경(佛經)은 물
론이고 보학(譜學)에도 조예가 있다고 하니 5일장의 떠돌이 장사꾼,
그 정체가 궁금하다.

5일장의 떠돌이 상인이라고 우습게 볼 일이 아니다. 신용을 생명으
로 여기며 나름대로의 철학도 가지고 있다. 단골도 있어서, 필요한 것
이 있으면 다음 장(5일 후)에 부탁한다고 예약을 하기도 하고, 준비한
것이 다 팔리면 다음 장에 더 가지고 나오겠다고 약속을 하기도 한
다. 소박한 세상살이를 사이에 두고 상인과 손님이 서로 환하게 웃으
면서 만나고 헤어지는 곳, 우리의 전통 5일장 모습이다.

'뻥' 소리와 함께
곡물을 튀겨내는
'뻥튀기'는
5일장에서 빠지지
않는 품목이다.

도자골 달뫼

전원 속에 숨어있는 도예체험 공간이다. 본래는 도예작가 윤석경 선생의 작업 공간이자 생활공간이다. 터를 닦은 지는 30년이 되었고 체험공간으로 일반인들에게 문을 연 것은 1998년의 일이다. 단순한 도예 체험에 머물지 않고 다양한 예술활동을 통해서 심리치료 효과를 얻기도 한다. 울창한 자연 속에 자리 잡은 전원형 체험공간인데, 자연 속에서의 체험활동은 창작활동과 심리치료의 효과를 한층 높여준다. 도예체험을 마친 뒤에는 정원에서 바비큐 파티 같은 식사나 따로 준비한 행사를 할 수도 있다. 해마다 찾아오는 단골이 있을 정도로 체험의 만족도가 높다.

윤석경 선생은 '고난의 십자가' '예수님'과 같이 신앙생활에서 모티브를 찾은 작품 활동을 주로 하고 있는데 도자골 달뫼에는 작은 전시장이 있어서 그 작품세계를 들여다볼 수 있다.

✉ ☎ 경기도 남양주시 화도읍 월산리 256 36/3. 031)593-3435 www.dalmoi.com

북한강유원지 (북한강야외공연장)

북한강에는 굽이굽이 물길 따라 수상레포츠 업체들이 여럿 들어서 있다. 남양주 북한강유원지 일대에도 수상스키와 바나나보트 등의 레포츠를 즐길 수 있는 업체들이 많아 젊음을 유혹한다. 분위기 있는 카페와 별미를 취급하는 식당들도 물길 따라 줄줄이 늘어섰다. 이곳의 식당들은 순두부·청국장·칼국수·쌈밥 등 가볍게 먹을 수 있는 향토음식들이 많고 값도 비교적 저렴한 것이 특징이다.

초입에는 북한강야외공연장이 위치하는데 매주 토요일 3시(7~8월에는 5시)에 '북한강문화나들이'라는 이름의 상설공연이 펼쳐져 여행객들의 흥을 돋운다. 무대 입구에는 문학비가 한 기 세워져 있어서 여행객들의 시선을 잡아끈다. 황금찬 선생의 '별이 뜨는 강마을에'라는 시가 새겨져 있다. 야외공연은 4월부터 10월까지 열린다.

✉ ☎ 경기도 남양주시 화도읍 금남리 174-1. 031)559-4928

소문난 맛집

아바이순대

전통 5일장에 가면 시장 상인들이 많이 이용하는 맛집이 따로 있다. 체력을 많이 소모하는 직업이니 만큼 점심 한 끼에도 충분한 몸보신이 되어야 한다. 그렇다고 바쁜 시간에 자리를 많이 비울 수도 없다. 맛은 기본이다.

이런 까다로운 조건들을 갖춘 식당이 어느 장터마다 한두 곳 있기 마련이다. 마석 5일장에서 소문난 맛집은 아바이순대다. 이곳의 주 메뉴는 순대국과 순대인데 누린내가 나지 않고 만두처럼 깔끔하며 꽉 차게 느껴지는 식감이 특징이다. 돼지고기·쌀·김치·사골 등 모든 재료가 국산이다. 시장 안에 있어 좁고 허름하다는 점은 감안해야 한다.

✉ ☎ 경기도 남양주시 화도읍 마석우리 295-29. 031)593-9978

다이내믹! 청평호

청평 북한강 중류 지점, 가평군 청평면과 설악면에 위치한 청평호는 수상 레포츠의 천국이다. 호반을 따라 크고 작은 레포츠 업체가 성업 중인데, 수상 스키와 웨이크보드를 비롯한 플라이피시, 바나나보트, 땅콩 보트 그리고 강물 위로 몸을 던지는 번지점프까지 신나는 체험 프로그램이 운영된다. 물 위에서 즐길 수 있는 레포츠는 모두 모인 셈이다. 레저와 여가에 대한 인식이 높아진 요즘은 수상 레포츠에 대한 마니아층도 매우 넓어졌다. 성인들 중심에서 학생과 어린이들까지 수상 레포츠를 배우러 올 정도이다. 완전 초보자도 1시간 정도 강습을 받으면 강물 위를 달리는 짜릿함을 맛볼 수 있다. 그래서 지나가다 들르는 관광객들도 많다. 무엇보다도 서울에서 가깝다는 것이 매력이다.

함께 하기 가족, 연인, 친구끼리
좋은 계절 4월~10월

플라이피시를 타며
즐거워하는 관광객들.

주소... 청평리버랜드(경기도 가평군 설악면 회곡리 447-4)
르메이에르(경기도 가평군 설악면 회곡리 428-1)

교통... 청평역에서 하차, 버스터미널에서 설악면 방면 버스로
청평리버랜드나 르메이에르 앞 하차.

서울·춘천간 46번국도 → 신청평대교 건너 설악면으로 좌회전
→ 약 4km 지점의 왼쪽 호숫가. 또는 서울·춘천간 고속도로 설악IC로
나와 설악IC교차로에서 청평 방향 37번국도로 직진, 약 7.5km 지점.

이용... 수상스포츠는 4월~10월 말, 번지점프는 3월~12월까지 영업.
분야별 이용료 차등. 수상스키나 웨이크보드의 초보자 교육비는 2회 기준 6만원.
중급자는 1회당 2만 3천~2만 5천원. 바나나보트나 땅콩보트는 2만원,
플라이피시는 2만 5천. 번지점프는 기본 4만원, 커플 번지점프는 10만원.

문의... 청평리버랜드 031)585-5525~6 www.riverland.co.kr
르메이에르 031)585-6756 www.lmwatersports.com

'와~' 하는 함성이 강바람을 타고 들려온다. 소리 나는 쪽으로 고개를 돌린다. 구명조끼를 착용한 관광객 두 사람이 노란 보트에 누운 채 매달려 있다. 노란 보트는 빠르게 달려 나가는 쾌속보트에 밧줄로 연결되어 연처럼 하늘로 떠올랐다가 물 위로 내려앉기를 반복한다. 일명 '날으는 가오리'라고 불리는 '플라이피시'다. 먼발치에서 구경만 할 뿐인데도 매우 스릴 있고 재미있어 보인다.

하늘로 떴다 물 위로 내려앉는 플라이피시가 한 대만 있는 건 아니다. 북한강 여기저기에서 함성이 터져 나온다. 그 사이를 비집고 웨이크보드가 물살을 가르며 날아다닌다. 이 역시 한 둘이 아니어서 강물은 잔잔할 틈이 없다. 간혹 물에 빠진 사람들이 있지만 얼굴 표정은 환하기만 하다. 도시 생활의 스트레스라곤 찾아볼 수 없는, 행복한 얼굴이다.

수상 레포츠의 메카라고 하는 북한강 청평호 일대는 수상스키나 웨이크보드를 즐기는 마니아들과 플라이피시 · 바나나보트 · 땅콩보트 등을 타려는 관광객들로 바지선 선착장마다 만원이다. 직장 동료들과 찾은 사람도 있고 가족 나들이를 겸해 나온 사람도 있다. 초등

바나나보트 타기.
간혹 뒤집히는
재미도 있다.

현란한 묘기를
선보이는
웨이크보드 마니아.

여럿이 함께 즐길 수 있는 땅콩보트. 어린이들에게 인기다.

학생쯤 되어 보이는 어린이가 익숙한 솜씨로 웨이크보드를 타고 나가자 바지선에 대기 중인 사람들이 입을 쩍 벌린다. 옛날과 달리 수상 레포츠를 즐기려는 수요층이 매우 넓어지고 다양해졌다는 것이 현지 관계자들의 설명이다.

청평호의 여러 수상 레포츠 업체 중에서도 청평리버랜드와 르메이에르 수상스포츠타운은 비교적 규모가 큰 편에 속한다. 그 중 르메이에르 수상스포츠타운은 '품격 레포츠'를 강조한다. 350평 규모의 세련된 바지선에 최고급 호화 요트까지 보유하고 있다. 강사만도 8명이다. 강사 중엔 국가대표선수 출신들이 많아 르메이에르를 이용하는 고객들도 수준급 실력을 자랑하는 사람들이 많다. 국내에선 유일하게 수상스키 실업팀을 운영하고 있다는 것도 르메이에르의 자랑거리다.

르메이에르 수상스포츠타운.

042

신나는 플라이피시에서부터 아찔한 번지점프까지

"초보자도 1시간 강습만 받으면 기본은 합니다."

르메이에르 원기연 팀장은 수상스키나 웨이크보드가 누구나 즐길 수 있는 부담 없는 스포츠임을 강조한다. '기본'이라 함은 물 위에 부상하여 줄을 잡고 가는 것을 말한다. 줄을 잡고 가다가 공중회전을 하는 묘기인 롤(roll)과 랜딩(landing) 같은 테크닉을 구사하려면 1년 정도는 타야 한다. 일반인들은 주로 주말을 이용해서 레포츠를 즐기지만 1주일에 3~4일씩 찾아오는 열성파도 있다는 귀띔이다. 다른 업체가 '놀이'에 비중을 두고 있다면 르메이에르는 '교육(강습)'에 더 치중하는 편이다.

웨이크보드를 연습하고 있는 어린이.

르메이에르 바로 옆에 위치한 청평리버랜드는 토털 레포츠를 내세운다. 북한강에서 즐길 수 있는 수상 레포츠는 모두 한 자리에서 즐길 수 있다. 특히 청평리버랜드에서 자랑하는 차별화된 프로그램은 번지점프이다.

번지점프는 원래 남태평양 원주민들의 성인식에서 유래된 레포츠이다. 레포츠로서의 역사를 살펴보면 세계적으로도 20년 남짓에 불과하다. 우리나라에도 유행처럼 여기저기에 번지점프 시설이 들어섰는데 그 중 리버랜드의 점프대는 국내 최고수준인 높이 50m를 자랑한다. 게다가 커플 번지점프가 가능하다는 것도 청평리버랜드의 자랑거리다. 높은 곳에서 아래를 내려다보면 누구나 다 공포심을 가질 만한데 친한 친구나 연인과 함

청평리버랜드의 번지점프 모습. 높이 50m로 국내 최고 수준을 자랑한다(왼쪽).

043

께 몸을 던질 수 있다는 것은 특별한 체험임이 틀림없다. 두 팔을 활짝 벌린 '타이타닉' 자세로 몸을 던지면 청평호의 수면이 물침대처럼 안전하게 받쳐 준다.

"내년에는 지프와이어(zip-wire) 시설이 새로 들어설 것입니다. 모든 레포츠를 한 자리에서 즐길 수 있는 토털 시스템이 갖춰지는 것이죠."

물살을 가르는 상쾌함을 맛볼 수 있는 수상 오토바이의 질주(위). 르메이에르 수상스포츠타운의 요트장(아래).

한상곤 리버랜드 대표가 새로 들어설 시설에 대해 살짝 귀띔해 준다. 지프와이어는 와이어에 몸을 맡긴 채 강이나 계곡을 횡단하는 신종 레포츠이다. 현재의 번지점프대에서 맞은편 강가로 와이어가 연결되어 하늘에서 강을 가로질러 날 수 있게 된단다. 생각만 해도 짜릿함과 청량감에 가슴이 뜀박질 한다.

이곳도 좋아요!

청평페리유람선

수상스키나 바나나보트를 타지 않고도 호수 안으로 들어가 여유롭게 청평호의 절경을 감상할 수 있는 방법이 있다. 바로 유람선이다. 청평페리는 청평면 고성리에서 홍천강 왕터연수원까지 운행하는 정원 73명의 유람선으로 청평호에선 유일하다. 시속 10노트(자동차 속도로는 시속 20km 내외) 속도로 달리면서 1시간 20분가량 북한강과 홍천강의 아름다운 경치를 감상할 수 있다. 신선이 내려와 물을 마셨다는 신선봉과 호랑이가 나왔다는 호명산 그리고 작은 모래섬까지, 청평호의 운치 있는 풍경이 상쾌한 청량감과 함께 가슴으로 들어온다. 운행 여부 사전 확인 요망(15인 이상이면 수시 운행). 성인 기준 1만 2천원

✉ ☎ 경기도 가평군 청평면 고성리 786-5. 031)584-0232

유미재갤러리하우스

청평카페리 선착장에서 가깝다. '유미재(流美齋)'를 이름 그대로 풀면 '아름다움이 흐르는 집'이란 뜻이다. 북한강 청평호수를 한눈에 바라볼 수 있도록 강가에 설계된 갤러리로 2010년 5월에 오픈하였다. 보통의 갤러리들이 답답한 실내를 무대로 인공조명에 의지하여 작품을 전시하고 있는 것과 달리 이곳은 자연광을 최대한 활용하여 작품을 시시각각 자연의 변화 속에서 입체적으로 감상할 수 있도록 배려했다. 작품 뒤로 넓게 펼쳐진 북한강의 아름다움은 우리 전통의 차경(借景)문화와도 맥이 닿아 있다. 다양한 작품의 전시는 물론 음악회와 각종 대관 행사까지 이루어지고 있으며, 갤러리 건물은 2010년 코리아인테리어디자인어워즈에서 명가명인상을 수상하기도 했다. 사전 예약 손님만 입장 가능. 매주 월요일 휴관. 관람료 어른 기준 1만 5천원.

✉ ☎ 경기도 가평군 청평면 고성리 763-8. 031)585-8765 www.ryugallery.com

소문난 맛집

언덕위에

청평리버랜드에서 청평 쪽으로 500m 진행하면 맞은편 언덕 위에 보이는 식당이다. 허름해 보이지만 실내는 넓고 편안한 분위기를 자아낸다. 이곳의 대표음식은 토종닭백숙. 닭 농장을 직접 운영하고 있어 주문이 들어오면 즉석에서 잡아서 요리를 한다. 따라서 사전 예약을 해야 원하는 시각에 식사를 할 수 있다. 화학조미료를 쓰지 않고 여러 가지 담근 효소를 이용해서 맛을 낸다. 백숙에 사용하는 엄나무도 산에서 직접 채취하여 사용한다.

✉ ☎ 경기도 가평군 설악면 회곡리 473-2. 031)584-3364

양식을 선호하는 사람들에겐 르메이에르수상스포츠타운에 있는 레스토랑 '호라이즌'을 추천한다. 경관도 빼어난 집이다(031-585-6793).
청평리버랜드에는 숙박시설도 갖춰져 있다.

술술 시원하게 넘어가는 술 여행!

우리술 양조장

청평 여행의 취흥을 한껏 살릴 수 있는 이색 명소가 가평에 있다. 오랫동안 가평잣막걸리를 만들어 오고 있는 '우리술 양조장'이다. 우리술 양조장은 지방 주류업체임에도 불구하고 해외 여러 나라에 막걸리를 수출하고 있는 당찬 기업이다.

이곳 양조장에서는 전통 술과 관련된 전시물을 살펴보며 양조장의 생산시설을 견학할 수 있다. 여행자를 즐겁게 해주는 것은 양조장에서 마련해주는 시원한 막걸리 시음(試飮)이다. 술에 취하고 흥에 취하는, 우리 멋과 맛을 찾아가는 의미 있는 여행이다.

함께 하기 소모임, 단체
좋은 계절 연중 어느 때나

우리술 양조장의
수출용 막걸리들.

* 주소... 경기도 가평군 하면 대보리 427-3
* 교통... 청평역에서 하차, 800여m 거리의 청평터미널에서 1330-4번 버스
  (서울 청량리-마석역-대성리역 경유) 이용 →
  20여분 거리의 현리터미널에서 하차, 도보 10~15분 거리.

  서울 · 춘천간고속도로 → 화도IC 진출 후 46번 국도로 청평 도착
  → 조종천 조종교 건너자마자 왼쪽 현리 방향 37번국도 이용
  → 하면사무소 → 현장

* 이용... 입장료 없음 09시~18시까지(토요일은 15시까지). 일요일, 국경일 휴무.
* 문의... 031)585-8525 www.woorisool.kr

막걸리

열풍이 식지 않고 있다. 막걸리는 여행과도 궁합이 잘 맞는다. 특히 산행을 마치고 내려온 후, 땀방울을 식히고 간단히 허기를 채우는 데에는 막걸리만한 술도 없다. 그런 점에서, 명산이 많은 가평에 막걸리 잘 만드는 양조장이 있는 건 우연이 아니리라. 그 주인공은 (주)우리술이다.

멋진 산이 많고 그 산을 사랑하는 등산 애호가들이 많기 때문이기도 하겠지만 양조장이 가평에 자리 잡은 것은 무엇보다도 물이 좋기 때문이다. 산자락마다 골골이 아름다운 계곡이 펼쳐진 곳이 바로 가평이다. 생수업체만 해도 세 곳이나 성업 중일 정도로 물이 좋은 고장이다. 술맛도 물맛이 좌우한다고 하지 않았던가!

우리술은 지하 250m의 천연암반수를 뽑아서 사용하고 있다. 더욱 반가운 것은 우리술 양조장이 여행객들에게 개방되어 있다는 것이다. 견학 신청을 하면 전시장이나 생산시설을 둘러볼 수 있고, 현장에서 생산되는 막걸리들을 시음해볼 수 있다. 어디 그뿐인가. 돌아갈 땐 선물로 술을 챙겨주기도 한다. 즐거운 여행의 추억을 만들고 술까지 한잔 얻어 마시니 이거야 말로 '꿩 먹고 알 먹고', '유람하고 술 마시고'이다.

우리 술 막걸리 제조 현장 견학하고 공짜 시음까지

우리술 양조장은 생각보다 규모가 크다. 길을 사이에 두고 양 옆, 두 개의 건물로 나뉘어져 있는데 경기도에선 가장 규모가 크다고 한다. 1일 최대 10만 리터, 연간 3만 톤을 생산할 수 있는 규모다. 마당에는 지게차들이 분주히 움직이며 커다란 트럭에 제품을 연신 싣고 있다. 보통의 지방 양조장들이 영세성을 면치 못하고 있는 데 비하면 대기업 수준이다. 사실, 우리술은 주당파들에게도 다소 생소한 이름이지만 역사가 오래되고 규모도 큰 회사이다.

처음 문을 연 때는 1994년이다. 한때 '운악산술도가'란 이름으로 영업을 했었지만 2003년부터는 '우리술'로 이름을 바꿨다. 오늘의 우리술이 있게 된 데에는 대표상품인 가평잣막걸리가 큰 공헌을 했다. 잣나무가 많은 가평은 당연히 잣이 특산물인데, 이 잣을 활용한 막걸리가 마니아들로부터 큰 인기를 얻게 된 것이다.

가평 지역 어디를 가든 눈에 띄는 막걸리는 '가평잣막걸리'다. 시작은 가평이었지만 지금은 일본과 미국·말레이시아·독일·베트남

시장의 소줏고리.
막걸리를 포함한
소주의 제조
과정도 엿볼 수
있다.

· 헝가리 등에 지사와 대리점을 확보하는 등 세계 10개국으로 수출하고 있는 글로벌 기업으로 성장했다. 일본에서 '진로막걸리'로 유통되는 막걸리도 우리술에서 만든 막걸리다. 건물 입구에 내걸린 '세계100개국'으로 수출하겠다는 당찬 포부가 담긴 포스터에서는 자부심이 읽혀진다. 관광객들에게 개방된 전시실은 2층에 있다. 술 만들 때 쓰는 여러 가지 도구와 민속용품, 그리고 회사에서 생산된 여러 가지 제품들이 진열되어 있다. 규모는 생각보다 크지 않다. 전시실 한 쪽은 유리로 되어 있어서 1층의 자동화 생산시설을 둘러볼 수 있도록 했다. 생산시설을 보면서 막걸리 만드는 과정이랄지, 막걸리가 우리 몸에 얼마나 좋은지 등의 설명까지 들을 수 있다.

"우리술 막걸리의 특징은 막걸리용 쌀을 농민들과 계약 재배하여 안정적으로 쓰고 있다는 점입니다. 쌀뿐만 아니라 그 외 모든 첨가물도 모두 국산 농산물만 쓰고 있습니다."

실제로 우리술에서는 김포금쌀연구회의 '안다벼'와 가평쌀연구회의 '대안벼'라는 막걸리 전용미로 개발된 품종을 쓰고 있다.

관람과 해설이 끝나면 식당으로 자리를 옮겨 본격적인 시음 행사에 들어간다. 스테디셀러인 가평잣막걸리와 젊은이들에게 인기를 끄는 탄산 함유 과일막걸리인 '쥬시락' 등을 마셔볼 수 있다. 주로 소규모 단체 여행객들이 많이 들르는데 막걸리 잔을 앞에 두고 오순도순 이야기꽃을 피우다보면 분위기가 참으로 화기애애해진다. 막걸리는 도수가 6도 남짓에 불과하므로 지나치지만 않으면 여행 중에 마셔도 큰 부담이 없다.

술은 기분 좋을 때 멈추는 것이 가장 좋다. 길지 않은 시간, 여행 이야기와 술 이야기에 기분이 좋아지면 양조장 견학 프로그램은 마무리된다. 단체에 따라 다르긴 하지만 보통 1시간 정도면 마칠 수 있는 일정이다.

가평수목원

상면 상동리 서리산 자락에 위치한 수목원으로, 2006년부터 조성하기 시작하여 2010년 5월부터 입장료를 받기 시작했다. 가평수목원은 자연 상태의 숲을 최대한 보존하고 사람의 손길을 최소화한 것이 특징이다. 수목원 안쪽에 위치한 울창한 잣나무 숲을 비롯하여 밤나무 · 소나무 · 다래나무 · 생강나무 등이 군락을 이루고 있으며, 애기나리 · 관중 · 산수국 등도 많은 개체 수를 이루고 있다. 숲이 우거지고 물이 맑은 것도 특징인데, 물가에는 무료로 운영되는 그늘막이 설치돼 있어서 입장객들이 편하게 쉬었다 갈 수 있도록 배려했다. 정문에 들어서면 레스토랑 건물이 제일 먼저 눈에 띄는데 양식류와 덮밥류, 닭백숙 등의 메뉴가 준비되어 있다. 황토방으로 된 숙박시설 9동이 있어 가족과 함께 하루를 단란하게 보낼 수 있다.

✉ ☎ 경기도 가평군 상면 상동리 30번지. 031)585-7300 www.gpsumokwon.com

엠파크(열린낚시터)

예전부터 '열린낚시터휴양지'라는 이름으로 전문 낚시인들에게도 널리 알려진 낚시 명소다.

조종천 물가에 자리한 엠파크에는 캠핑트레일러 11대와 방갈로 6채가 준비되어 있다. 작지만 아름다운 풍광을 자랑하는 낚시터는 이름을 바꾼 뒤에도 계속 영업하고 있는데, 엠파크 이용자들만 출입할 수 있도록 영업 방침이 바뀌었다. 작은 연못 가운데에는 좌대가 설치된 둥그런 섬이 있어서 운치 있는 풍경 속에서 낚시를 즐길 수 있다. 주요 어종으로는 붕어 · 향어 · 잉어 등인데 가끔씩 눈앞에서 대물들이 수면 위로 솟구쳐 강태공들을 유혹한다.

모기업은 '엠뱅크'라는 이름의 특장차 전문 제작업체로, 엠파크에 세워진 트레일러는 모두 직접 제작한 것들이다. 앞으로는 폴딩트레일러(folding trailer · 접었다 폈다 할 수 있는 트레일러)도 도입할 예정이라고 한다.

✉ ☎ 경기도 가평군 하면 신하리 391. 02)715-8140 www.mparkcamping.com

소문난 맛집

불타는오리

별도의 실내 공간 없이 100% 야외 공간과 크고 작은 일곱 개의 원두막만을 가지고 영업하는 특이한 업소다. 원래 이름도 '원두막'이었는데 손님들이 장작 때는 모습을 보고 '불타는오리'라는 이름을 붙여줬다고 한다. 청정 자연 속 조종천 냇가에 위치해 맑은 물소리와 신선한 공기가 청량하기 이를 데 없다. 직영하는 농장에서 공급받은 오리를 종업원들이 장작불에 올려놓고 능숙한 솜씨로 구워주는데 야외에서 먹는 그 맛이 참으로 별미다. 장작 때는 시간이 있기 때문에 최소한 30분 전에는 예약을 해야 한다. 친목 모임과 가족 단위 행사장으로도 제격이다.

✉ ☎ 경기도 가평군 하면 현리 365. 031)585-3392

연인끼리 가족끼리, 경춘선의 숨은 명소

강원도립화목원

춘천 화려한 볼거리가 유명 관광지에만 있는 건 아니다.
비싼 입장료를 지불해야 볼 수 있는 것도 아니다.
강원도립화목원이 그 좋은 예다. 강원도에서 세운
식물원이라 입장료는 1,000원에 불과하지만 볼거리와
즐길거리만큼은 가득하다. 난대식물원 · 관엽식물원 ·
다육식물원 · 생태관찰원이 몰려 있는 반비식물원은
이국적인 꽃과 나무로 가득하고, 5개의 전시실로 이루어진
산림박물관은 생태계와 산림 관련전시물들이 다양해
관람객들의 발길을 오래도록 붙잡는다. 반비식물원과
산림박물관 사이는 여러 가지 테마가 있는 야외 정원이다.
호젓한 분위기와 아름다운 풍경이 공존하고 있어 좋은
사람과 함께 산책하기에 안성맞춤이다. 생명이 새록새록
숨 쉬는 곳이라 사랑도 정도 차곡차곡 쌓일 것 같은,
경춘선의 숨은 명소다.

함께 하기 가족, 연인, 단체 출사
좋은 계절 봄~가을

강원도립화목원 전경.

* 주소... 강원도 춘천시 사농동 화목원길 30

* 교통... 🚈 춘천역에서 12-1, 150번 버스로 화목원 하차

🚗 서울 · 춘천간고속도로 → 춘천분기점 → 중앙고속도로 춘천 방면
→ 춘천 톨게이트 → 화천 · 소양댐 방면 → 강원도립화목원

* 이용... 연중무휴. 10시~18시(3월~10월), 10시~17시(11월~2월) 개방.
어른 1천원, 청소년 7백원, 어린이 5백원. 주차료 1천원(소형차 기준).

* 문의... 강원도산림개발연구원 033)248-6691
www.provin.gangwon.kr/dep/part15

반비식물원
전경(위).
멕시코와
캘리포니아가
원산지인 선인장과의
금호(아래 왼쪽).
산림박물관
기획전시실의
전시물(오른쪽).

강원도립화목원은 강원도산림개발연구원의 산하 시설이다. 120,476m² 규모의 화목원과 지하 1층, 지상 2층 규모의 산림박물관으로 되어있다. 이곳을 그저 그런 공공기관의 생색내기 시설 정도로 여긴다면 오산이다. 경춘선에 있는 어느 수목원이나 식물원보다도 볼거리가 많고 분위기가 색다르다. 1,000원의 입장료가 관람객들을 미안해하게 만드는 곳이다.

화목원에 들어서면 왼편으로 웅장한 유리온실이 나타난다. 외지 관광객들에겐 다소 생소한 '반비식물원'이라는 간판이 내걸렸다. '반

'비'는 강원도 캐릭터인 반달곰의 이름이다. 반비식물원은 다시 난대
식물원·관엽식물원·다육식물원 그리고 생태관찰원으로 나뉘어져
있다. 각 식물원마다 멋지게 자란 대표 식물들이 서로 자태를 뽐내고
있어 큰 기대 없이 들어온 관광객들을 감탄시킨다. 다육식물원의 경
우 선인장과 같은 크고 작은 다육식물이 가득하여 이국적인 느낌이
물씬 풍겨난다. 사막과 같이 물이 귀한 지역에서도 살아남기 위해 잎
이나 줄기에 물을 가득 저장하고 살아가는 식물들의 지혜를 만날 수
있다. 생태관찰원에서는 살아있는 곤충을 만날 수 있어 어린이들이
좋아한다.

반비식물원은 높이 15m의 전망대를 겸하고 있다. 철계단 끝까지
올라가면 피라미드형 온실의 꼭대기에서 화목원 전체를 내려다볼 수
있다. 바로 앞 분수광장에서 멀리 산림박물관까지 한눈에 들어온다.

야외 공간도 구석구석 볼거리로 가득하다. 수생식물원, 약용 및 멸
종위기 식물자원보존원, 맨발로 걷는 길, 토피어리원, 화목정……. 그
리고 구석구석 빈틈마다 형형색색 꽃들이 가득하다. 이렇게 다양한

공룡의 조형물
모습에
어린이들이
흥미를 보이고
있는 토피어리원.

높이 15m의
반비식물원
전망대에서
바라 본
강원도립화목원
전경.

모습의 꽃들이 우리 주위에 있다는 것에 새삼 자연의 경외를 느낀다. 카메라 세례를 가장 많이 받는 곳은 산림박물관 앞에 있는 토피어리원이다. 거대한 토피어리 조형물이 여럿 세워져 있는데 강원도 마스코트인 반비와 공룡 가족이 특히 인기다. 맨발로 걷는 길 앞에선 나이 지긋한 어른들이 먼저 신발을 벗는다. 발바닥 지압이 건강에 좋다는 것을 잘 알기 때문이다.

산림박물관- 산림의 모든 것을 한눈에

화목원 끝에는 산림 자료의 보존과 연구 자료의 제공을 위해 세워진 산림박물관이 있다. 5개의 전시실에 약 1,000여 종, 8,000여 점의 자료가 전시되어 있는데, 꼼꼼하게 살펴보면 반나절이 훌쩍 지나가 버릴 정도로 볼거리가 정말 많은 곳이다.

제1전시실은 숲을 체험할 수 있는 공간이다. 여러 가지 동물들의 박제가 눈길을 끈다. 산양과 호랑이 박제는 요즘 흔하게 볼 수 없는 것이기에 더 호기심이 간다. 제2전시실에서는 여러 가지 나무 표본과 식물, 곤충 표본이 있다. 삼엽충과 암모나이트, 조개와 모기 화석, 태고의 산림을 말해주는 공룡 모형 등이 눈길을 끈다. 제3전시실에서는 산촌 사람들의 생활 모습을 살펴볼 수 있다. 여러 가지 민속생활용품이 전시되어 있고 갱도체험 같은 이색 코너도 있다. 제4전시실은 임업의 발전사나 산림의 미래, 목재의 특성 등이 전시된 곳이다.

1층과 2층 전시실 사이의 계단 벽면에는 나무로만 제작된 십장생도가 있다. 여러 가지 나무의 특성을 잘 살려 그림을 그리듯 붙여서 만든 작품이다. 상설 전시실 외에 기획전시실도 있다. 그 때 그 때 적절한 테마를 선정하여 관련 자료를 전시하는 곳이다. 때마침 '숲속 탐험전'이라는 이름의 기획전이 열리고 있

산림박물관
제1전시실에 전시된
호랑이 박제.

는데 여러 가지 곤충 표본과 호랑이, 독수리 같은 조수류 박제가 설명과 함께 전시되고 있다.

체험공간도 있다. 12지신상과 민화가 그려진 황동판을 탁본해 가져갈 수 있고 살아있는 곤충도 관찰할 수 있는 곳이다. 별도의 관람료를 내면 4D영화도 감상할 수 있다. 숲속 이야기를 소재로 한 15분짜리 입체 영화다.

화목원에서는 숲 해설 프로그램도 운영한다. 해설사를 통해서 듣는 들꽃과 나무가 전하는 이야기에는 겉으로 접하는 화목원의 모습에서는 느낄 수 없는 또 다른 감동이 있다. 초·중·고등학생들을 대상으로 진행하는 맞춤별 체험학습도 있다. 학교에서는 배울 수 없는 자연의 섭리와 생명의 경외감을 배울 수 있는 귀중한 프로그램이다.

산림박물관을
둘러보는
방문객(왼쪽)과
기획전시실
모습(오른쪽).

춘천인형극장과 인형극박물관

춘천은 해마다 여름이면 춘천인형극제를 개최한다. 1989년에 처음 시작한 이 축제는 해를 거듭할수록 인기가 높아져 지금은 해외 극단까지 참여하는 춘천의 대표적인 축제가 되었다.
춘천인형극제가 인기를 끌면서 인형극의 저변확대와 지속적인 발전을 위해 건립한 것이 춘천인형극장과 인형극박물관이다. 춘천인형극장에서는 인형극을 비롯한 어린이극, 가족극이 꾸준히 공연되고 있어 어린이문화의 메카 노릇을 하고 있다.
바로 옆에는 인형극박물관이 있다. 120평 규모의 전시실에는 200여 점의 인형극 관련 자료가 전시되어 있다. 막대인형극과 손인형극을 체험해 볼 수 있으며 남사당패의 꼭두각시놀음과 같은 국내외의 다양한 인형극을 전시하고 있다.

✉ ☎ 강원도 춘천시 사농동 277-3. 033)242-8450 www.cocobau.com
입장료 2천원, 매주 월요일 휴관

육림랜드

놀이기구와 동물원, 산책 공간이 어우러진 놀이공원으로 의암호변에 있다. 회전목마와 범퍼카 · 배터리카 · 바이킹 등의 놀이기구와 호랑이 · 곰 · 원숭이 등이 있는 동물원이 대표적인 시설이며 소규모의 양떼목장도 있다. 1975년에 문을 연 오래된 공원으로 사람이 많지 않아 한적하고 격렬하게 작동하는 놀이기구들이 없다. 그래서 복잡한 대형 테마파크가 부담스러운 영유아 어린이를 동반한 가족단위 나들이객들이 마음 편하게 즐길 수 있는 곳이다. 육림랜드 바로 옆에는 육림수영장과 골프연습장이 있지만 육림랜드와는 별도로 운영되고 있다.

✉ ☎ 강원도 춘천시 사농동 61-2. 033)252-7226.
입장료 어른 3천원, 청소년 2천 5백원, 어린이 2천원(공원 내 놀이기구 이용료 별도)

소문난 맛집

삼악산횟집

춘천시 의암호변에 자리한 민물매운탕 전문점이다. 식당 앞에 서 있는 커다란 엄나무 두 그루가 운치를 더해주며, 호반의 풍경이 한눈에 들어오는 훌륭한 조망도 장점이다.
뱀장어 요리와 쏘가리 · 산천어 · 향어 · 무지개송어 · 빠가사리 · 잡어 매운탕 등의 메뉴가 준비되어 있다. 특히 흙냄새 같은 비린내가 안 나고 칼칼하게 끓여서 내놓는 민물매운탕이 맛있다. 민물고기는 소양강에서 잡은 것들을 쓴다. 강원도 하면 생각나는 감자떡과 야채전, 두부 등 10여 가지가 곁반찬으로 나온다. 펜션도 같이 운영을 하는데 대가족이나 소규모 단체행사에 걸맞는 용도의 대형 룸이다.

✉ ☎ 강원도 춘천시 서면 덕두원리 134. 033)244-6136

꿈이 없는 사람은 입장할 수 없는 곳

애니메이션 박물관

춘천

로봇태권브이, 우주소년 아톰, 마징가제트, 타이거마스크, 77단의 비밀, 홍길동…. 한때 우상이자 동경의 대상이었던 만화영화 속 주인공들을 한자리에서 만날 수 있는 곳, 춘천 의암호변에 있는 애니메이션박물관이다. 금방이라도 움직일 것 같은 아톰이나 주먹을 불끈 쥐고 날아갈 것 같은 마징가제트 모형 앞에서 어른들은 동심의 세계로 돌아가고, 구름빵 캐릭터 앞에 선 어린 아이들은 자리를 떠날 줄을 모른다. 어른도 빙그레, 어린이도 '히히' 거리는 웃음꽃이 지지 않는 박물관이다. 애니메이션박물관 옆에는 스톱모션 스튜디오가 있어서 만화영화의 제작 원리를 살펴볼 수 있는데 박물관 입장권으로 둘 다 관람할 수 있다.

함께 하기 가족, 연인, 어린이 단체
좋은 계절 사계절 언제든지 좋아요

애니메이션박물관
야외 포토존.

* 주소... 강원도 춘천시 서면 현암리 367

* 교통... 🚈 춘천역 하차 후 83번 버스 또는 춘천역 인근 춘천농협앞 정류장에서
82번 버스로 20~30분 소요(각각 하루 5~6회 운행).

🚗 서울 · 춘천간고속도로 강촌나들목 진출 → 강촌교 →
의암댐 · 화천 방면 덕두원 → 애니메이션박물관

* 이용... 10시~18시까지 개관(매주 월요일과 공휴일 다음날은 휴관).
어른 4천원, 어린이 3천원. 입체영화는 2천원 별도.

* 문의... 033)245-6470 www.animationmuseum.com

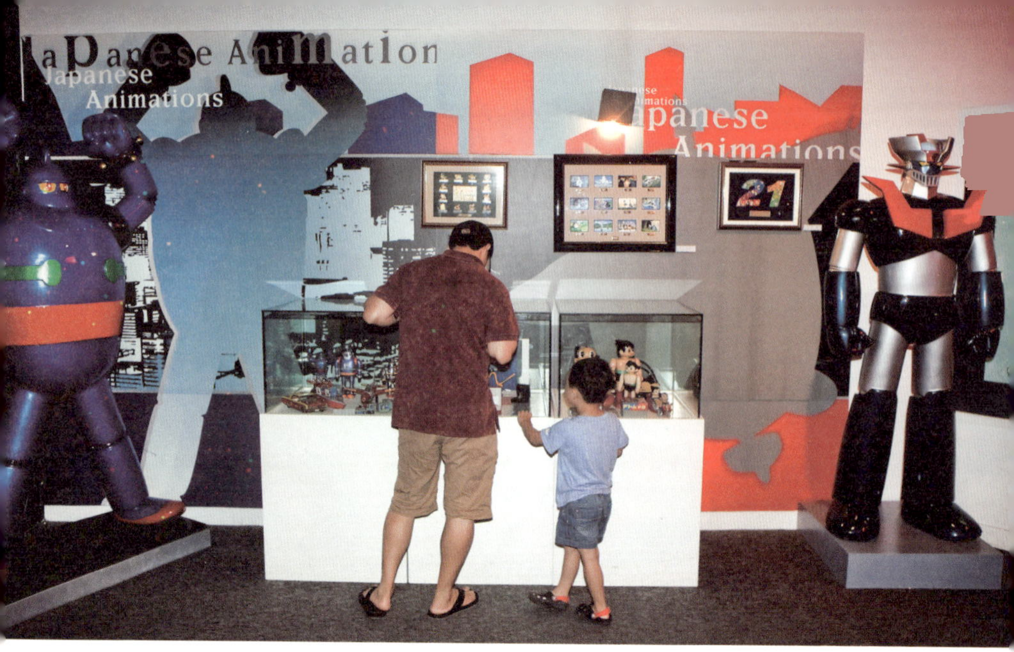

일본 애니메이션 코너의 관광객(위). 옛 극장을 재현해 놓은 전시장(아래).

한때 만화에 심취하지 않은 사람이 누가 있을까. 성인들 중에도 애니메이션 마니아가 많이 있으며 마니아가 아니더라도 어린 시절 만화영화에 대한 열정을 소중히 키웠던 기억, 누구나 있을 것이다. 그래서일까, 애니메이션박물관에서는 어린이보다도 어른들이 더 즐거워한다.

입구에 들어서는 순간, 자극적인 문구 하나가 관람객들의 시선을 붙든다.

'죄송합니다. 꿈이 없는 사람은 입장할 수 없습니다.'

애니메이션은 꿈이다. 애니메이션박물관은 꿈을 전시한 곳이기에 꿈이 없는 사람은 전시물을 볼 자격이 없다는 이야기일 게다. 눈으로 본들 그 가치까진 볼 수 없을 것이다.

1층 로비 왼편에는 낯익은 캐릭터가 세워져 있다. 2층 높이의 거대한 로봇 '우주소년 아톰'이다. 로봇이라고 하기엔 어색한, 어린이들의 친구 같은 모습이다. 한 어린이가 아톰의 발등에 올라가 놀고 있다. 보기만 해도 가슴이 설레며 상상

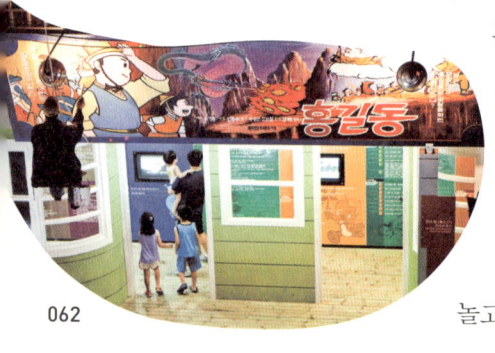

속으로 빠져드는 모습이다. 어른이면서도 이렇게 가슴이 뛴다면 아직도 순수한, 꿈을 간직한 어른임에 틀림없다. 아톰 앞에는 '아기공룡 둘리'도 보인다.

박물관은 2층 구조로 되어 있다. 1층에는 애니메이션의 기원과 발전 과정, 종류 그리고 애니메이션의 원리가 자료와 함께 전시되어 있다. 우리나라 애니메이션의 역사도 보인다. 15분짜리 단막극을 상영하는 3D 입체극장도 있다.

"너 '77단의 비밀' 알어?"

2층에 올라가서 아래층을 내려다보면 이제껏 둘러 본 전시장들이 만화가게와 극장의 모습임을 알게 된다. 아버지 따라서 만화영화 보러 갔었던 극장, 학교 수업 끝나기가 무섭게 달려갔었던 만화가게……, 모두가 추억 속의 그림 그대로이다. 내려다보는 순간 어느새 밑에서 놀고 있는 어린이의 모습에 그대로 몰입되고 만다.

2층은 세계 애니메이션관이 돋보인다. 특히 일본 애니메이션관은 어른들에게도 잘 알려진 캐릭터가 많아 친근함이 느껴진다. 입구의 타이거마스크를 비롯해서 마징가 제트, 철인 28호가 전시실 양쪽에 듬직하게 버티고 서있다. 어린이 손잡고 들어온 어른의 발걸음이 유독 느리게 흐른다.

애니메이션이라고 해서 외국 작품만 있는 건 아니다. 로봇태권브이는 대표적인 국산 캐릭터이다. 벽면에 붙어있는 포스터 중에 '아하, 맞어! 이런 것도 있었지!' 하며 탄성을 지르게 만드는 것이 또 있다. 1978년 여름방학 때 상영한 '77단의 비밀'이다.

2층 높이의 우주소년 아톰.
신발 위에 오른 아이는 얼마나 신날까!

063

너무 오래되어서 내용은 기억도 안 난다. 분명히 봤을 텐데……. 확실한 건 방정환의 동화를 원작으로 한 국내산이라는 것이다. 그 시절, 극장에 가서 만화영화 한 편을 보려면 부모님에게 엄청 떼를 써야 했었다. 그땐 그랬다.

1978년에 개봉된 장편 애니메이션 〈77단의 비밀〉 포스터를 들여다보는 방문객.

박물관이라고 해서 삼사십년 전 만화영화만 있는 건 아니다. '구름빵'도 있다. 구름빵은 꼬마 고양이를 주인공으로 한, 종영된 지 얼마 되지 않은 TV 만화영화극이다. 유아들을 주 대상으로 한 판타지 만화영화인데 박물관의 2층 기획전시실에서 만날 수 있다. '구름빵'에서 '77단의 비밀'까지, 어린이와 부모가 서로 소통할 수 있어서 참으로 행복한 애니메이션의 세계다.

애니메이션박물관 바로 옆에는 스톱모션 스튜디오가 따로 세워져 있다. 스톱모션은 애니메이션 제작 기법의 하나로, 물체를 고정하여 촬영한 뒤 조금씩 물체를 움직여서 연속 촬영하면 움직이는 효과를 얻을 수 있는 것이다. 대표적인 것이 점토를 활용한 점토애니메이션, 인형을 활용한 인형애니메이션이 있다. 종이를 오려서 만드는 절지애니메이션도 많이 볼 수 있는 스톱모션 기법이다. 스톱모션 스튜디오는 별관으로 떨어져 있는 데다가 관람객들도 많지 않아 한적하게 둘러볼 수 있다.

스톱모션 스튜디오 전경(아래 왼쪽). 애니메이션박물관 전경(오른쪽).

강원공예문화연구소

애니메이션박물관 바로 옆에 있다. 원래는 지역특화 문화상품을 개발하기 위해 설립한 곳이었으나 지금은 교육사업을 대폭 강화하여 여러 가지 체험 프로그램을 운영하고 있다.

연구소에는 독자적으로 운영되는 6개의 공방이 있다. 도예공방·목공예공방·종이공방·칠보공방·천연염색공방·디지털염색공방이 그것인데, 각자 체험 프로그램을 운영하고 있어서 다양하면서도 깊이 있는 체험학습을 할 수 있다. 일반 관광객들을 대상으로 한 체험학습 프로그램뿐만 아니라 교직원을 대상으로 한 직무연수 프로그램과 공예과나 디자인과, 회화과 학생들을 대상으로 한 공예 아카데미도 운영한다. 종이공방에서는 지승공예나 지호공예, 닥종이인형 만들기, 종이 장식 등을 체험할 수 있고 목공예공방에서는 나무기러기 만들기나 액자 만들기를 할 수 있다. 사전 예약이 필수이며 180명 정도는 동시에 체험을 할 수 있는 시설을 갖추고 있다.

✉📞 강원도 춘천시 서면 현암리 367번지. 033)244-8726.
체험비는 공방마다 조금씩 다르지만 평균 1만원 안팎이다. www.gwcraft.or.kr

장절공묘역과 장절공박사마을

춘천시 서면은 최근 40여 년간 120명이 넘는 박사를 배출하여 '박사마을'로 통하는 곳이다. 그 서면에서도 방동1리는 장절공박사마을로 불리는 농촌체험마을이다. 장절공은 고려 개국공신인 신숭겸 장군의 시호인데 그 묘소가 마을에 있어서 유래된 것이다.

대한민국 8대 명당 중의 하나로 알려진 이 묘역은 원래 왕건의 묘 터였다. 왕건이 자신을 대신해 죽은 신숭겸을 위해 자신의 사후를 대비해 마련해놓은 묘 터를 기꺼이 내준 것이다. 특이한 것은 시신은 하나인데 봉분이 셋이나 된다는 점이다. 목이 잘린 신숭겸의 시신에 금으로 머리를 만들어 안장했다고 전해지는데, 이 때문에 도굴이 염려되어 예방 목적으로 봉분을 둘 더 만들었다고 한다.

장절공묘역은 왕릉을 연상시킬 정도로 깔끔하게 잘 다듬어져 있다. 특히 묘지까지 올라가는 소나무 오솔길은 분위기가 무척 아름답고도 호젓하다. 묘지에 올라가서 등을 돌리면 아득히 춘천 시내가 한눈에 들어와 과연 명당임을 깨닫게 된다. 묘지 바로 옆에는 고구려 고분이 있어서 함께 둘러볼만 하다. 장절공박사마을에서는 관광객들을 위한 황토방 숙박시설까지 마련하고 여러 가지 농촌체험 프로그램을 운영하고 있다.

✉📞 강원도 춘천시 서면 방동1리 433, 장절공박사마을. jjg.invil.org

소문난 맛집

홍골솥밭집

장절공묘역 바로 옆에 있다. 외진 곳에 있지만 알음알음 찾아오는 사람들이 많은 맛집이다. 인기 메뉴는 촌두부전골이다. 화천에서 가져온 콩으로 매일 아침 두부를 만들어 사용한다. 콩나물을 듬뿍 넣어 매콤하게 끓이는 맛이 두껍게 썰어 넣은 두부와 멋진 조화를 이룬다. 밑반찬은 직접 재배한 농산물로 만든다. 가격도 1인에 6천원으로 저렴하다. 그 이외의 메뉴로는 한방산토종닭, 한방도리탕 등이 있다. 홍골은 식당이 있는 곳의 옛 지명이다. ✉📞 춘천시 서면 방동리 819-3. 033)243-2309

운치 있는 의암호변을 따라 호반모텔(244-6152), 의암레이크(243-2929) 등의 숙소가 있다. 카페와 펜션을 겸한 리버스토리(243-6353)와 커피숍 미스타페오(243-3989)도 경관이 좋다.

춘천 막국수, 직접 만들어 먹어볼까?

춘천막국수 체험박물관

춘천에 가면 왠지 막국수를 먹어야만 할 것 같다. 춘천 하면 자동으로 따라 다니는 것이 닭갈비와 막국수 아닌가! 그 중에서도 막국수는 가볍게 먹을 수 있는 별미로, 혼자 떠난 여행에서도 잘 어울린다.

막국수에도 이야기가 있다. 막국수와 막국수의 주재료인 메밀에 대한 여러 가지 이야기와 정보를 접할 수 있는 곳이 춘천막국수체험박물관이다. 이름 그대로이다. 직접 메밀 반죽을 해서 면을 뽑아보고 이를 삶아서 준비된 양념에 버무려 먹을 수 있는 체험장이다. 재미있는 막국수 이야기에 직접 내 손으로 뽑은 막국수까지 비벼 먹으니 이만큼 맛있는 여행이 또 어디 있을까?

함께 하기 가족, 친구들, 소규모 단체
좋은 계절 사계절 언제든지 좋아요

온 힘을 다해 막국수를
뽑아내는 가족 체험객.

★주소... 강원도 춘천시 신북읍 산천리 342-1

★교통... 🚈 춘천역 하차 후 150번 버스(평일 1시간 간격, 주말 30분 간격 운행)를 이용하거나
         춘천역 바로 옆 인성병원 앞에서 16, 19, 19-1번 버스(1시간에 1대꼴)로
         박물관 하차(30~40분 소요).

        🚗 서울·춘천간고속도로 춘천분기점 → 중앙고속도로 춘천 방면 → 춘천 톨게이트 진출
           → 후평 사거리 → 양구 방면의 춘천운전면허시험장 → 춘천막국수체험박물관

★이용... 09시~18시(체험은 10시~17시)까지, 월요일·공휴일 다음날은 휴관. 입장료는 어른 1천원,
         청소년 7백원, 어린이 5백원. 체험을 위해서는 메밀 밀가루 300g(3천원) 구입해야 함.

★문의... 033)250-4135 makguksumuseum.com

춘천막국수체험
박물관 전경.
막국수 틀을
형상화한 것임을
금방 알 수 있다.

춘천의 대표 향토음식으로 막국수가 있다. 막국수는 국수를 바로 뽑아서 금방 비벼 먹는 것을 말하는데 보통은 메밀이 주재료이다. 막국수가 언제부터 춘천의 대표적인 향토음식으로 자리 잡았는지는 정확히 알 수 없다. 다만 19세기 말 의병활동 때 메밀 재배가 확산되었을 것으로 보는 이들이 많다. 당시 의병들은 일본 군들을 피해 깊은 산 속으로 들어가 화전을 일구며 메밀·콩·조를 재배하면서 살았다. 그렇게 생산된 메밀이 한국전쟁을 거치면서 상인들에 의해 막국수로 만들어져 피난민들의 끼니를 해결해 주었고, 차츰 대중화 되었을 것으로 보는 견해가 많다. 원래 메밀은 예로부터 굶주린 배를 채워주는 구황식품이었다.

지금은 사정이 바뀌었다. 먹을 게 없어서 할 수 없이 찾아먹었던

춘천막국수체험박물관
내부의 여러 전시장과
전시물 모습들.

구황식품이 아니라 몸에 좋은 웰빙 음식이란 인식이 널리 퍼지면서
별미로 찾아먹는 음식이 되었다. 메밀의 루틴 성분은 항산화 효과가
있다고 알려졌으며 체중을 조절하고 혈당과 고혈압 조절, 장암 예방,
신장 기능 개선의 효능도 있다고 한다. 원재료인 메밀 가격도 만만치
않아 일반 막국수 식당에서 국산 재료를 쓰면 며칠 못 가
문을 닫을 정도로 타산이 안 맞는다고 한다.

메밀과 막국수에 대한 이런 저런 재미있는
이야기를 한 자리에서 둘러볼 수 있는 곳이
있다. 바로 신북읍 산천리에 위치한 춘천막
국수체험박물관이다.

춘천막국수체험박물관은 건물의 외부부
터 심상치 않다. 막국수를 뽑아내는 기계
(틀) 모습을 하고 있어 한눈에 확 들어온다.
박물관 내부에도 재미있는 전시물로 가득
할 것 같은 기대감을 한껏 부풀게 하는 외
부 모습이다. 박물관 마당에는 어렸을 적에
즐겼음직한 여러 가지 놀이 그림이 그려져 있
어 추억에 잠기게 한다.

막국수 반죽에서 시식까지, 내 손으로 체험한다

박물관은 크게 1층 전시실과 2층 체험실로 나뉘어 있다. 1층 중
앙에는 커다란 맷돌 모형이 자리하고 있어 눈길을 끈다. 전시실은
메밀의 성장 과정과 효능, 유래와 분포, 조리 도구 등 메밀에 대한
여러 가지 정보로 가득하다. 메밀로는 메밀막국수 외에도 메밀총떡
·메밀빙떡·메밀묵채·메밀묵·메밀저배기·메밀칼국수 등 다양
한 음식을 만들 수 있다는 자료가 관람객들로 하여금 입맛을 다시게
한다. 막국수의 조리 과정과 여러 가지 막국수 음식 모형도 보인다.
해설사가 상주하고 있어 원할 경우 자세한 해설을 들을 수도 있다.

2층에 올라가면 1층에서 봤던 메밀 막국수를 직접 만들어볼 수 있
다. 3기의 막국수 틀과 6대의 반죽기가 마련돼 있으며 5명씩 팀을 이

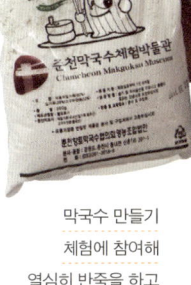

막국수 만들기
체험에 참여해
열심히 반죽을 하고
있는 일가족(위).
체험용 막국수가루
(아래).

루어 진행된다. 최소 3명부터 가능하며 30명까지는 동시에 체험할 수 있다. 예약제로 운영되는데 체험 전 최소 2시간 전까지 예약만 하면 누구나 막국수를 만들어 먹을 수 있다.

체험은 진행자의 안내에 따라 이루어진다. 먼저 1층에서 별도로 판매하고 있는 메밀가루(1봉에 300g)를 구입해야 한다. 구입한 메밀가루를 물과 함께 반죽 하는 것이 첫 번째 순서다. 반죽이 끝나면 막국수 틀에 넣고 면을 뽑아야 한다. 이때는 한껏 힘을 써야 하는데, 온 가족이 힘을 합하여 막국수 틀을 눌러주어야 시원하게 면이 뽑아져 나온다. 그렇게 나온 면은 뜨거운 물에 삶아 그대로 건져서 물로 한번 헹궈준 다음, 준비된 양념과 육수를 넣어 비벼주면 맛있는 막국수가 된다. 말 그대로 바로 뽑아서 금방 비벼 먹는 '막'국수로, 반죽에서 시식까지 40여 분이면 마무리 된다.

2층 체험실에는 만든 막국수를 시식할 수 있는 60평 규모의 시식장이 마련되어 있다. 식탁과 의자, 냉온수기 같은 편의시설이 갖춰져 있어 아무런 불편이 없다. 게다가 일반 식당에서 판매하는 막국수와는 비교할 수 없는 맛에 스스로 놀라게 된다. 내 손으로 직접 뽑아 만든 나만의 막국수이기 때문이다.

체험 프로그램에 참여해 직접 뽑아 만든 나만의 막국수.

일반 식당에선 맛볼 수 없는 체험 막국수 시식하기.

춘천월드온천

춘천막국수체험박물관 바로 옆에 있는 춘천월드온천은 춘천에서 하나뿐인 온천이다. 현재의 지명이 산천리(山泉里)이고 옛날에는 샘두럭이라고 불렀는데 이는 큰샘과 언덕이 있었다는 뜻이다. 예로부터 물이 좋았던 지역임을 알 수 있다.

온천수는 ph(수소이온) 농도가 10.22나 되는 알칼리성 단순천으로 물이 미끄러운 것이 특징이다. 동시 수용 인원이 무려 1,500명 가량. 노천탕과 수영장, 150대 가량 주차할 수 있는 주차장 등의 시설을 갖추고 24시간 영업을 하고 있다.

온천 맞은편에는 잣나무숲길이 있는데 〈겨울연가〉를 비롯한 드라마가 여러 차례 촬영된 적이 있는 숨겨진 명소이다. 평소 오가는 사람이 없어 호젓한 분위기를 느낄 수 있는데 굵은 잣나무 기둥이 연달아 이어진 숲 사이로 걸어가는 기분은 매우 특별하다.

✉ ☎ 강원도 춘천시 신북읍 산천리 310-13. 033)244-8889 www.worldspaland.com
온천만 이용할 경우엔 6천원, 찜질방과 함께 이용할 경우엔 7천원이며 야간 입장료는 9천원이다.

강원경찰박물관

춘천에 있는 강원지방경찰청에서 세운 곳이다. 단층짜리 규모에 1만 2천여 점의 전시물이 진열돼 있어 강원경찰의 발전사와 활동상을 한눈에 살펴볼 수 있다.

눈에 띄는 전시물로는 조선시대 경찰이라 할 수 있는 포졸의 모자와 육모방망이, 형틀 그리고 TV나 영화에서 보아온 것보다 훨씬 커서 제대로 들 수나 있을까 생각이 드는 곤장 등이 있다. 그 외에 일제시대와 건국 이후의 여러 가지 경찰 관련 자료들이 전시되어 있다. 마당 한켠에는 어린이들이 좋아할 만한 경찰차와 경찰 오토바이가 전시되어 있어 체험의 장으로 활용되고 있다.

✉ ☎ 춘천시 신북면 율문리 315-3. 033)241-3295 www.gwpolice.go.kr
입장료, 주차료 모두 없음. 매주 월요일, 1월 1일, 설날, 추석연휴 및 국경일은 휴관.

소문난 맛집

샘밭막국수

소양호로 향하는 샘밭교 근처에 있다. 막국수의 고장 춘천에서도 막국수를 잘 하는 집으로 널리 알려진 맛집이다. 김과 계란 등의 고명이 올려진 면은 사골육수와 동치미국수를 섞어서 만든 육수와 어우러져 메밀 특유의 부드러운 식감과 청량감을 느끼게 한다. 막국수(6천원)와 순두부(4천원)가 대표 메뉴이며 편육이나 감자전 · 녹두전 등을 함께 먹으면 좋다.

✉ ☎ 강원도 춘천시 신북읍 천전리 118-23. 033)242-1702

Section ②

마음을
풀어놓는 곳

★ 글·사진 변지윤

우석헌자연사박물관
진접 여경구가옥 | 장현5일장

홍유릉 (洪裕陵)
그린어울터 | 석화촌

백련사 템플스테이
이천보 고가와 연하리 향나무 | 가평영양잣마을

별바라기마을
조종천계곡 | 현등사

꽃무지풀무지
조종암 | 버섯구지마을

가평요 (加平窯)
청평자연휴양림 | 설미재미술관

자라섬캠핑장
가평군목공예영농조합 | 가평현암농경박물관

청평사 (淸平寺)
옥광산 | 춘천풍물시장

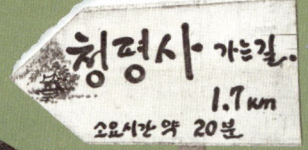

46억 년 전으로 떠나는 타임머신 여행

우석헌
자연사박물관

'아주 옛날에는 사람이 안 살았다는데~ 그럼 무엇이 살고 있었을까~' 하는 노랫말처럼 지구에 사람이 살기 시작한 것은 지구 역사에서 극히 짧은 시간일 뿐이다. 그러니 인간이 지구의 주인인 양 행세하는 것은 어쩌면 분수를 모르는 처신이다.

자연사박물관에 가면 지구가 말을 걸어온다. 귀 기울이고 가만히 들어보라. 태초에 지구가 생기고 그 사이 지구에서 벌어진 일들에 대해 지구는 말하고 싶어 한다. 지구의 속삼임을 따라 아득히 먼 과거 속으로 여행을 떠나보자. 특별한 장비는 필요 없다.

박물관의 화석과 암석들은 멋진 타임머신이 돼 줄 것이며, 그곳에서 우리는 커다란 공룡도 만나고 인류의 먼 조상도 만나게 될 것이다.

함께 하기 가족, 친구, 단체
좋은 계절 사계절 언제든지 좋아요

우석헌자연사박물관
야외 전시장의 공룡 모형.

*주소... 경기도 남양주시 진접읍 내각리 587

*교통... 퇴계원역 하차. 극동아파트 · 세란병원정류장에서 11번, 92번
버스이용, 현창마을정류장에서 내리면 도보 150m 거리.

경춘국도 망우리 → 구리사거리(좌회전) →
퇴계원 진입(일동 방향 47번국도) → 내각리 밤섬유원지 →
300m 지나 삼거리 신호등에서 유턴하면 오른쪽.

서울 청량리에서 707, 7, 7-1 버스 또는 강변역에서
1, 11번 버스로 현창마을정류장 하차.

*이용... 평일 10:00~18:00, 일요일 12:00~18:00, 목요일 휴관(공휴일 제외).
대인 5천원, 소인 3천원, 가족 할인(3인 1만 1천원, 4인 1만 3천원).

*문의... 031)572-9222 www.geomuseum.org

수원산 (720m) 계곡에서 발원한 왕숙천은 남양주시를 굽이 굽이 지나 구리시에서 한강으로 흘러든다. 왕숙천이 만든 남양주시의 밤섬에는 유원지가 들어서 있다. 이곳 밤섬유원지 서쪽으로 47번 국도를 사이에 두고 커다란 공룡이 점령한 우석헌자연사박물관이 보인다. 남산타워의 수석 · 광물전시관을 모체로 2003년 12월에 개관한 우석헌은 서울 · 경기 지역의 유일한 지질 전문 자연사박물관으로 알려져 있다.

자연사박물관이란 이름 그대로 자연사 전 분야에 대한 자료와 자연계를 구성하는 자료 · 현상에 대해 연구 및 전시 등을 하는 박물관을 말한다. 세계적으로 유명한 자연사박물관은 런던의 대영박물관(1759년 설립), 파리의 국립자연사박물관(1793년 설립), 뉴욕의 미국자연사박물관 등이 있다. 우석헌자연사박물관은 자연사 가운데 광물이나 암석 · 화석을 중심으로 한 지질전문박물관으로, 각 전시관에는 40년 가까이 수집한 진본 화석과 암석 · 운석 · 해양관련표본 등 희귀한 자료들이 전시돼 있다.

그린존(Green Zone)에 가면 생각나는 '쥬라기공원'

전시관은 크게 상설전시실과 야외전시실, 특별전시관으로 나누어 볼 수 있는데, 상설전시실을 6가지 색상으로 구분해 테마를 정한 게 재미있다. 그중 레드존(Red Zone)은 '생명의 역사'란 주제로 전시되어 있다. 이곳에서는 스트로마톨라이트 화석을 통해 시아노박테리아의 흔적을 보고, 각 지질시대를 대표하는 화석들을 통해 신비한 생명의 역사를 만나게 된다. 지금으로부터 46억 년 전에 태어난 지구는 10억 년이 넘도록 어떤 생명체도 품지 않았다. 그렇게 황량한 지구에 처음으로 나타난 시아노박테리아가 산소를 내뿜으며 다른 생명체들이 살 길을 열어주었으니, 정말로 고마운 존재이다.

그린존(Green Zone)으로 넘어가면 디플로도쿠스의 여덟 마디 꼬리뼈로 시작하는 '1억년의 지배자'란 주제로 이야기를 풀어낸다. 지구 역사상 가장 큰 몸집을 뽐내던 공룡 화석을 통해 공룡시대를 살펴보는 것이다. 오래 전 '쥬라기공원'이란 영화를 처음 보고 신선한 충격을 받았던 기억이 있다. 스릴 넘치는 장면도 그렇지만, 화석 속 모

어린이들에게
인기있는
공룡 모형.
공룡계통도를 보며
공룡의 종류를
배울 수 있다

상설전시실
레드존에
전시돼 있는
스트로마톨라이트
화석.

기의 피에서 공룡의 DNA를 찾아내 당시
의 공룡을 복원한다는 설정 자체가 무척
흥분되는 내용이었다. 디플로도쿠스는
몸집이 거대한 공룡 중의 하나로 가장 큰
공룡은 몸 길이가 40m에 달했다고 한다.
부드러운 식물이나 나뭇잎을 먹는 초식
동물인데, 하루에 300kg이나 되는 식물
을 먹어치웠다고 하니 놀라지 않을 수 없다. 우스운 것은 쥐라기시대
를 주름잡던 커다란 공룡이었음에도 자신들의 안전을 위해 무리지어
다녔다고 하니 그 또한 아이러니다.

  그밖에도 블루존(Blue Zone)에서는 바다생물 이야기가, 옐로우
존(Yellow Zone)에서는 포유류 이야기가 펼쳐진다. 특히 오렌지존
(Orange Zone)에서는 '순환하는 암석'이란 주제로 38억년 동안 끊임
없이 변화하고 있는 암석을 통해 지구의 생성 과정을 알아본다. 퍼플
존(Purple Zone)에서는 반짝 반짝 빛나는 결정들이 가득한 '광물의
세계'란 주제로 지구가 인류에게 주는 선물인 광물 자원에 대한 재미
있는 지식을 제공한다. 바로 어른들이 '보석'이라 부르며 애지중지하
는 수많은 보석광물이 전시된 곳이다.

우석헌자연사박물관은
관람객의 30%가
재방문을 할 정도로
깊은 인상을 남긴다.

'열린 수장고'엔 표본 12만점, 관람객 30%가 재방문

야외전시장은 아이들이 특히 좋아하는 곳이다. 작은 쥐라기공원을 만날 수 있기 때문이다. 만화영화 '아기공룡 둘리'에서 둘리 엄마로 나왔던 바로 그 공룡, 브라키오사우루스도 볼 수 있다. 물론 영화처럼 공룡이 살아서 움직이는 일은 일어나지 않는다.

야외전시장을 둘러보고 다시 실내로 들어오면 우석헌자연사박물관의 진짜 보물창고가 기다린다. 누가 시키지 않아도 저절로 입이 쩍~ 벌어지는 곳이다. 2007년 국내 박물관 최초로 수장고를 개방하면서 '열린 수장고'란 이름이 붙여진 곳. 전 세계를 돌며 40년 가까이 수집한 수많은 표본들이 높이 9m에 달하는 250평형 수장고 안에서 관람객들을 향해 방긋방긋 웃어준다. 아니 그렇게 보인다고 해야 맞다. 수장고 안에는 그 동안 수집한 12만 점의 표본들이 전시될 그날을 애타게 기다리고 있기 때문이다. 그동안 보아온 어느 박물관에서도 수장고를 직접 보여주는 곳은 없었기에 그 감동 또한 특별한데, 죽은 듯 누워 있던 전시물들이 생생하게 살아서 말을 걸어 오는 것처럼 느껴진다..

우석헌은 연간 10만 명이 넘는 관람객이 찾을 뿐만 아니라 재방문객이 무려 30% 이상이라고 한다. 그만큼 만족도가 높다는 얘기다. 가급적 많은 표본을 관람객들에게 보여주기 위해 전시물을 주기적으로 교체하고, 다양한 기획전시와 체험 프로그램을 진행하는 등 끊임없이 노력하는 모습이 관람객의 마음을 움직였기 때문일 것이다. 2010년의 경우 퍼플존은 전체 60% 가량의 표본이 교체되어 다양한 광물의 세계를 선보였다.

이곳의 뮤지엄샤파리는 신개념 박물관

커다란 공룡 모형이 랜드마크처럼 서 있다(위). 우석헌 수장고(아래). 박물관 수장고를 볼 수 있는 기회는 흔치 않다.

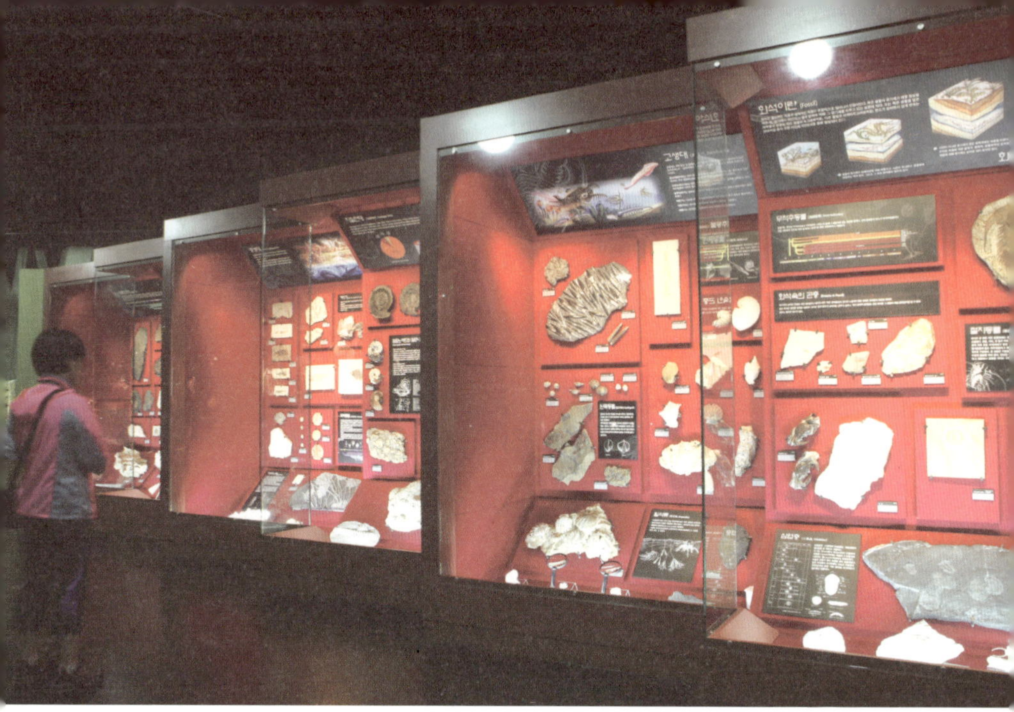

전시투어 프로그램인데, 보는 박물관에서 능동적으로 참여하는 박물관으로 기존의 관람 문화를 탈바꿈시켰다. 담당 큐레이터가 처음부터 끝까지 진행을 하면서 전시물에 접근하게 되는데, 관람객은 제공받은 SGB(셀프가이드북)와 스티커, 포스터를 통해 스스로 적극적이고도 흥미진진한 관람을 하게 된다. 관람이 끝난 후에는 몰드와 캐스트를 가지고 직접 화석 모형을 만들어보면서 화석의 형성 과정에 대한 비밀도 터득하게 된다. 뮤지엄사파리 소요시간은 60분이며, 대인 7,000원 소인 6,000원의 참가비가 따른다.

46억 년 전으로 떠나는 타임머신 여행 코스라 할 수 있는 우석헌자연사박물관은 그 밖에 주니어큐레이터 인턴쉽 과정, 에코스카우트, 공룡 어드벤처 등 다양하고 깊이 있는 과학교육 프로그램들을 진행한다.

〈76쪽〉 박물관에
전시된 여러 가지
광물들(위).
화석 지우개 만들기
체험을 끝낸
방문객(아래).

진접 여경구가옥

내곡마을 가장 높은 산기슭에 자리해 있어 특히 주변 경관이 좋은
고택이다. 조선 후기 가옥으로 소유주 여경구의 장인인 이덕승의 8
대조가 250년 전에 지었다고 한다. 마을에서는 연안 이씨 동관댁이
라고 부르는데, 명당에 집을 지어 대대로 복록을 누렸다고 전한다.
집은 깊숙이 안채가 'ㄱ'자형으로 자리 잡고, 안마당을 중심으로 광
채가 'ㄴ'자로 배치되어 있어 'ㅁ'자형 배치를 보인다. 사랑채 · 대문
채 · 사당채가 '一'자형으로 배치되어 있으며, 사당채는 사랑채 뒤편
의 제일 높은 곳에 따로 꾸몄다. 이 집은 사당 좌우의 꽃담이 특히 아
름다운데, 여러 가지 색깔의 돌을 고르게 쌓고 그 위에 기와를 올려
장식한 것이 특징이다. 하지만 보수공사를 하면서 원래 꽃담의 고풍스
러운 맛을 잃어 안채의 바깥벽에 옛날 꽃담을 재현해 놓았다.

✉ ☎ 경기도 남양주시 진접읍 내곡리 286. 031)590-4721(남양주시 문화관광과 문화재팀 담당자)

장현5일장

시골여행에서 빼놓을 수 없는 재미가 5일장 구경이다. 좌판에는 지역 특산물
을 비롯해 생선 · 야채 · 잡화 등 다양한 물건들로 가득하다. 특히 직접 키운 채
소와 나물 등을 가지고 나온 할머니들 모습도 정겹기만 한데, 손님들이 원하
는 대로 듬뿍 퍼주는 할머니 인심은 세월이 흘러도 변함이 없다.
갖가지 물건을 구경하고 값을 흥정하는 재미도 있어서 먼 곳에서도
일부러 장을 보러 오는 사람들도 있다. 장터 구경이 끝나면 뻥튀기,
즉석어묵, 도너츠를 사먹는 재미로 입도 즐겁다. 5일장은 지역별로
날짜가 다른데 장현5일장은 매 2일과 7일로 끝나는 날에 열린다.

✉ 경기도 남양주시 진접읍 장현리 380-15

소문난 맛집   광릉불고기

광릉수목원 근처의 돼지불고기집
으로, 간판 없는 식당으로 유명하
다. 처음 장사를 시작할 때 돈이 너무 없어서 간판조차 달지
못했다고 한다. 하지만 지금은 숯불에 구워서 나오는 돼지불고
기 맛에 반해 식사시간이면 많은 사람들이 줄을 서서 기다리는 인기
맛집이다. 주 메뉴는 돼지고기와 소고기로 만든 불고기로, 싱싱한 상추에 불
고기를 올려 푸짐하게 싸먹으면 입안 가득 숯불고기 향이 퍼지며 고기가 입
안에서 살살 녹는다. 주문을 받으면 주방에서 바로 구워낸 고기를 식지 않
도록 놋쇠그릇에 담아내는 게 특징이다. 저렴한 가격에 반찬이 깔끔하고
맛도 좋은 편인데 특히 된장찌개 맛이 일품이다. 돼지불고기 1인분
(200g) 8천원, 소불고기 1인분 1만 1천원이다.

✉ ☎ 경기도 남양주시 진접읍 팔야리 778-9, 031)527-6631

황제의 능으로 떠나는 역사여행

홍유릉 (洪裕陵)

금곡

유네스코 세계유산으로 등재된 조선왕릉은 그 역사적 가치뿐만 아니라 터잡기와 조경의 예술성에 있어서도 탁월한 면모를 자랑한다. 세월이 흘러도 변치 않는 가치와 아름다움은 자연경관 그 자체임을 깨닫게 하는 것이다.

지금까지 온전하게 남아있는 서울 근교의 조선왕릉은 40기, 원은 13기이다. 왕과 왕비의 무덤을 능(陵)이라 하고 왕세자와 왕세자비 등의 무덤을 원(園)이라 하는데, 남양주 금곡에 위치한 홍유릉은 고종의 홍릉과 순종의 유릉을 합쳐 부르는 이름이다. 대한제국의 시작이자 마지막 황제로 끝내 일제에 짓밟히고 만 고종과 순종이 잠들어 있는 홍유릉은 경관에 심취하기보다는 슬프고도 뼈아픈 역사를 먼저 떠올리게 한다.

함께 하기 가족, 친구, 단체
좋은 계절 사계절 모두 좋아요

082

홍유릉의 우거진 솔숲과
무인석(武人石).

★주소... 경기도 남양주시 금곡동 141-1

★교통... 🚆 경춘선 금곡역 하차, 도보 15분 거리

🚗 서울외곽순환도로 → 남양주IC → 46번국도 춘천 방향 →
홍유릉 / 강변북로 → 구리 → 46번국도 춘천 방향 → 홍유릉

🚌 청량리에서 일반버스, 좌석버스, 직행버스 수시 운행

★이용... 3월~10월(06:00~17:30 입장), 11월~2월(06:30~16:30 입장),
매주 월요일 휴장. 대인 1천원, 소인 5백원

★문의... 문화재청 홍유릉관리소 031)591-7043

'둥근 연못에
둥근 섬(圓池圓島)'
형식을 취한
홍릉 앞 연지.

황제릉 형식으로
조성된 홍릉과
유릉에는 여러 가지
이국적인 동물
석물이 많다.

남양주시는

서울과 가까운 탓에 조선왕실과 관계된 설화
도 많고 왕족의 능묘도 유난히 많다. 금곡동에
홍유릉, 진접읍 부평리에 광릉과 휘경원, 송릉리에 광해군 묘, 진건읍
사릉리에 사릉. 그밖에도 화도읍 창현리에 흥선대원군 묘, 조안면 능
내리에 정약용 선생 묘 등등, 내로라하는 양반가의 묘까지 합치면 일
일이 다 열거하기도 힘들다.

금곡역에서 내려 15분을 걸어가면 홍유릉이 나온다. 능 안으로 들
어서면 시끄러운 바깥세상에서는 상상치 못한 전혀 다른 세상이 펼
쳐진다. 고요한 숲 속에 들어선 듯, 마치 보이지 않는
벽이 세워져 있는 것처럼 안팎의 공기도 다르다.

삶과 죽음의 양식 모두 여느 왕들과는 다른 '두 황제의 능'

홍유릉은 홍릉(洪陵)과 유릉(裕陵)을 합쳐 부
르는 말로, 조선 말기 국호를 대한제국으로 바꾸고
서 황제의 위(位)에 오른 고종과 순종의 능이다. 조선 제26
대 왕이자 대한제국 최초의 황제인 고종과 명성황후 민씨의 묘소인 홍릉, 조선 제27대 왕이자 대한제국 마지막 황제인 순종과 순명효황후 민씨 및 순정효황후 윤씨의 묘소인 유릉은 많은 사연을 품고 금곡에 터를 잡았다. 정문을 들어서서 왼쪽으로 가면 고종의 홍릉이고, 오른쪽으로 가면 순종의 유릉이다.

홍릉으로 가는 길은 여느 왕릉처럼 따뜻한 햇살 아래 소나무와 잣나무들이 자라고 연지도 있어 무척 평화로워 보인다. 연지는 기존 조선시대의 연못들처럼 천원지방(天圓地方·하늘을 상징하는 원과 땅을 상징하는 네모 형태) 형식에 따른 모양과 다르다. 황제가 잠든 곳이기에 원지원도(圓池圓島) 형식에 따라 둥근 연못 안에 둥근 섬이 만들어져 있다.

고종이 승하하자 현재의 위치에 능을 조성하면서 풍수지리상 불길하다고 천장론이 일던 명성황후의 능도 옮겨와 합장하고 홍릉이란 원래 능호를 그대로 사용했다. 홍릉은 조선시대 말기에 조성된 능이지만, 다른 왕릉과 다르게 황제릉의 양식에 따라 조성됐다고 한다. 명나라 태조의 효릉을 본떠 조성했다는데, 이전 왕릉들과 확연하게 차이가 난다.

황제의 능이란 기대를 안고 홍살문을 들어선다. 돌로 만든 기린·코끼리·사자·해태·낙타·말 등의 동물상이 양쪽으로 지키고 있다. 문득 외국 어느 나라에 온 건가 하는 생각이 들 정도로 독특한 분위기다. 다른 왕릉에 양과 호랑이상이 있는 것에 비하면 놀랄 만한 차이라고 할 수 있다. 특히 코끼리·사자·기린·낙타는 왕릉 조성 당시에는 볼 수도 없었을 동물인 데다, 일반적으로 봉분 앞에 있어야 할 석물들이 침전 앞을 떡하니 지키고 있는 것도 이색적

홍릉과 유릉
사이의 산책로.

문인석과 무인석,
각종 동물석 등
화려하고 섬세하게
조각된 석물이
눈길을 끄는 유릉.

이다. 동물들 옆에는 문관과 무관상이 세워져 있는데 이 또한 커다란
키가 눈길을 끈다.

능 아래에는 '정(丁)'자 모양의 정자각 대신 '일(一)'자형의 커다란
침전(임금의 숙소를 뜻함)이 세워져 있는데, 침전으로 오르는 계단이
궁궐처럼 정면과 양 옆으로 나뉘어 있다. 홍살문에서 침전까지 이어
지는 길 또한 세 부분으로 나뉘어 있는데, 가운데 신도(황제와 황후의
영혼이 다니는 길)가 좌우(사람이 다니는 길)보다 높게 조성된 것도 눈길
을 끈다.

이곳 황제의 능은 여기저기 다른 왕릉들과 차이점을 보여 마치 숨
은그림찾기를 하듯 눈 크게 뜨고 들여다보게 된다. 이곳에 오기 전에
다른 왕릉을 미리 들렀다 오면 발품 판 만큼의 보람이 있을 것 같다.
능 주변을 이곳저곳 돌아다니다보니 '그렇다면 봉분의 모습은 어떻
게 다를까' 하는 궁금증이 생긴다. 하지만 기대와 달리 봉분 앞에 있
던 문·무인상과 동물상들이 자리를 옮기면서 지금의 봉분 앞은 망
주석과 장명등만 남아 단출하고 고요하기만 하다.

역사에 묻힌 비운의 가족사

홍릉에서 나오다 왼쪽 오솔길로 빠지면 유릉이다. 유릉은 겉보기
에는 봉분이 하나지만 그 아래에는 순종과 두 왕비가 잠들어 있는 삼
합장릉이다. 홍릉과 마찬가지로 황제릉 양식으로 조성했으되 홍릉에
비해 능의 규모는 작다. 하지만 문인석과 무인석을 비롯해 석물 조각
들이 홍릉에 비해 좀 더 사실적으로 묘사되어 있다.

1910년 8월 29일, 조선왕조는 27대 519년 만에 허망하게 막을 내
렸다. 그로부터 16년이 지난 뒤, 비운의 마지막 황제는 53세를 일기
로 한 많은 세상을 떠나 이곳에 누웠다. 조선시대에는 왕릉의 터를
잡을 때 풍수상의 길지를 택해 가장 이상적인 장소를 택하는 게 관
례였음에도, 울창한 숲에 둘러싸인 황제의 안식처는 왠지 산세가 그
다지 좋아 보이지도 경관이 수려해 보이지도 않는다. 돌이킬 수 없는
역사 때문일까? 마지막 황제의 능은 오직 적막만이 감도는 게 쓸쓸해
보이기까지 한다.

나라를 잃은 마지막 황실의 가족들은 조국과 일본 어디에서도 환
영받지 못하며 파란만장한 삶을 살아야 했다. 순종 승하 후 홀로 남

겨진 순정효황후는 창덕궁 낙선재에서 일제의 침탈행위와 광복, 한국전쟁까지 겪고서 1966년 춘추 72세로 이승을 떠났다. 한일병합을 위한 어전회의가 열렸을 당시, 옥새를 치마 속에 감추고 내놓지 않았으나 숙부인 윤덕영에게 강제로 빼앗겼다는 이야기가 전해져 더욱 마음을 아프게 한다.

홍유릉에는 비공개 지역에 마지막 황실 가족의 능원이 더 있다. 순종의 이복동생이자 대한제국의 마지막 황태자인 영왕(이은)은 11세 때 일본에 볼모로 잡혀가 유학을 해야 했고, 일본인 이방자 여사와 결혼한 뒤 1970년에 세상을 떠났다. 영왕은 홍유릉 능역 내에 있는 영원에 잠들어 있다. 영왕의 아들 이구 역시 황실의 마지막 황세손

유릉의 홍살문에서 신도(神道)로 연결되는 침전 전경. 침전 뒤에 봉분이 위치한다.

으로서 극적인 삶을 살다가 2005년에 생을 마감하고, 영원 옆 회인원에 안장되었다. 그 외 고종의 다섯째 아들 의왕(이강)과 외동딸 덕혜옹주도 홍유릉 내에 잠들어 있다. 고종의 막내딸로 특히 많은 사랑을 받으며 자랐지만 망국의 황녀로 비참한 일생을 살아야 했던 덕혜옹주의 삶은 실화소설로도 그려져 많은 사람들을 눈물짓게 했다.

사람은 저마다 처한 상황에 따라 세상에 대한 이해가 다르다고 하지만, 누구의 관심도 받지 못한 채 광복된 지 반 세기가 넘도록 안식처를 찾지 못하고 떠돈 황실 가족 이야기가 가슴을 아프게 한다.

홍유릉에는 문화해설사가 근무하고 있어서 관람 안내를 신청하면 왕릉에 얽힌 자세한 설명을 들을 수 있다. 해마다 고종황제(양력 1월 21일)와 명성황후(양력 10월 8일), 순종황제(양력 4월 25일)의 기일에 맞춰 기신제를 지내는데, 제향일에는 일반 시민들도 관람할 수 있으니 날짜를 맞춰 찾아가면 한층 뜻 깊은 여행이 될 것이다.

그린어울터

도시 소비자의 농촌체험을 위해 남양주시 농업기술센터 내에 만든 농촌체험문화공간으로 농업기술센터와 교육체험농장이 함께 운영하는 곳이다. 계절별로 다양한 체험 프로그램이 있어 홈페이지를 통해 신청하면 참여가 가능하다. 그린학습원과 곤충학습관은 아이들이 특히 재미있어 하는 공간으로 온가족이 함께 가도 좋다. 그린학습원은 아름다운 꽃길을 따라 산책할 수 있는 공간이며 '붕붕이와 씽씽이'란 이름의 곤충학습관은 살아있는 곤충과 표본을 보고 곤충체험까지 할 수 있는 곳이다. 그밖에도 지역의 우수농산물 직거래와 도시농업, 생활원예에 관련된 교육도 받을 수 있다. 토요일 11시부터 4시까지만 개방한다.

✉ ☎ 경기도 남양주시 진건읍 사능리 92-1, 남양주시 농업기술센터 생활자원팀
031)590-4563 www.eoulteo.com

석화촌

1만 2천여 평의 꽃동산에서 온갖 종류의 꽃과 나무, 석탑과 불상, 나한상, 달마상, 돌하루방, 피리 부는 목동, 오줌 누는 아이 등 각종 모양의 돌조각품 400여 점이 어우러진 공간이다. 석화촌은 계절 따라 각기 다른 꽃을 피워 항상 꽃을 볼 수 있는데, 매년 4월 말부터 5월 초에는 6만여 그루의 영산홍을 비롯해 각종 꽃들이 산비탈을 붉게 물들인다. 삼단폭포에서 떨어진 물줄기가 돌다리 밑을 지나 연못으로 흐르는데, 용 조각상에 물줄기 떨어지는 소리가 끊이지 않는다. 삼림욕장을 따라 올라가면 전망대에서 석상들과 꽃이 어우러진 모습을 감상할 수 있으며, 5월 축제 때에는 곳곳에 설치된 야간조명 시설로 늦은 밤까지 꽃구경을 즐길 수 있다.

✉ ☎ 경기도 남양주시 진건읍 사능리 209-1. 031)574-8671 www.eflowertown.com

소문난 맛집

고모네 콩탕

그린어울터에서 가까운 곳이다. 콩 요리 전문점으로 콩을 갈아서 만든 콩탕이 유명하다. 콩탕은 100% 콩을 갈아서 끓인 음식으로 고소한 맛이 일품이며, 당뇨나 고혈압 환자의 건강식으로도 인기다. 그 외에 황태두부전골, 황태콩나물전골, 황태콩나물찜, 두부삼겹보쌈 등이 있다. 특히 콩탕은 개별 주문도 가능하지만 전골 메뉴를 주문하면 서비스로 나와서 두 가지 음식을 함께 맛볼 수 있다. 콩은 경북 봉화 콩을 사용하고, 황태는 인제 용대리에서 건조한 것을 구입해 사용한다. 김치를 비롯한 반찬은 직접 재배한 재료를 사용해 만드는데 맛도 좋고 깔끔하다.

✉ ☎ 경기도 남양주시 진건읍 송능2리 398. 031)573-7571

'부지낙시고인(不知樂是苦因)'이라

백련사 템플스테이

청평

이른 봄, 땅바닥에서 시작된 초록빛이 들판 전체로 퍼진다 싶으면 어느새 산 정상까지 초록으로 가득 채워진다. 대자연에는 무수히 많은 초록색이 있다. 그러나 초록이라고 다 같은 초록은 아니다. 한여름 풀과 나무들은 햇빛과 바람을 맞으며 제각기 스타일을 만들어내고 자기만의 색깔을 만들어내기에 여념이 없다. 하지만 복잡한 인간 세상에서 풀들처럼 제 색깔을 마음껏 드러내며 살아간다는 건 쉬운 일은 아니다. 고단한 일상에서 벗어나 산사로 떠나는 템플스테이는 짧은 시간이지만 자신의 참모습을 들여다보고, 상처받은 마음을 달랠 수 있는 치유의 시간이 되리라.

함께 하기 가족, 친구, 단체, … 혼자 가도 좋은 곳
좋은 계절 연중

대 웅 전
Main Buddha Hall

소 (템플스테이)
ffice (Templestay)

무 영 당
l of No Shadow

공 양 간
Dining Hall

✱ 주소... 경기도 가평군 상면 연하리 366

✱ 교통... 🚃 대성리역이나 청평역(청평역에서 터미널은 도보 이동) →
1330-4 버스 승차 → 항사리 하차 후 도보 20~30분.

🚗 서울 · 춘천간고속국도 화도IC 진출, 청평 방면 →
현리 방면 37번 국도 → 상면사무소 → 백련사

🚌 동서울터미널에서 청평행(30분 간격) → 청평 → 현리 →
백련사 / 청량리역에서 1330-4번 현리행(30분 간격) →
청평 → 현리 → 백련사

✱ 이용... 연중무휴. 1박 2일 기준으로 성인 5만원, 청소년 3만원

✱ 문의... 031)585-3855 www.baekryunsa.org

축령산 울창한
잣나무 숲에
둘러싸인
조용한절,
백련사.

백련사는
불교대학과
경전학교,
템플스테이로
유명하다.

축령산

울창한 잣나무 숲에 둘러싸인 조용한 절 백련사. 앞쪽
으로는 대금산, 왼쪽으로는 운악산, 오른쪽으로는 천
마산, 뒤로는 축령산과 서리산을 두고 그 가운데 백련사가 터를 잡았
다. 푸른 자연 속에 마치 흰 연꽃이 핀 듯한 모습이라고 해서 이름 붙
은 곳이다.

창건된 지 10여년 정도로 역사가 오래된 절은 아니다. 아직은 일주
문도 없고, 여느 사찰들처럼 많은 전각을 갖고 있지도 않다. 하지
만 인간세상에서 그리 멀지도 않고 가깝지도 않은 숲속에 위치
한 백련사는 전각에 단청을 칠하지 않아서 오래된 고건축처
럼 고풍스런 멋이 느껴지며, 더욱 친근하게 다가오는 곳이다.
지금은 미흡하지만 진흙 속에 뿌리 내린 흰 연꽃이 물 위로
활짝 핀 모습을 드러내듯이, 백련사를 찾는 이들이 참된 본
성을 찾아가는 것처럼 차차 완전한 모습을 갖춰 가리라.

취향 따라 휴식형과 수행형, 체험형 선택

백련사는 불교대학과 경전학교, 템플스테이 사찰로 이
름난 곳이다. 템플스테이(temple stay)란 사찰의 일상생

스님과 나누었던
진지한 대화는
오래도록 가슴에
남는다.

활과 수행자의 삶 체험을 통해 '참된 나를 찾아가는' 문화체험을 말하는데, 불교도뿐만 아니라 종교의 경계를 넘어서 타종교인들도 참여하고 있다.

특히 백련사의 템플스테이 시설은 서울 인근에서 최고로 알려져 있다. 사실 편한 생활에 익숙하게 지내다보니, 템플스테이를 한번쯤 해보고 싶다는 사람조차도 오래된 사찰의 낡은 시설 앞에서는 조금 망설이게 된다. 때로는 불편한 것도 참고 살아보는 모습이 필요하다고는 하지만, 처음 혹은 오랜만에 해보는 108배로 인해 온몸이 땀으로 젖기라도 하면, 좁은 곳에서 여럿이 함께 써야 하는 샤워시설이 불편한 마음을 자꾸 부추기는 건 어쩔 수 없다. 하지만 백련사에서는 그런 고민을 할 필요가 없다. 개인사물함을 갖춘 깔끔한 시설에다 현대식 샤워부스까지 설치되어 있으니 말이다. 템플스테이 건물은 단체 참가자용과 가족 참가자용으로 구분되어 있는데, 가족들이 사용하는 건물에는 방마다 개별 화장실이 있어서 사용이 더욱 편리하다. 단체용 건물에는 독서실과 세미나실도 갖추고 있어 기업체나 각종 단체로부터 좋은 반응을 얻고 있다. 서울인근에서 한 시간여 거리에 있다는 장점 또한 빼놓을 수 없다.

백련사 템플스테이는 개인이나 가족, 단체 모두 참가 가능하며, 대상에 따라 휴식형과 수행형, 체험형으로 나누어 맞춤 프로그램을 진행하고 있다. 휴식형은 정해진 프로그램과 별도로 산사에 머물며, 푸른 숲과 맑은 도량에서 자연을 느끼고 자유롭게 산사 생활을 해보길 원하는 이들을 대상으로 한다. 그와 달리 수행형은 참선과 불경 독송, 절 수행 등 전통적인 불교 수행법을 통해 참된 자신의 모습을 찾기 원하는 사람들이 참여한다.

체험형은 오래 전부터 사찰에서 전해 내려오는 예불과 발우공양(식사), 울력(공동노동), 참선, 108배 등 일상생활문화와 수행문화를 함께 체험하는 프로그램이다. 1박2일이나 2박3일로 진행되는데, 첫 날 도착해 불교 기본예절 교육을 받은 참가자들은 다음날 새벽 4시에 일어나 새벽예불에 참가하는 것으로 하루를 시작한다. 이른 시간에 일어나는 것이 다소 힘들다고 하는 사람도 있겠지만 대부분의 참가자들이 무리 없이 참여하고 있으며, 참선과 108배까지 마치고 나면 힘들었지만 뿌듯하다는 반응들을 보인다. 나약해진 육체의 고통을 정신력으로 견디고 자신의 내면을 들여다볼 수 있었다는 기쁨이 큰 만족감을 주는 것이리라.

다음으로 이어지는 발우공양은 고픈 배를 채우며 음식의 감사함을 생각해보는 시간이다. 한 톨의 쌀알이 밥상에 오르기까지 자식 키우는 마음으로 정성을 다한, 농부의 그 마음을 잊지 말아야 한다는 스님의 말씀이 평범하지만 마음에 깊이 와 닿는다. 식사는 뷔페식으로 하기 때문에 반찬을 자신이 원하는 양만큼 조절해서 먹을 수 있다.

스님과 함께 하는 진지한 대화시간은 템플스테이에서 보석과도 같은 시간이다. 마침 고등학생 단체가 체험에 참여했기에 백련사 주지 승원스님께 여쭈었다.

"스님 학생들에게 어떤 말씀을 해주셨습니까?"

그러자 스님이 대답해주신다.

"일기진락(一期進樂)이여 부지낙시고인(不知樂是苦因)이로다. 한때는 즐거울지 모르겠으나 지금의 즐거움이 훗날 괴로움의 원인이 될 수 있음을 알지 못한다."

맞다. 왜 사는가, 내 마음대로 되

백련사의 아담한 연못. 사찰의 이름처럼 연꽃으로 뒤덮여 있다.

는 것이 하나도 없는데. 그러나 지금은 힘들겠지만 그 시기를 견디면 훗날 즐거운 날이 기다리고 있음이니…….

　백련사 템플스테이가 다른 사찰 프로그램과 차별화 된 게 있는가 하고 스님께 물었더니 '차별화란 투기에서 나오는 것이지요. 그저 어디 가서든 내가 마음 편한 곳이면 족하지 않겠습니까.'라는 대답이 돌아왔다. 세속에 찌든 중생의 어리석은 질문이 부끄러울 뿐이다. 백련사 템플스테이에서는 잣나무숲 명상 또한 빼놓을 수 없는 체험이다. 절 뒤로 20여분을 올라가면 가평8경으로 이름난 '축령백림'이 나온다. 국내 최대 잣나무 숲으로 알려진 축령산 자락은 하늘을 가릴 듯 울창한 잣나무 숲이 사방으로 펼쳐지는데, 잣나무가 뿜어내는 송진 내음 속에 있으니 저절로 명상에 빠지게 된다. '나는 누구인가, 과연 나는 지금 어디에 있는가.'

백련사 법당으로
오르는 길목에
세워진
복두꺼비 바위.

이천보 고가와 연하리 향나무

백련사와 같은 마을에 '이천보 고가'가 있다. 조선 영조 때 영의정을 지
낸 진암 이천보(1698~1761)가 살았던 집으로, 조선왕조실록에는 이천
보가 지병으로 사망했다고 기록되어 있지만, 사도세자의 평양나들이사
건에 책임을 느껴 자결했다는 이야기가 전한다. 당시 건물은 화재로 잃
고 1867년(고종4)에 다시 지었는데, 한국전쟁 때 다시 안채가 불에 타
지금은 사랑채와 행랑채만 남아 있다. 경기도문화재자료 제55호로 지
정되었으며, 고택 옆 언덕에 이천보의 묘가 있다.
집 뒤뜰에는 이천보의 선조가 심었다고 하는 수령 300년 넘은 향나무
가 있다. 이 향나무는 한국전쟁 때도 용케 살아남아 높이가 약13m, 가
슴높이 둘레가 2.6m에 달하는 풍채를 자랑하고 있다.

✉ ☎ 경기도 가평군 상면 연하리 266. 031)580-2064(가평군 문화관광과)

가평영양잣마을

축령산 자락에 위치한 가평영양잣마을은 국내 최대 잣 생산지다. 가평
잣은 맛과 향이 뛰어나 가평 최고 특산품으로 꼽히는데, 조선시대에는
임금님께 진상될 정도로 우수한 품질을 자랑했다. 이 마을은 경기도의
대표적인 슬로푸드마을로, 잣음식체험장에서는 잣칼국수, 잣주먹밥,
잣두부, 잣죽 등 잣을 이용해 직접 음식을 만들어 볼 수도 있다.
체험은 계절별로 차이가 있는데, 잣음식만들기이외에도 잣공장 견학, 잣
송이 까기, 잣산림욕 , 계절별 농산물 수확 등을 할 수 있다.
체험은 10명 이상 단체에 한해 신청 가능하다.

✉ ☎ 경기도 가평군 상면 행현1리 89-1. 031)585-6969
www.koreanut.co.kr

소문난
맛집

가평잣손두부집

가평의 대표 특산품 잣을 이용해 음식을
만드는 곳이다. 주인장이 직접 수확한 잣
을 넣어 전통방식 그대로 끓여서 만든 생잣손두부, 탱글탱글한 면발
에 고소한 잣을 갈아 넣어 만든 잣칼국수, 잣콩국수, 잣두부전골
과 잣두부 보쌈까지 잣을 이용한 메뉴가 다양하다. 여기다 잣막
걸리라도 곁들이면 임금님 수라상이 부럽지 않다. 강된장을 넣
어 비벼 순두부와 함께 먹는 순두부 산채비빔밥 또한 별미이다.

✉ ☎ 경기도 가평군 상면 행현리 515. 031)584-5368

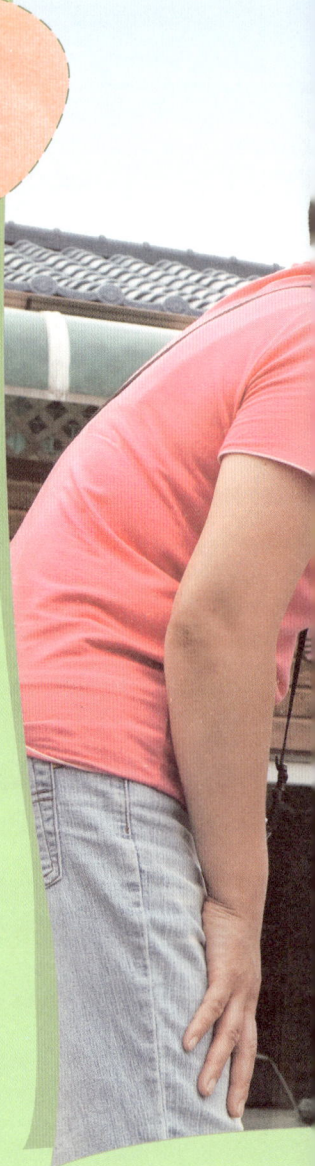

별이 내려와 반딧불이가 되었나

별바라기마을

드넓은 우주에는 수없이 많은 별이 있다. 별 하나에 동경과 별 하나에 시와 별 하나에 어머니…. 별이 박힌 밤하늘을 올려다보며 윤동주 시인의 별 헤는 밤을 뇌어 본다. 하지만 어릴 적 헤아리던 여름밤의 그 많은 별들이 모두 어디로 숨었는지, 도시의 밤하늘에서는 별 찾기도 쉽지 않다.

마치 도시의 별들이 옮겨간 듯, 가평 별바라기마을에는 무수히 많은 별들이 도시인들을 향해 눈짓한다. 사자 · 전갈 · 돌고래처럼 동물 이름의 별자리도 있고, 카시오페이아 · 안드로메다 · 오리온 같은 그리스로마신화 속 인물도 별자리가 되어 밤하늘을 밝혀준다. 하늘에서는 별이 땅에서는 반딧불이가 반짝이는 곳, 별바라기마을에 가면 잃어버린 꿈도 함께 빛을 발한다.

함께 하기 가족, 친구, 단체
좋은 계절 여름

098

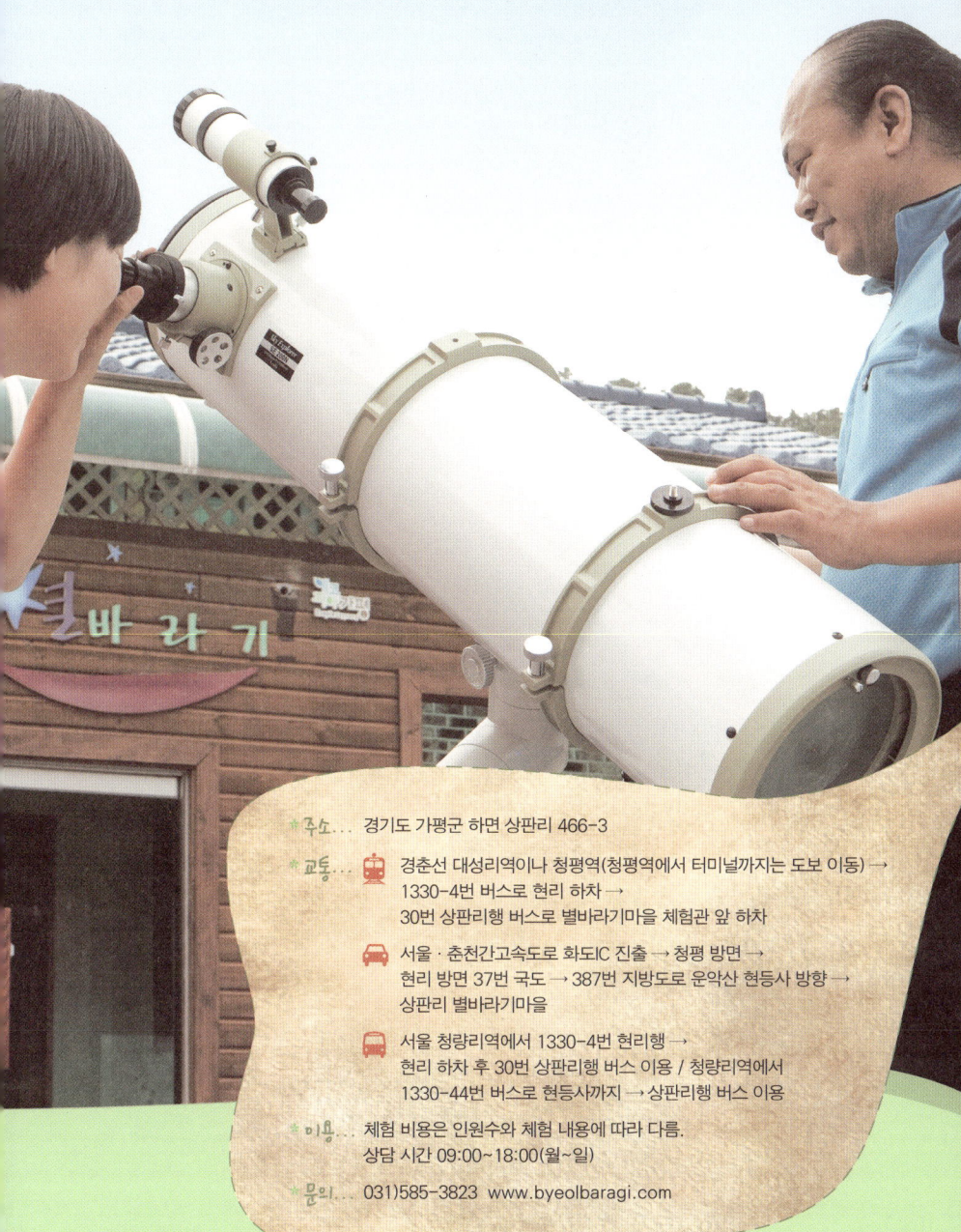

별바라기마을의
천문체험 프로그램.

별바라기

* 주소... 경기도 가평군 하면 상판리 466-3

* 교통... 🚆 경춘선 대성리역이나 청평역(청평역에서 터미널까지는 도보 이동) →
1330-4번 버스로 현리 하차 →
30번 상판리행 버스로 별바라기마을 체험관 앞 하차

🚗 서울 · 춘천간고속도로 화도IC 진출 → 청평 방면 →
현리 방면 37번 국도 → 387번 지방도로 운악산 현등사 방향 →
상판리 별바라기마을

🚌 서울 청량리역에서 1330-4번 현리행 →
현리 하차 후 30번 상판리행 버스 이용 / 청량리역에서
1330-44번 버스로 현등사까지 → 상판리행 버스 이용

* 이용... 체험 비용은 인원수와 체험 내용에 따라 다름.
상담 시간 09:00~18:00(월~일)

* 문의... 031)585-3823 www.byeolbaragi.com

별바라기마을의
한 약수터.
연중 물이 마르지
않는 곳이다.

경춘선 상봉역에서 청평역까지 35분, 서울에서 출발해 한 시
간 남짓이면 발길 닿는 곳마다 녹음이 우거진 가평 땅
을 밟을 수 있다. 가평군을 남북으로 지나는 광주산맥 줄기의 명지산
과 연인산, 귀목봉과 청계산 사이 둔덕에 별바라기마을이 있다. 밤이
면 남쪽하늘에 보석처럼 박혀 있는 별을 바라보며 꿈을 꾸는 녹색농
촌체험마을이다. 넓은 들판이 있는 윗마을이라고 해서 상판리란 지
명이 붙여진 곳이다. 넓은 들판이 있다고는 하나 사실 산자락에 위치
해 농지보다는 골짜기가 많고, 골짜기마다 물이 넘쳐 계곡물 흐르는
소리가 끊이지 않는다. 마을에는 계곡을 따라 우목골 · 행랑말 · 샛말
· 장재울 · 다락터 · 귀목 등의 자연부락이 있어서 주변 산을 찾는 등
산객들에게 이정표 역할도 해주고 있다.

　　명지산 · 귀목봉 · 청계산 · 조종천에 이르는 지역은 생태계보전지
역으로 지정된 곳이다. 정해진 등산로 이외에는 출입이 통제되다 보
니 산과 계곡이 자연 그대로의 모습을 고스란히 간직하고 있다. 덕분
에 골짜기가 깊은 곳은 한낮에도 어두울 정도로 숲이 우거져 한여름
에도 서늘한 기운을 내뿜는다. 한여름 피서지로는 최고의 장소인 셈
이다.

　　특히 청계산과 명지산의 중간에 위치한 높이 1,036m의 귀목봉은

'밥다소이'라고
불리는 작은 소.
가까운 장재울
계곡에는 이보다
아름다운 폭포가
더 많다.

계곡과 능선이 아름다운 곳으로, 10여 개의 폭포가 이어지는 장재울 계곡이 유명하다. 귀목봉에서 발원한 조종천은 상판리를 가로질러 북한강으로 흘러들면서 곳곳에 시원한 계곡을 만들어 놓아 한여름 성수기에는 많은 피서객으로 자리가 없을 정도이다.

하늘엔 별과 반딧불, 모닥불엔 감자와 옥수수

별바라기마을은 이름처럼 별자리 관찰에 좋은 환경을 갖추었다. 사방이 산으로 둘러싸여 있다 보니 도시의 밝은 불빛이 차단돼 밤이면 칠흑 같은 어둠이 내리고 하늘은 맑고 투명하기 이를 데 없다. 그래서인지 별바라기마을에서는 맨눈으로 보는 달도 유난히 크고 밝게 보인다. 마을에서는 계절별로 다양한 농촌체험 프로그램과 함께 천문관찰 프로그램도 진행하는데, 천체망원경을 통해 드넓은 우주를 들여다보면 우주의 넓이만큼 꿈과 호기심도 함께 커가는 것을 느낄 수 있다.

특히 마을 뒤쪽 명지산 중턱에는 국내 최초의 사설 천문대인 코스모피아가 있어 초보자부터 마니아층까지 다양한 천문체험 프로그램

에 참여할 수 있다. 코스모피아는 16만평의 임야에 잣나무와 낙엽송 등이 조림된 삼림욕장을 갖추고 있어서 별자리 관측과 함께 삼림욕 도 즐길 수 있다.

조종천 최상류 지역에 있는 별바라기마을은 생수공장이 있을 정도 로 물이 맑은 곳이다. 여름밤에는 청정지역에서나 볼 수 있는 반딧불 이가 밤하늘을 밝혀주는데, 덕분에 마을에는 반딧불이서식생태공원도 만들어져 있다. 파파리반딧불이에 이어 늦반딧불이가 반 짝일 때면 마치 밤하늘의 별이 내려온 게 아닌가 하는 착각이 든다. 마을에는 생태 해설사 출신의 사무장이 재미있고 알찬 생 태체험을 진행하는데, 운이 좋으면 반딧불이 애 벌레까지 관찰하는 즐거움도 맛볼 수 있다. 반딧불이 는 암컷에게 빛으로 구애하는데, 종류에 따라 빛의 강도나 리듬, 빛깔 이 다르기 때문에 그 차이점을 찾아보며 관찰하면 더욱 재미있다.

별바라기마을에서는 천체관측체험 외에도 수서생물관찰, 숲체험

103

별바라기마을은
포도가
특산물이다.

같은 자연생태체험과 계절별로 다양한 농촌체험을 진행한다. 마을 주민들은 포도 · 호박 · 오이 · 잣 · 장뇌삼 등 다양한 작물을 재배하는데, 특히 벼는 환경을 생각해 우렁농법으로 농사짓는다. 체험객들이 직접 캔 감자와 옥수수 등을 모닥불에 구워 먹는 맛은 도시로 돌아가서도 두고두고 잊을 수 없는 추억으로 남는다. 고향 같은 농촌마을에서 별에 얽힌 추억도 떠올리며, 어린 시절 한번쯤 들어봤을 신화 속 별자리 이름도 찾아보고, 농촌체험을 통해 따스한 정을 느껴보는 것도 뜻있는 여행이 되리라.

방문객들을
위해 새로 지은
숙박시설은 펜션처럼
깨끗하고 깔끔하다.

농촌 마을은 단순히 즐기다 떠나는 관광지가 아닌, 농촌 사람들의 삶터이다. 그렇기 때문에 예약은 필수이고, 적정한 인원 이상이 신청해야 체험을 할 수 있다. 체험과 식사는 20명 이상부터 신청 가능하며, 식사는 농촌 마을의 정을 느낄 수 있는 시골밥상 백반으로 준비해 준다. 숙박은 마을에서 직접 운영하는 체험관을 이용할 수도 있는데, 6~7명이 묵을 수 있는 객실이 4개 있다. 마을에는 그밖에도 주민들이 운영하는 민박과 펜션, 식당들이 다수 있다.

이곳도 좋아요!

조종천계곡

서울에서 가깝고 물이 무척 맑아 많은 관광객이 찾는 계곡유원지이다.
조종천은 가평군 북쪽 지역인 하면 상판리에서 시작해 청평면 청평리에서 북한강으로 흘러드는 총연장 길이 39km에 달하는 계곡형 하천이다. 계곡을 따라 곳곳에 자연 발생 유원지가 있어서 여름철이면 피서객들로 붐빈다. 계곡이 넓으면서 수심도 평균 50cm 안팎으로 얕은 편이어서 어린아이를 동반한 가족단위 피서객이나 학생들의 MT, 단체 야유회에 제격이다. 고유어종으로 각시붕어·납자루·쉬리 등 23종이 서식하는데, 그 중에는 천연기념물 제259호로 지정된 어름치가 발견될 정도로 물이 맑은 곳이다. 계곡에는 또한 다슬기가 서식해 여름밤이면 반딧불이가 번성한다.

✉ ☎ 경기도 가평군 하면 상판리~하판리 일대. 031)580-2064(가평군청 문화관광과)

현등사

운악산 산기슭에 자리 잡은 고찰로, 사계절 빼어난 경관을 자랑한다. 일주문을 지나 절로 올라가는 길에는 단풍나무와 고로쇠나무, 산철쭉, 진달래, 소나무 등이 우거져 있다. 신라 법흥왕 27년에 인도에서 온 승려 마라하미를 위해 왕이 지어준 사찰이라 한다. 오랫동안 폐사된 절을 신라 말기의 도선이 중창했고, 고려 희종 때 보조국사 지눌이 재건하여 현등사라 했다. 현등(懸燈)이란 이름은 이 사찰을 발견했을 당시 절터가 황폐했으나 석등(石燈)의 불빛만은 여전히 밝게 비치고 있었다고 해서 붙여진 이름이다.
계곡을 지나 사찰로 오르는 길에는 구한말 기울어가는 나라를 걱정하며 새긴 '민영환 암각서'가 있고, 경내에는 극락전과 보광전, 3층석탑, 지진탑, 함허대사부도탑, 불이문 등이 있다. 특히 불이문에서 본당으로 오르는 108계단은 그 의미를 새겨볼 만하다.

✉ ☎ 경기도 가평군 하면 하판리 163. 031)585-0707

소문난 맛집

우리콩두부마을

가평군 하면 하판리 운악산 입구에 있는 음식문화 시범거리로, 100% 우리 콩으로 만든 두부 전문식당 18곳이 밀집해 있다. 이곳은 명품두부마을 사업으로 거리 안에 있는 모든 음식점이 두부전문점으로 특화되어 손두부·두부전골·두부부침·콩비지 등 두부요리를 하고 있다. 순수 국산콩과 천연 간수를 사용해 직접 만든 손두부는 고소한 맛이 일품이다.

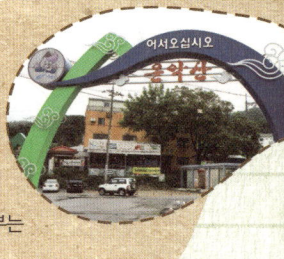

✉ ☎ 경기도 가평군 하면 하판리. 031)585-1231 www.woonaksan.kr

숙박시설로는 마을에서 운영하는 체험관(585-3823)에 객실 4개가 있는데 펜션처럼 깨끗하여 추천할 만하다. 마을 안에는 별바라기펜션(585-7616), 휘펜션(584-6263)을 비롯하여 개인이 운영하는 펜션과 민박이 여럿 있다.

꽃과 풀이 무지무지 많은 야생수목원

꽃무지풀무지

청평

민들레 · 엉겅퀴 · 제비꽃 · 나리꽃 · 패랭이꽃 ·
할미꽃…. 작고 소박하지만 모두가 우리 산천에
만개하는 아름다운 꽃들이다. 무엇 하나 소중하지 않은 게
없다. 그러나 그 흔한 꽃도 어디서나 볼 수 있는 건 아니다.
도심에 사는 사람들일수록 더욱 그렇다.
화려한 원예용 꽃들과 외래종 꽃들에 밀려 우리 야생화가
설 곳을 잃고 있지만, 꽃무지풀무지에는 우리 산과 들에
자생하는 풀꽃나무들로 가득하다.
사람이 가꾼 수목원이지만 자생식물들을 위해 야생
그대로의 모습을 고집하는 곳, 그래서 언제나 그립고 가고
싶은 숲이다. 그 푸른 숲 속으로 들어가
숨 한번 크게 쉬어 보자. 청평역에 내리면 수목원
셔틀버스가 기다린다.

함께 하기 가족, 친구, 단체
좋은 계절 사계절, 특히 봄 · 여름

여러 가지
곤충조각이
눈길을 끄는,
꽃무지풀무지.

★주소... 경기도 가평군 하면 대보리 143

★교통... 🚈 청평역 하차, 수목원 셔틀버스 이용(평일 10:00 11:30 13:10 /
주말 10:00 11:30 13:10 14:10 15:10)

🚗 서울·춘천간고속도로 화도IC 진출 → 청평 방면 →
현리 방면 37번 국도 → 항사리(크리스탈밸리 입구) →
2km 거리에 꽃무지풀무지

🚌 서울 청량리에서 1330번 청평행 버스로 청평터미널 →
수목원 셔틀버스 이용 / 청량리에서 현리행 1330-4번 버스로
항사리 삼거리 하차, 도보 2km

★이용... 08:00~19:00(4월~11월), 09:00~17:00(12월~3월).
입장료 어른 5천원, 중고생 4천원, 어린이(5세 이상) 3천원
★입장권 한 장으로 30일 동안 무료 입장 가능!

★문의... 031)585-4875 www.mujimuji.co.kr

꽃무지풀무지
수목원 입구(위).
자연과 더 가까이
교감할 수
있도록 입구에
고무신을 마련해
놓았다(아래).

귀목봉에서 시작된 조종천이 남쪽으로 흘러내리다 크게 휘돌아 내려가는 곳, 대금산 자락에 꽃무지풀무지가 있다. 우리 산과 들에서 자라는 풀과 나무들이 자연 그대로의 모습으로 살고 있는 야생수목원이다. 꽃과 풀이 무지 많다고 하여 붙인 이름인데, 이름이 예뻐서 북부지방산림청으로부터 숲과 관련된 아름다운 이름으로 선정되기도 했다. 6년을 준비한 끝에 2003년 문을 열었는데, 처음 시작은 자연생태계가 파괴되고 외래종 꽃들에 밀려 우리 꽃들을 만나지 못하면 어쩌나 하는 마음에서 비롯됐다고 한다. 단순하게 놀이용 수목원이 아니라 야생 숲에서 새와 곤충, 동물들이 함께 어우러져 살 수 있는 공간으로 거듭나고, 더불어 많은 사람들이 오래된 숲에서 편안하게 자연을 느끼도록 해주고 싶다고 한다. 자연과 사람을 생각하는 예쁜 마음이 꽃처럼 아름답게 피어난 곳이다.

'자연교감 고무신' 갈아 신고 흙길 산책 시작

정문을 지나 들어가면 산책로 입구에 수십 켤레의 고무신들이 관람객을 기다린다. 이름 하여 '자연교감 고무신'이라고 하는데, 얇은 고무신 바닥을 통해 발로 전달되는 부드러운 땅의 촉감이 좋다. 자연 교감 고무신에는 특별한 뜻이 담겨 있다. 꽃무지풀무지에는 보도블럭이나 시멘트로 포장한 길이 없다. 그런 길에서는 나무와 풀이 자라지 못할 뿐더러 벌레들도 다니기 힘들기 때문이다. 그래서 꽃무지풀무지 체험은 살풋살풋 보드라운 흙길을 밟으며 자연의 온기와 숨결을 느끼는 것으로부터 시작한다.

신발장 옆에는 꽃풀샘이라는 이름의 옹달샘이 있어서 시원하게 목을 축일 수 있다. 이름 그대로 야생 풀꽃나무들의 정기가 모인 샘물처럼 느껴져 온몸 구석구석을 돌며 맑게 정화시켜 줄 것만 같다.

꽃무지풀무지는 가급적 자연 그대로의 모습을 유지하면서 크게 네개의 주제를 설정해 두었다. '봄의 노래' '여름 마당' '가을 향기' '겨울 안개'라는 이름으로 공간을 구분하고, 그 안에는 또 수생습지원과 붓꽃원·나리원·암석원·향기원·산채원·덩굴식물원·국화

109

원·버섯원·약용식물원·산림욕장 등 무려 20여 개가 넘는 소주제원이 있어서 구석구석 예쁜 수목원 전체를 둘러볼 수 있다. 이곳에는 1,000여 종의 풀과 250여 종의 나무들이 자라는데, 생명이 역동하는 봄부터 나뭇가지에 흰 눈이 쌓이는 겨울까지 사계절 아름다운 자생식물들이 번갈아 눈맞춤을 기다린다.

꽃무지풀무지는 꽃과 나무뿐만 아니라 곤충과 새, 개구리 등 다양한 생물들이 생태계를 이루며 사는 공간이다. 도시에서는 살지 못하는 곤충들도 이곳에서 만큼은 활기차게 돌아다니는데, 곤충들을 보고 좋아하는 아이들 모습 또한 이곳에서 볼 수 있는 아름다운 풍경 중 하나이다. 개구리관찰원에서 올챙이를 보며 신기해하는 아이들 모습에서 새삼 자연의 고마움을 느낀다. 수목원 곳곳에는 나무로 만든 커다란 곤충들도 있어서 겨울에도 심심찮게 곤충들의 모습을 볼 수 있다. 나뭇가지에 붙어 있는 나무 잠자리와 나비, 자벌레를 들여다보노라면 마치 동화 속 어느 숲에 온 것처럼 재미있다.

올챙이축제에 오디축제 등 체험프로그램 다양

수목원은 그저 눈으로만 감상하는 곳은 아니다. 이곳에서는 계절별로 다양한 체험프로그램을 운영해 방문객들이 좀 더 적극적으로 수목원을 즐기도록 하고 있다. 나무목걸이나 나무곤충 만들기 같은 간단한 체험부터 분경전문가 과정 같은 전문적인 프로그램까지 폭 넓게 운영함으로써 한 번 찾은 방문객들로 하여금 거듭 찾아들게 한다. 그래서 입장권도 일회용이 아니다. '꽃풀 1개월 관람권'이라는 특이한 이름이 붙은 티켓 1매를 구입하면 말 그대로 한 달간 관람이 가능하다.

달빛음악회나 마임축제 같은 각종 공연과 종자수확체험이나 동지팥죽 만들기 같은 이색적인 프로그램도 감동적이다. 특히 해마다 어린이날에는 올챙이축제를 열고, 오디가 익는 6월에는 달콤한 오디축제를 마련하는데, 오디 따기와 함께 가마솥에 오디떡 쪄먹기, 오디쨈 만들어 먹기 등 재미있는 체험 프로그램에는 가족 동반 방문객들이 많이 참여한다.

이곳에선 또 숲 해설도 병행한다. 아는 만큼 보인다는 말처럼, 하찮아 보이는 풀 한 포기도 그 이름을 알고 나면 함부로 밟을 수 없는

수목원 곳곳에서 찾아볼 수 있는 나무 곤충들. 모두가 환경친화적인 소재들이다.

오디가 새까맣게 땅에 떨어져 있다.

게 사람의 마음이다. 수목원을 조용히 둘러보며 자연을 느끼는 것만
으로도 충분하겠지만 풀이나 나무, 곤충들의 생태와 이력을 알고 나
면 숲 전체를 더욱 폭넓고도 깊이 있게 알게 된다.

수목원 곳곳에는 가꾼 이의 땀방울과 정성이 여기저기 엿보인다.
꽃무지풀무지만의 느낌이 묻어나는 이정표들과 멋스러운 글씨, 특히
수목원을 나가기 전 단풍나무 아래에 있는 사람 머리 조형물이 인상
적이다. 마치 수목원에 반해 집에 가기를 거부하고 이곳에 남은 사람
들처럼 보인다. 그만큼 많은 사람들이 좋아하고 다시 찾는 곳이다. 이
렇듯 수목원 관람을 마치고 돌아갈 때는 수목원에서 정성껏 가꾼 야
생화 화분도 주기 때문에 입장료가 전혀 아깝지 않다는 생각이 든다.
오히려 미안한 마음이 드니, 사람의 마음은 참 알 수 없다.

조종암

꽃무지풀무지를 돌아보고 현리 방향으로 나오는 길, 커다란 바위 암벽에 글씨가 새겨진 걸 볼 수 있다. 조선시대, 명나라를 숭상하고 청나라를 배척했던 '숭명배청(崇明排淸)' 사상을 잘 보여주는 유적이다. 임진왜란 때 명나라가 베풀어준 은혜와 병자호란 때 청나라로부터 당한 굴욕을 잊지 말자는 뜻의 여러 글귀를, 당시의 가평군수 이제두와 허격, 백해명 등이 새겨 놓은 것이다.

바위에는 명나라 마지막 왕 의종의 어필인 '사무사(思無邪)'를 본뜨고, 그 밑으로 조선 선조의 글씨 '만절필동 재조번방(萬折必東 再造藩邦)', 송시열이 쓴 효종의 글귀 '일모도원 지통재심(日暮道遠 至痛在心)', 이우가 쓴 '조종암(朝宗巖)'이란 글귀 등이 새겨져 있다. 1804년에 그 유래를 적은 비석을 세우고 단을 만들어 제사를 지내면서부터 조종암(임금을 뵈는 바위)이라 불렸다.

✉ ☎ 경기도 가평군 하면 대보리 산176-1. 031)580-2064(가평군청 문화관광과)

버섯구지마을

꽃무지풀무지와 함께 대보리에 있는 녹색농촌체험마을로 '가평올레 걷기여행길' 4코스에 속해 있다. 이름에서 풍기는 것처럼 버섯과 관련된 마을은 아니고, 보습을 만드는 대장간의 이름을 따 이곡보습구지라 불렀는데, 세월이 흐르는 동안 그 발음이 변해 버섯구지로 불리게 되었다. 보습이란 넓적한 삽 모양의 쇳조각으로 소로 밭을 갈 때 쓰는 쟁기의 부품을 말한다.

버섯구지마을은 버섯 대신 쌀과 사과·배·포도 등 다양한 농산물을 재배하면서 모내기와 포도 따기 등 계절별로 다양한 농사체험 프로그램을 운영한다. 여러 가지 체험 가운데 벼의 성장 과정에 대해 배우는 '즐거운 논학교'가 인기를 끌고, 포도피자나 감자화덕피자처럼 마을에서 나온 농산물을 이용해 화덕에 직접 구워먹는 요리체험도 인기다. 체험은 10~70명까지 신청 가능하고, 하루 일정 체험 비용은 점심식사 포함 1인당 25,000원이다.

✉ ☎ 경기도 가평군 하면 대보리 519-21. 031)584-9614 www.bsguji.com

소문난 맛집

시골마당

가평군에서 많이 재배하는 국수호박을 이용해 요리를 하는 국수호박 전문점이다.

국수호박은 호박의 살이 국수처럼 풀어진다고 해서 붙여진 이름으로, 호박을 반으로 자른 뒤 끓는 물에 12~14분 정도 삶고 찬물에 식혀 껍질을 손으로 눌러주면 속살이 국수 가닥처럼 풀어져 나온다. 국수호박은 비타민과 미네랄이 풍부하고 칼로리가 낮은 데다 섬유소도 풍부해 비만을 억제하는 효과가 있으며, 피부 미용에도 좋아 다이어트 건강식품으로 인기가 높다.

시골마당은 특히 국수호박 냉면이 인기인데, 6월 중순~다음 해 4월 말까지 먹을 수 있다. 국수호박 물냉면은 주인장이 직접 고안한 육수에다 국수 가닥과 무채·오이·깻잎·당근·계란·식초·겨자 등을 넣고 말아 먹는데, 개운하고 시원한 게 입맛 없을 때 먹으면 최고다. 비빔냉면도 별미다.

✉ ☎ 경기도 가평군 하면 현리 433-10. 031)585-2309

113

도자기 안에서 우주를 본다

가평요 (加平窯)

청평

한 점의 작은 흙 알갱이들이 물을 만나면 뭉치게 되고 불을 만나면 단단해진다. 도자기는 형태를 만들기 위해 뜨거운 가마 속에서 달궈져야 하고, 자신만의 색채를 갖기 위해 한 번 더 뜨거운 불 속으로 뛰어 들어야 한다. 하지만 때로는 군데군데 깨지기도 하고 금이 가기도 한다. 마치 인생의 교훈과도 같다.

도공들은 말한다. 도자기를 빚는 과정은 기다림의 연속이라고. 도자기를 빚는 게 아니라 마음을 빚는 것이라고. 그들은 최고의 작품을 빚기 위해 오늘도 최선을 다해 흙을 어루만진다. 그들에게서 단순히 도예가 아니라, 세상 살아가는 지혜를 배운다.

함께 하기 가족, 친구, 단체
좋은 계절 사계절 언제나 좋아요

각종 도자기가
눈길을 끄는
가평요 전시장.

✽주소... 경기도 가평군 설악면 회곡리 527

✽교통... 🚆 청평역 하차 후, 버스터미널에서 설악면 가는 버스로
청평리버랜드나 르메이에르 앞 하차.

🚗 서울·춘천간 46번 국도로 신청평대교 건너 설악면 방향으로 좌회전→
4km여 지점의 르메이에르수상스포츠타운 위쪽. / 서울·춘천간 고속도로
설악IC 진출 후 설악IC교차로에서 청평 방향 37번 국도로 약 7.5km 지점.

✽이용... 체험학습은 화요일 14시~16시, 토요일 10시~12시 및 14시~16시
(단체 30명 이상은 협의 후 평일 가능) / 일반 과정 체험비는 1만 7천원
(유아~초등학생), 2만 5천원(중학생~성인).
특별 과정 체험비는 3만원(유아~초등학생), 5만원(중학생~성인).

✽문의... 031)584-2542 www.gapyeongyo.com

수상레포츠를 즐기는 사람들로 북적이는 청평호숫가, 설악면 회곡리에 흑유전문가마 가평요가 있다. 가평요에 들어서면 현대적 감각이 물씬 풍기는 붉은색과 흰색 건물이 먼저 눈길을 사로잡는다. 건물은 작업장과 전시실·체험장·카페로 이루어져 있는데, 전통도자기를 빚는 곳이라고 믿기지 않을 만큼 세련된 색감이 돋보인다.

도자기라고 하면 으레 백자나 청자를 먼저 떠올린다. 그럴 수밖에 없는 것이 '고려' 하면 '청자'요, '조선' 하면 '백자'가 저절로 떠올려질 정도로 마치 무슨 공식처럼 외웠으니……. 마치 '삼국시대' 하면 '고구려·백제·신라'만 있던 것으로 착각하듯이 말이다.

명맥 끊긴 흑유 달항아리 재탄생시킨 곳

조선시대 백자 중에 '달항아리'라는 이름으로 널리 알려진 작품이 있다. 몸의 형태가 둥근 보름달과 같다고 해서, 고(故) 최순우 선생이 붙여준 이름이다. 모나지 않고 넉넉하면서 부드러운 곡선을 지녀 보

는 이에게 편안함을 주는 백자 항아리다. 그런데 조선시대라고 해서
모두 백자만 만든 것은 아니다. 검은 갈색이나 어두운 갈색을 띤 흑
유자도 만들었고, 녹청색 유약을 입힌 녹청자도 있었다. 백자나 청자
가 주로 왕실이나 상류계층에서 사용했다면, 흑유자나 녹청자는 서
민층에서 널리 사용하던 도자기다. 서민들의 삶이 생생하게 녹아 있
던 흑유자와 녹청자는 백자·청자에 비해 조잡하고 질이 떨어진다
는 이유로 조선시대 이후 거의 명맥이 끊기다시피 했는데, 가평요에
서 흑유 달항아리를 볼 수 있게 되었다. 특히 양질의
흑유와 옹기 산지였던 가평 지역은 '조선
왕조실록'에도 나오는 2급 가마터가
있던 곳이다.

흑유 기법의
다기(茶器).
가평요는
전통 흑유를
계승하고 있다(위).
도예체험 프로그램에
참여한 체험객들의
작품(아래).

　가평요를 운영하는 청곡 김
시영 선생은 잊혀진 전통 흑유
를 계승해 20년이 넘는 세월동
안 매달린 흑유의 대가이다. 대학

산악부 시절, 화전민 터에서 발견한 흑유자기 조각에 반해 전통 흑유를 연구하게 되었는데, 아무도 흑유에 관심 갖지 않을 때 시작했지만 지금은 많은 사람들이 흑유를 배우기 위해 그를 찾는다. 흑유를 시작하고서 처음 10년간은 하루도 빠지지 않고 가마에 불을 지폈다고 하니, 흑유를 향한 그의 마음이 대중에게도 통한 것이리라. 조선 이후 쇠퇴의 길로 접어든 우리나라 흑유와 달리 중국과 일본에서는 꾸준히 이어지고 있는데, 김시영 선생은 우리나라보다 일본에서 더 유명하다고 한다. 덕분에 일본인 관람객들도 가평요를 많이 찾아오고 있다.

옛 서민층이 널리 사용한 흑유자 기법을 계승하고 있는 가평요의 흑유 전시장.

작품 감상과 함께 도자기도 직접 만들어 보고

검은색은 가장 어둡고 단순한 색 같아 보이지만 어두운 밤하늘에서 우주를 볼 수 있듯이 무척 신비로운 색이다. 특히 흑진주와도 같은 흑유자기를 보고 있노라면 때로는 밤하늘의 은하수 같기도 하고, 때로는 푸른 하늘의 저녁놀 같은 무지갯빛 스펙트럼도 보인다. 그래서 흑유자기는 우주와 같은 무궁무진한 색채를 갖고 있다고 말한다. 빚는 법이나 형태는 백자나 청자와 다를 바 없지만, 색의 다양성에서는 비교할 수 없을 만큼 시대를 앞서가고 있다.

도자기는 흙과 불로 이루어진 예술이라고 한다. 특히 흑유자기는 불에 민감해서 굽는 방식이나 불의 세기에 따라 매번 다른 색이 나오곤 한다. 그래서 더욱 기대감도 크고 원하는 작품이 나왔을 때 그 기쁨도 배가 된다고 한다.

가평요 전경.
청평호
수상레저타운이
곁에 있어 연계
체험도 가능하다.

결국 그것이 한번 빠지면 벗어날 수 없는 흑유자기의 매력이기도 하리라. 하지만 매번 마음에 들고 좋은 작품만 나오는 것은 아니다. 마음에 드는 색을 찾기란 하늘의 별따기만큼이나 힘들어서, 참고 기다리는 법을 먼저 배우게 된다고 한다.

가평요에서는 작품 감상과 함께 흑유자기를 직접 빚어볼 수도 있다. 보다 많은 사람들이 흑유자기를 접할 수 있도록 한 것인데, 가마에 불을 때는 날에는 참가자가 직접 장작을 패고 장작가마에 불을 지펴볼 수도 있어 좋다. 도예실습 후에는 다도체험을 통해 특별하면서도 이색적인 경험을 하게 된다. 어렵고 지루하게 여길 것이라는 예상과 달리, 진지한 표정으로 차를 대하는 아이들 모습에서 대견함을 느낀다. 체험 시간은 대략 2시간 정도. 4~5시간 걸리는 특별과정도 있는데, 일반과정 외에도 장작가마쌓기체험과 전기물레체험, 초벌기에 그림 그리기까지 좀 더 폭 넓고 깊이 있는 체험을 할 수도 있다. 이렇게 만든 나만의 도자기는 실습 3~4주 후에 완성품을 받아볼 수 있다.

그밖에 좀 더 신나고 다양한 프로그램을 원하는 사람들을 위해서 르메이에르 수상타운과 연계해 수상레저 체험도 진행하는데, 할인된 금액으로 신나는 르메이에르 수상스포츠 체험을 할 수 있어 더욱 기억에 남을 나들이 코스가 된다.

청평자연휴양림

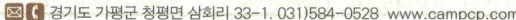

청평호반을 바라보는 울창한 숲 속에서 대자연을 느끼며 편히 쉴 수 있는 곳이다. 46번 경춘국도 청평에서 신청평대교를 건너 우회전하면 700m 지점에 있다. 휴양림 이용자들을 위해 숲 해설도 진행하고 있으며, 휴양림 내 삼림욕길 약수터에서는 바위 속을 흐르는 1급수 샘물을 맛볼 수 있다. 전망대에서는 시원스레 펼쳐진 북한강을 내려다 볼 수 있다. 숙박을 할 수 있는 산림휴양관 5개 동과 커플들을 위한 메이플라워 2개 동을 비롯해 전망대·피크닉장·수영장·계곡·숲속카페·세미나룸·광장·강당·산림욕길·약수터 등의 시설을 갖추고 있다. 가족 단위 휴양객뿐 아니라 단체교육이나 연수 등의 장소로도 좋다.

✉ ☎ 경기도 가평군 청평면 삼회리 33-1. 031)584-0528 www.campcp.com

설미재미술관

천혜의 자연환경 속에 만들어진 산중문화예술 공간이다. 미술관과 함께 다양한 작가들의 창작 공간인 창작스튜디오, 조형연구소로 이루어져 있으며 자연친화적 체험과 정서교육을 겸한 미술체험학교를 운영하는 곳이다. 이곳에서는 강의실에서 진행되는 교수 중심의 미술교육이 아니라 학생 중심의 새로운 학습 프로그램을 운영하고 있다. 학생들이 직접 씨를 뿌리고 가꾸며 대지로부터 배우고, 명상을 통해 참된 자아를 발견할 수 있도록 이끄는 곳이기도 하다. 감자 캐기, 옥수수 따기 같은 농촌체험 외에도 나만의 T셔츠 만들기, 명상에 의한 드로잉, 보디 페인팅, 마스크 페인팅 등 다양한 프로그램을 진행한다.

✉ ☎ 경기도 가평군 설악면 신천리 721-15. 031)585-6276 www.artsm.kr

소문난 맛집

삼김 농원

서울·춘천간 고속도로 설악I.C 인근에 있는 향토음식 전문점이다. 식품 첨가물과 화학조미료 대신 농원에서 직접 담근 장류와 김치·장아찌·나물·채소 등으로 음식의 맛을 내는데 4천여 개의 전통 항아리에서 2년간 숙성시킨 전통 재래식 된장과 고추장·간장 그리고 땅 속 항아리에서 5~6개월간 숙성시킨 김치가 음식의 맛을 더욱 돋운다. 메뉴는 곤드레나물밥과 청국장정식, 명품한우 등이 있다. 특히 숙성 김치와 고추장·된장·생청국장·장아찌류, 건나물은 별도 판매도 한다.

✉ ☎ 경기도 가평군 설악면 신천리 661-2. 031)584-5084.

새로운 일상을 꿈꾸는 캠핑족들의 낙원

자라섬캠핑장

여행은 언제나 즐겁다. 항상 똑같은 '오늘'을 살아가며 몸과 마음이 힘들고 지칠 때 여행을 꿈꾼다. 가까운 곳이든 먼 곳이든 매일 반복되는 일상에서 벗어나 자유와 새로움이 가득한 곳으로 떠난다는 그 자체만으로도 흥분되고 설렌다. 친구나 연인과 함께 가도 좋고, 가족과 함께 해도 좋고, 때로는 혼자 떠나도 행복하다.

꼭 멀어야 맛은 아니다. 그렇다고 공간만 바뀌어선 부족하다. 서울에서 한 시간 거리의 북한강 자라섬은 물과 들이 조화를 이뤄 계절마다 다른 분위기를 자아낸다. 몸과 마음을 풀어놓는 캠핑이 아니더라도 볼거리와 즐길거리가 많아 마음 내키는 날 언제든지 훌쩍 떠나도 좋다

함께 하기 가족, 연인, 친구 끼리
좋은 계절 사계절 분위기가 달라요

낭만가득한
캠핑장의 밤.

* 주소... 경기도 가평군 가평읍 달전리 산7

* 교통... 🚆 가평역 하차, 도보 15분

🚗 서울 · 춘천간 고속도로 화도IC 진출 → 46번 경춘국도 가평오거리에서
가평역 방향 우회전 → 자라섬 방향으로 진행해 캠핑장까지

🚌 서울 상봉터미널 또는 동서울버스터미널에서 가평 경유 춘천행 버스로
가평터미널 하차 후 도보 15분

* 이용... 시간제한 및 입장료 없이 시설 사용료만 지불하되 예약은 인터넷으로만 가능.
오토캠핑장(평일 주말 성수기 구분 없이 1만원) /
모빌홈(평일 6만원, 주말 9만원, 성수기 12만원) /
캐러밴(평일 5만원, 주말 8만원, 성수기 10만원) /
캐러밴사이트(평일 1만 5천원, 주말 2만원, 성수기 2만원)

* 문의... 031)580-2700 www.jarasumworld.net

춘천 가는 전철을 타고 가평역에 내리면 걸어서 15분 거리에 자라섬이 있다. 생긴 모습이 자라를 닮았다고 해서 붙인 이름이다. 비가 오면 섬이 잠겼다가 나타나는 모습이 자라를 닮았다고 하는데, 예전에는 큰비에 북한강 물이 불어나면 섬은 잠기고 키 큰 나무 꼭대기만 보였다고 한다. 그러나 자라섬은 원래부터 있던 섬은 아니고, 1943년 청평댐이 완공되면서 북한강에 새로 생긴 섬이다. 중도·남도·서도 3개의 섬과 2개의 부속섬으로 이루어져 과거에는 배를 타고 들어가야 하는 곳이었지만 지금은 다리로 연결되어 편리하게 왕래할 수 있다.

자라섬에서 루어낚시를 즐기는 관광객. 배스가 잘 낚이는 곳이다.

국내 최대 규모의 캠핑장, 그냥 떠나기만 하면 되는 곳

개발제한에 묶여 있던 자라섬이 캠핑 마니아들이 선호하는 명소로 거듭난 것은 여러 가지 이유가 있다. 서울에서 가까운 것은 물론 서도에 위치한 자라섬캠핑장은 우선 시설과 규모 면에서 국내 최고 수준을 자랑한다. 캠핑장 면적이 283,040㎡에 달하는데, 봄·여름·가을·겨울 가리지 않고 주말이면 캠핑의 낭만을 즐기려는 사람들로 가득하다. 계절마다 서로 다른 매력을 풍겨 꼭 어느 계절이 더 낫다고 말할 수도 없다. 2008년에는 1만여 명의 캠핑족들이 참여하는 세계캠핑캐라바닝대회가 이곳에서 열리기도 했다. 세계캠핑캐라바닝대회는 세계 각국의 캠핑족들이 참여해 자연환경보존 활동과 각국의 문화·풍습을 소개하는, 국경·언어·인종을 초월한 지구촌 문화올림픽이다.

탁 트인 캠핑장에서 텐트를 치고 누워 있으면 깨알을 흩뿌린 듯 수

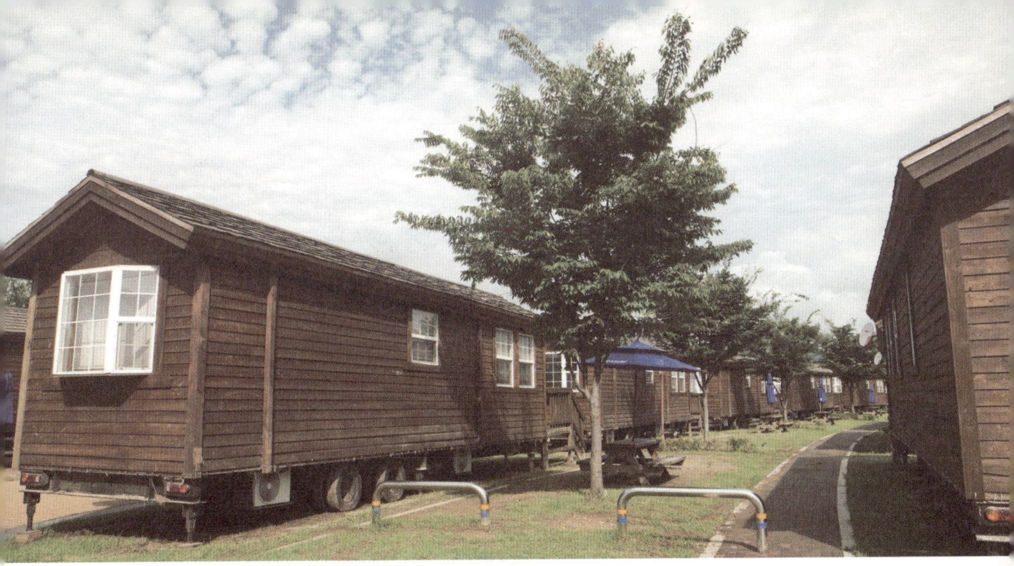

통나무 펜션을 연상시키는 자라섬의 모빌홈 트레일러.

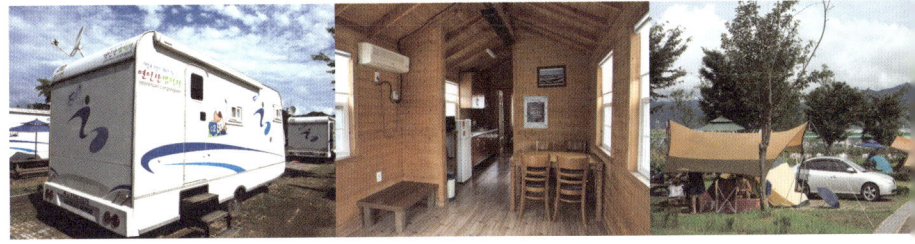

없이 많은 별들이 여행을 자꾸 부추긴다. 예전에는 무거운 배낭과 텐트를 직접 짊어지고 가서 야영을 하다 보니, 추억과 낭만도 좋지만 힘들고 불편한 점이 너무 많아 고생스러웠다. 하지만 캠핑의 모습도 많이 변했다. 자동차에 갖가지 캠핑 장비를 싣고 전국 각지에 들어선 캠핑장을 찾아다니다 보면 어느새 캠핑의 매력에 푹 빠지게 된다.

자라섬캠핑장에서는 다양한 형태의 캠핑을 즐길 수 있다. 일반 자동차에 캠핑 장비를 직접 싣고 다니는 사람들은 오토캠핑장에서, 아예 캠핑카를 몰고 다니는 사람들은 캐러밴사이트에서, 캠핑은 하고 싶지만 캠핑카도 캠핑장비도 없는 사람들은 캐러밴이나 모빌홈에서 손쉽게 캠핑을 즐길 수 있다. 들과 물이 어우러진 천혜의 자연환경에서 깔끔한 취사장과 화장실 · 샤워실 · 세탁실은 물론이고 농구장과 다목적 운동장, 개별 주차장까지 준비되어 있으니 캠핑족들의 낙원이라고 할만하다.

다양한 형태의 캠핑을 즐길 수 있는 캠핑 트레일러(왼쪽)와 모빌홈 내부 모습(가운데) 그리고 텐트촌.

앙증맞게 예쁜
호박터널. 안팎으로
조롱박이 주렁주렁
매달린다.

　　오토캠핑장은 1박에 1만원으로 가격도 저렴해 가족 단위 캠핑족들이 선호한다. 모빌홈이나 캐러밴 안에는 침대와 TV · 화장실 · 샤워실 · 주방시설이 구비돼 있어 편리하며, 냉장고 · 밥솥 · 전자렌지를 비롯해 각종 주방용품까지 갖춰져 있어 미처 준비하지 못하고 캠핑을 떠나더라도 아무런 걱정이 없다. 덕분에 주말이나 공휴일에는 예약이 힘들 정도로 인기가 높다.

　　자연의 기운을 받아서일까, 캠핑장에서 맞는 아침은 힘이 넘친다. 온갖 새들이 지저귀는 소리, 물에서 뛰어노는 물고기들, 풀과 나무의 향긋한 내음, 이 모든 것들이 힘을 북돋워 준다. 풍경도 다양하다. 물안개가 긴 북한강의 새벽 풍경도 좋고, 해 뜨기 전 고요한 아침도 좋다. 산책로를 따라 돌다보면 색동호박이 주렁주렁 달린 호박터널도 예쁘다. 중도(中島)로 넘어가는 길목 물가에는 한가로이 낚시하는 모습도 보인다. 팔뚝만한 누치와 잉어 등이 잘 잡힌다고 한다. 그러나 여름철 캠핑장을 찾을 때는 그늘막을 따로 준비해 가는 것이 좋다. 캠핑장 주변의 나무가 아직 어려서 그늘이 부족하기 때문이다.

캠핑이 아니어도 볼거리, 즐길거리 다양

자라섬의 어린이
놀이터(위).
자라섬은 자전거
하이킹 코스로도
손색이 없다(아래).

자연 속에서 캠핑을 하다보면 가족 간에 사랑도 더 샘솟는다. 텐트를 설치하든 식사 준비를 하든, 누구 혼자 하는 게 아니라 가족 전체가 힘을 모아야 일이 쉽고 재미도 있다. 집에서는 요리에 관심도 없던 아빠가 밖에 나와 요리하는 모습을 보면 엄마도 아이도 저절로 즐겁다. 모닥불을 피워 놓고 둘러 앉아 이야기꽃을 피우다 보면 서로의 고민도 비밀도 저절로 풀린다. 집에서 늘 먹던 음식도 밖에 나와 먹으면 맛이 새롭고, 집과 학원을 오가던 아이들이 잔디밭에서 뛰어노는 모습을 보고 있으면 행복이 멀리 있지 않음을 깨닫게 된다. 그렇게 머리를 맞대고, 몸을 부대끼면서 캠핑을 하다보면 가족이 내 곁에 있음에 감사하게 된다. 더불어 집으로 돌아가는 발걸음이 가벼워진다.

자라섬에는 캠핑장 말고도 즐길거리가 다양하다. 해마다 10월에는 자라섬 국제재즈페스티벌이 열리고, 1월에는 자라섬 씽씽겨울축제가 벌어진다. 대한민국 유망 축제로 선

127

자연에서 뛰놀 수
있는 캠핑은
어린이의 정서
함양에도 좋다(위).
자라섬은 TV드라마
'아이리스'
촬영장이기도
하다(아래).

정된 자라섬 국제재즈페스티벌은 국경을 넘어
세계 축제로 자리 잡았다. 가을밤 재즈에 흠뻑 젖어
즐기다보면 특별한 추억이 하나 더 생긴다.

캠핑장이 자리 잡은 서도(西島) 일원에는 드라마 <아이리스> 세트
장과 생태테마파크 이화원이 있어서 함께 둘러보면 좋다. 드라마 속
명장면을 떠올리면서 정준호와 김태희가 걸었던 모빌홈 앞 강변을
따라 산책해 보는 것도 재밌다. 아이리스 세트장은 무료로 관람할 수
있으며 월요일은 휴관이다.

자라섬캠핑장 서쪽에 자리 잡은 이화원은 수도권에서 보기
드문 열대식물과 한국형 식물이 조화롭게 자라는 곳이
다. 한 바퀴 돌다보면 브라질의 커피나무와 이스라엘
의 감람나무, 하동의 녹차나무, 고흥의 유자나무, 가
평의 잣나무 등을 만나게 된다. 입장료가 3천원인데
세계식물관 입구에서 관람권을 제시하면 브라질커피
맛을 볼 수 있다.

가평군목공예영농조합

입구에 나무로 만든 장승들이 세워져 있는데 물감으로 채색된 얼굴들이 재미있다. 입구에서부터 목공예가 눈길을 끄는 가평군목공예영농조합은 지역 내 목재 자원의 효과적 활용과 지역 주민소득 증대를 목적으로 설립된 곳이다. 목공예 전문가로 구성된 조합원들이 장인 정신을 고집하며 제품 하나하나에 정성을 쏟는데, 완성된 가구 및 생활용품, 각종 공예품 등은 상시 판매도 하고 소비자가 원하는 제품을 주문 제작해 주기도 한다. 목공예에 관심 있는 어른과 아이들을 대상으로 다양한 체험학습과 실습 프로그램도 운영한다. 장승 조각교실과 나무곤충 만들기, 나무판에 그림 그리기 등, 아이들과 어른들 모두 즐거운 하루를 보낼 수 있는 곳이다.

✉ ☎ 경기도 가평군 가평읍 하색리 산26-1. 031)581-0550.

가평 현양농경박물관

조상의 지혜가 담긴 농업문화유산의 발굴과 보존을 위해 설립한 박물관으로 가평북중학교 내에 있다. 농업 유물 위주로 5개 전시관이 마련되어 있으며 연출관과 민속관·밭갈이관·추수관·가공관으로 나누어서 볼 수 있다. 박물관을 들어서며 만나게 되는 연출관은 농촌가옥을 사실적으로 연출해 놓았는데 초가집과 달구지, 지게 등 정겨운 시골 모습을 볼 수 있다. 시설이 뛰어난 곳은 아니지만 다양하고 많은 유물이 전시돼 있어 아이들과 함께 들러볼 만한 곳이다. 박물관 관람은 오전 10시부터 가능하며 평일과 토요일은 오후 4시 30분까지, 일요일은 2시 30분까지 입장이 가능하다(매주 월요일은 정기 휴관). 관람료는 무료이며 토·일요일은 문화해설사가 관람을 돕는다.

✉ ☎ 경기도 가평군 북면 이곡리 13-45, 가평북중학교 내. 031)581-0612 www.gpmuseum.co.kr

소문난 맛집

명지쉼터가든

가평에 잣국수 전문점이 많지만 유일한 제조 방법으로 특허를 받은 곳이다. 국수는 일반 소면이 아니라 직접 뽑은 면을 넣어주는데, 이곳 잣국수의 특징은 국물에만 잣이 들어가는 게 아니라 면 반죽에도 잣을 갈아 넣는다는 점이다. 밀가루와 잣가루를 섞어 만드는데, 매끈한 면발이 쫄깃쫄깃해서 식감도 좋다. 100% 잣으로 만든다는 국물은 콩국과 비슷하지만, 한입 들이키면 입 안에 퍼지는 잣 향기가 오래도록 맴돈다. 날이 더울 때는 시원한 국물로, 추울 때는 따뜻한 국물로 골라 먹는 재미도 있다.

✉ ☎ 경기도 가평군 북면 이곡1리 207-2. 031)582-9462

자연 다슬기해장국

숙취 해소에 좋은 다슬기로 음식을 만드는 다슬기 전문점이다. 맑은 된장국물에 다슬기와 부추·팽이버섯·근대·청양고추 등을 넣어 맛을 내는데 시원한 국물 맛에 속이 확 풀린다. 메뉴는 다슬기해장국 외에도 다슬기칼국수·다슬기수제비·다슬기깨탕·다슬기전골·다슬기무침·다슬기전·다슬기오리백숙 등 다양하다. 다슬기는 간 질환의 치료 및 개선 효과가 있다고 하며 몸 속 노폐물 배출 효과도 뛰어난 것으로 알려져 있다. 2층에선 각종 모임이나 단체 식사를 하기 좋으며 아침식사도 가능하다.

✉ ☎ 경기도 가평군 북면 이곡리 518-6. 031)582-4210

소양호 뱃길이 매력적인 문화유산 답사여행

청평사 (清平寺)

추천 청평사는 교통이 불편한 곳이다. 전철이 바로 닿는
것도 아니고 버스 한번 갈아탄다고 해서 바로 갈
수 있는 곳도 아니다. 전철 타고 버스 타고 그리고 또 다시
배를 타야 갈 수 있는 곳이다. 양구 방향 46번 국도로
곧장 갈 수도 있지만 청평사는 왠지 유람선을 타고 가야만
격식을 차리는 것 같다. 웅장한 소양강댐에서 거대한
호수를 가로질러 떠나는 뱃길에서부터 운치가 시작되기
때문이다.

그렇게 뱃길로 불러들이는 청평사의 매력은 무엇일까?
윤회를 상징하는 청평사의 회전문 때문일까, 공주와
상사뱀의 애틋한 전설 때문일까? 그도 아니라면 뱃길에서
만나는 아련한 물안개 때문일까?

함께 하기 친구, 연인, 가족, 단체
좋은 계절 사계절, 특히 눈 내리는 겨울날

청평사 회전문.
회전문(廻轉門)은
빙글빙글 돌아가는 문이
아니고 중생들의 윤회
사상을 깨우치기
위한 문이다.

* 주소... 강원도 춘천시 북산면 청평리 674

* 교통... 🚃 춘천역에서 11번 버스로 종점인 소양강댐에서 하차 →
소양호 선착장에서 유람선으로 10여분 소요. 오전 9시 30분부터
30분 간격 운행, 청평사에서 나오는 막배는 오후 6시.

  🚗 서울·춘천간 고속도로 → 춘천분기점에서 중앙고속도로
  춘천 방향 진입 → 춘천나들목 진출 → 양구, 소양강댐 방향 →
  소양강댐 아래의 주차장에 주차한 후 셔틀버스로 유람선 승선.
  유람선을 이용하지 않는 코스도 있으나 불편.

* 이용... 청평사 문화재 관람료 어른 2천원, 학생·군인 1천 2백원,
어린이 8백원 / 유람선 왕복 요금 대인 6천원, 소인 4천원.

* 문의... 청평사 033)244-1095(매표소 033-244-1021).
소양호 유람선 033)242-2455.

청평사 선착장에서
바라본 소양호의
설경.

춘천은 젊음과 낭만의 도시로 불린다. 옛 경춘선을 달리던 기
차는 젊음의 열기와 낭만의 음률로 가득했다. 그렇게
춘천에 발을 디디면 으레 찾아가던 최종 목적지 중의 하나가 청평사
였다. 청평사는 오봉산 자락의 아담한 사찰 이름이다. 지금은 기차 대
신 전철이 그 역할을 하고 춘천의 관광명소도 예전에 비해 많이 늘었
지만 청평사의 인기는 변함이 없다.

공주와 상사뱀의 전설 담긴 회전문과 공주탑

청평사로 향하는 여행을 운치 있게 하려면 먼저 소양강댐을 찾아
야 한다. 소양강댐은 우리나라에서 가장 큰 사력댐이다. 높이 123m
에 제방 길이가 530m에 달한다. 댐이 완공되면서 바다만큼이나 넓은
소양호가 만들어졌다. 잔잔한 호수 위로 물안개라도 피어오르
면 주변 경관과 어우러져 환상적인 모습을 만들어 낸다.
연중 관광객들의 발길이 끊이지 않는 이유다. 아름다
운 소양호를 제대로 가슴에 담는 방법은 배를 타고
유람하는 것이다. 그러니 소양강댐에서 배를 타고
청평사로 건너가는 여정은 그야말로 꿩 먹고 알 먹는

소양강댐
선착장 풍경.

셈이다. 10분이라는 도선 시간이 아쉽기만 하다.

청평사 회전문
너머로
멀리 오봉산이
병풍처럼
둘러섰다.

유람선이 닿는 청평사 선착장은 섬이 아니라 산자락이다. 그런데도 어느 호젓한 섬마을에 도착한 듯하다. 섬마을 선착장이 대개 그렇듯이 이곳도 토속음식점들이 이방인들을 반긴다. 싱싱한 해산물 대신 막국수와 닭도리탕, 민물고기 요리가 주 메뉴다. 상가 간판 사이로 '청평사 1.7km'라는 안내판이 보인다. 사찰로 가는 길은 작은 계곡을 따라 이어지는데 호젓한 분위기가 운치를 더해준다. 게다가 재미있는 전설이 더해져 발걸음을 더욱 가볍게 한다.

첫 무대는 중국이다. 당태종의 딸인 평양공주를 사랑했던 한 총각이 그만 왕에게 목숨을 빼앗긴다. 죽은 총각은 상사뱀으로 환생해 공주의 몸을 감싸고 떨어지질 않는다. 용하다는 의사와 점술가들을 불러 갖은 방법을 써보기도 하고, 나라 안의 유명한 사찰들을 일일이 찾아다니며 부처님께 불공도 드렸지만 효험이 없었다.

그때 누군가가 간했다. 신라에는 영험한 사찰들이 많으니 효험이 있을 것이라고. 상사뱀과 한 몸이 된 공주는 할 수 없이 신라에 들어갔고, 청평사까지 찾아가게 되었다. 청평사 인근의 동굴에서 노숙을

한 공주는 절에 가서 밥을 구해 올 테니 잠시 몸에서 내려와 달라고 상사뱀에게 사정을 했다. 웬일인지 상사뱀이 공주를 놓아주었고, 공주는 청평사에 찾아가 간절하게 불공을 드렸다. 공주가 돌아오지 않자 상사뱀은 공주를 찾으러 회전문까지 갔다가 그만 별안간 떨어진 번개에 맞아 죽고 만다.

공주는 자신을 사랑하다 죽은 상사뱀이 불쌍하여 정성을 다해 묻어주었고 오랫동안 청평사에 남아 불공을 드렸다. 그러자 당태종은 금덩어리를 보내 법당을 짓도록 했고, 공주는 구성폭포 위에 돌탑을 쌓아놓고 귀국했으니, 후세 사람들이 그 탑 이름을 '공주탑'이라 불렀다. 공주탑 못 미처 거북바위 아래에는 상사뱀과 당나라 공주의 이루지 못한 사랑을 담은 조형물이 세워져 있어 관광객들의 눈길을 끌고 있다.

공주와 상사뱀 조형물을 지나면 거북이 모양을 닮은 거북바위가 나오고 이어서 구성폭포가 나온다. 웅장한 느낌의 큰 폭포는 아니지만 청평사 계곡에 잘 어울리는 높이 7m의 아담한 폭포다. 아홉 가지 소리를 낸다고 해서 구성폭포로 불리는데, 이 폭포 위편으로 공주탑인 '청평사삼층석탑'이 세워져 있다. 소박한 모습에 약간은 어색한 균

형미가 느껴지는데, 전설 속 이야기와는 달리 고려시대 초기의 불
탑으로 전문가들은 보고 있다.

발걸음이 가벼우니 몸도 마음도 가볍다

구성폭포 위로 더 올라가다보면 '영지(影池)'라는 이름
의 고려시대 정원 터가 나온다. 영지는 청평사를 품고 있
는 오봉산의 풍경이 연못에 비친다고 하여 붙여진 이름
이다. 지금은 봉우리가 다섯이라고 하여 오봉산이라고
하지만 옛 이름은 경운산(慶雲山)이었다. 고려 광종24
년(973)에 창건된 청평사도 처음엔 백암선원으로 불리
었다. 절은 얼마 안 가 폐사가 되었는데 백여 년이 흘러 폐사된
절터에 다시 가람을 지은 건 이의 · 이자현 부자였다. 특히 이자현은
'맑게 평정하였다'라는 뜻으로 산 이름을 청평산, 절 이름을 문수원이
라 부르고 여러 채의 전각을 짓고 정원을 가꾸었다. 자연의 아름다움
을 최대한 살리고 사람의 손길은 최소화한 전통 정원이었다.
절 입구의 거북바위에서부터 절 뒤편 계곡까지 이어진 정원은 세
월이 흘러 모두 스러져갔지만, 그 중심부를 차지하고 있던 사다리꼴
의 영지는 지금도 남아 우리나라 최고(最古)의 전통 정원으로 대접 받
고 있다.

청평사 계곡에
세워진
'상사뱀 전설'의
조형물(위).
청평사 누각에
올라 선 관광객.
누각의 이름은
오봉산의
옛 이름을 딴
경운루(慶雲樓)이다.

문수원에는 나옹화상과 김시습 등이 거쳐 갔는데 조선 명종 때 보우선사가 머물면서 당우를 새롭게 중건한 것이 계기가 되어 지금의 청평사라는 이름을 얻게 되었다. 절이 번창할 때에는 221칸이나 될 정도로 규모가 컸는데 한국전쟁을 치르면서 대부분 소실되었다. 다행스럽게도 1970년대에 들어 유일하게 남은 회전문을 보수하고 전각들을 새로 지어 지금의 모습을 갖추게 되었다.

회전문(廻轉門)은 빙글빙글 돌아가는 문이 아니고 중생들의 윤회사상을 깨우치기 위한 문으로, 천왕문과 비슷한 사찰의 중문에 해당된다. 사찰에서는 보기 힘든 홍살이 있는 문이다. 원래 회전문만 남아 있었는데 좌우에 회랑을 복원하여 옛 모습을 되찾았다.

회전문에 앞서 사찰 입구에는 일주문이 있어야 마땅하나 청평사에는 별도의 일주문이 없다. 다만 우뚝 솟은 소나무 두 그루가 회전문을 마주보고 계단 끝에 서서 일주문 역할을 해주고 있다. 신도들도 두 그루의 소나무 앞에 서서 합장을 하며 고개를 숙일 정도다. 소나무 외에도 경내에는 오래된 고목들이 더 있다. 극락보전 옆에 자라고 있는 800년, 500년 된 주목이 대표적이다.

길은 극락보전 뒤로도 계속 이어져 오봉산의 등산로와 연결된다. 가벼운 차림의 여행객들은 여기서 발길을 돌려 유람선으로 돌아가지만 아쉬움이나 미련은 없다. 가슴 속 응어리는 깨끗이 씻겨 나갔고 얼굴엔 평화가 가득하다. 윤회의 깨달음을 얻었는가는 중요치 않다. 발걸음이 가벼우니 몸도 마음도 가볍다.

청평사는 일주문이 따로 없고 소나무 두 그루가 그 자리를 대신하고 있다.

옥광산

소양호 입구의 세월교 건너 월곡리 산속에 있는 대일광업은 국내 유일의 옥광산으로 품질 좋은 연옥을 생산하고 있다. 420만 평의 면적에 약 30만 톤의 매장량을 자랑하는 규모다. 채굴된 옥은 여러 가지 장신구와 생활용품, 건축자재 등으로 활용되고 있으며 인지도도 높아 중국으로 대량 수출되고 있다. 옥광산은 일반 관광객들에게도 개방이 된다. 140m 길이의 옥동굴 체험장과 국내에서 가장 큰 옹기를 보유한 옹기박물관 그리고 옥찜질방이 있다.

17℃~18℃ 온도가 유지되는 옥동굴 체험장은 사방에서 분출되는 옥의 기운을 쐬면서 편히 쉴 수 있는 시설이다. 옥기(玉氣) 파장을 많이 받으면 몸 안의 세포 활동이 활발해지면서 컨디션과 기력이 회복된다는 것이 관계자들의 설명이다. 체험장과 별도로 24시간 운영되는 옥찜질방이 있으며 전시판매장에서 옥제품을 믿고 구입할 수도 있다.

✉☎ 강원도 춘천시 동면 월곡리 241. 033)242-1042, 0447

춘천풍물시장

남춘천역과 롯데마트 사이의 전철 노선을 따라 형성된 시장이다. 평상시에는 143개에 이르는 상점들만 문을 열고, 매 2일과 7일의 5일장이 열리는 날에는 무려 250~300여 노점상들이 대거 들어선다. 과일과 채소, 생선·건어물과 육고기, 여러 가지 생활용품과 공산품들, 그 종류가 다양하여 구경만 해도 재미가 있다. 특히 값이 싼 게 특징이다. 여러 가지 토속음식과 군것질거리도 있어 먹는 즐거움도 있다.

풍물시장 끝에는 식당들이 몰려 있는데 장이 서지 않는 날에는 노천카페처럼 야외 테이블을 펼쳐 놓고 손님을 맞는다. 바로 위에는 경춘선 고가도로가 지나가며 시원한 그늘을 만들어 주고, 비 오는 날에는 비를 피할 수도 있어 나름대로 운치가 있다.

✉☎ 강원도 춘천시 온의동 일대. 033)253-5813(온의동풍물시장상인회)

소문난 맛집

북산집

풍물시장 식당가 초입에 있는 메밀과 부침 전문점이다. 정형화된 상가에 들어선 식당이라 규모는 크지 않지만 단골손님이 제법 많다. 특히 부침 종류가 맛있는데 돼지고기를 넣고 지진 녹두빈대떡이 대표 메뉴다. 경춘선 고가도로 밑 그늘에 테이블을 펼치고, 녹두전에 막걸리 한 잔 곁들이면 여행의 피로가 확 풀린다. 이 집 상호의 북산은 소양호에 대부분의 마을이 수몰된 북산면에서 비롯된 이름이다. 주인이 소양호의 수몰민인 셈이다.

✉☎ 강원도 춘천시 온의동 풍물시장 11동 74호. 033)243-9721

청평사 밑에는 허름한 민박 이외엔 묵을 만한 곳이 없다. 소양강댐 오르기 전인 세월교 인근의 신북읍 천전리 일대에 프라다모텔(033)242-2242), 모텔 브리즈(033)242-4471) 등 모텔과 향토음식점이 여럿 밀집해 있다.

137

Section 3

어제와 오늘이 만나는 곳

★ 글·사진 윤규식

사릉(思陵)
광해군 묘 | 소리소

몽골문화촌
수동계곡 | 산촌꽃마루

안전유원지
영인레전드승마클럽 | 가평스포랜드

남이섬
가평올레 1코스 | 현대도예문화원

제이드가든
강변길산책로 | IntheGarden

강촌유원지
강촌 번지점프 | 강촌관광농원

김유정문학촌
실레이야기길 | 금병산등산로

공지천
소양강처녀상 | 구봉산 전망대

역사의 어제와 오늘을 생각하게 하는 곳
사릉(思陵)

 금곡

전철이 쉴 새 없이 오고 가는 사릉역과 금곡역.
하지만 얼마 전까지만 해도 이 역에 기차는
다녀도 지키는 사람이 없었다. 얼핏 보면 기차역 같지도
않은 아담한 건물 하나가 서 있었을 뿐이다. 그나마 이젠
기차도 사라지고 옛 역도 함께 사라졌지만,
그래서 더 소중한 추억 하나가 머물러 있는 곳이 있다.
왕위를 물려주고도 숙부에게 죽임을 당한 비운의
어린 임금 단종…. 그 지아비보다 더 한 많은 세월을 살다
간 정순황후의 무덤이 있는 사릉은 이름 그대로 역사의
어제와 오늘을 생각하게(思) 하는 능(陵)이다. 새로운
사릉역과 금곡역은 변함없는 모습의 그곳 사릉을 지금도
안내하고 있다. 추억을 더듬거나 처음 찾는 여행객들을
위해.

함께 하기 가족, 연인, 친구 끼리
좋은 계절 연중

140

한 많은 삶을 살다 간
정순왕후의 묘가 있는
사릉 전경.

* **주소**... 경기도 남양주시 진건읍 사릉로 180

* **교통**... 🚆 사릉역보다 교통이 편리한 금곡역 하차 후, 길 건너편에서 23번,
마을버스 77 · 7-7 · 55번 이용

🚗 남양주시 금곡동(금곡역, 금곡사거리)에서 진건 · 사릉 방향 2km.
또는 퇴계원 사거리에서 진건 · 사릉 방향 6km 지점(주차 시설 없음)

🚌 서울 청량리역에서 165-3번, 강변역에서 9-1,
광나루역에서 1-3번으로 사릉 입구 하차.

* **이용**... 사릉은 비공개 능으로, 단체 관람은 사전 예약에 한함
(소풍 · 야유회 등은 불가)

* **문의**... 문화재청 사릉관리소 031)573-8124

어느 역이었던가, 학창 시절 소풍의 추억

옛 사릉역은 기억의 저편으로 사라지는 중이다. 워낙 작은 역이었던 데다 새로 지은 사릉 전철역의 규모가 큰 탓에 주변 모습이 너무 변했기 때문이다. 사릉을 찾기 전에 잠시 둘러본 옛 사릉역은 간섭하는 이 없어 임시 주차된 차들만 즐비할 뿐 정적이 감돈다. 출입문마저 굳게 닫힌 상태. 사릉역이라는 간판도 제거되고, 철로가 있어야 할 자리엔 주차된 자동차들이 레일인 양 길게 뻗어 있어 이곳을 아는 이 아니고선 옛 기차역 자리라곤 아무도 모를 정도다. 그나마 창문 안쪽 거미줄 사이로 보이는 옛 시각표가 휑하니 남아 있어 이 건물의 예전 용도를 전할 뿐……. 1939년 7월 배치 간이역으로 문을 연 사릉역

거미줄과 잡풀이
우거진 옛 사릉역.

은 우리나라 근현대사를 묵묵히 지켜보며 70년 세월을 보내던 중 마지막 '무배치 간이역'(역무원이 없는 기차역)의 소임마저 다하고 지금의 신역사와 임무 교대를 하였다. 비운의 왕비로 혼자 남아 64년 한 많은 세월을 보내고 떠난 정순황후의 무덤이 이곳 사릉역 가까이에 있다는 사실이 지금에 이르러 새삼스럽기만 하다.

사릉역과 이웃 금곡역 주변에는 왕릉이 많다. 그러고 보면 중·고등학교 시절 학교에서 몇 차례 이곳으로 소풍을 왔다. 짧은 시간이지만 친구들과 기차를 타고 여행하는 기분이 하늘을 찌를듯했다. 정확히 어느 왕릉이었는지는 기억이 가물가물하다. 그러나 '금곡역'만큼은 또렷하게 가슴 한 구석에 남아 있다.

그때 혼자 흥얼거리던 노래도 생각난다. '심재영과 젊은연인들'이 부른 〈젊은 날의 초상〉이다. '가다 보면 어느새 그 바닷가 바닷가~' 나이보다 조숙했던지 평소에도 좋아했는데, 기차가 달릴 때 반주처럼 깔리는 '덜컹 덜컹' 하는 마찰음과 빠르지도 느리지도 않은 노래 박자가 절묘하게 맞아 떨어졌다. 금곡역에 내릴 때까지, 다시 집으로 돌아오기 위해 기차에 올랐을 때부터, 시종여일 이 노래를 기차 소리와 함께 무한 반복 흥얼거렸다.

아트막한 언덕 위에 있던 옛 금곡역도 지금은 제 역할을 끝내고 휴식 중이다. 신나게 달리던 기차 대신 무성하게 자란 잡초들만이 쓸쓸한 플랫폼을 뒤덮어 을씨년스럽긴 마찬가지지만 옛 사릉역과는 달리 겉모습만큼은 그럭저럭 유지하고 있는 상태다. 역 앞마당의 야외 대합실도 그대로이고, 역 간판도 제자리에 붙어 있다. 철로를 다 걷어내기는 했지만, 안내판이나 가로등도 그대로 제자리에 있다. 열차 없는 플랫폼에 '열차 주의'란 빨간 글씨도 그대로 남아 있다. 피식 터져 나오는 웃음과 함께 '그 노래'가 또 입가에 번졌다. 발걸음이 가벼웠다. 옛 금곡역만큼은 보존한다는 이야기를 들었기 때문이다.

제 역할을 끝내고
휴식 중인
옛 금곡역.

수천 그루 노송 사이로 흐르는 정순왕후의 사부곡

12세에 왕위에 올라 그나마 살얼음판 재위 3년도 모자라 숙부에게 쫓겨나 17세 어린 나이에 유배지에서 죽임을 당한 비운의 주인공. 가해자 수양대군과 피해자 단종을 어떻게 생각해야 할까? 『단종애사』를 읽던 어릴 적 그때나 〈공주의 남자〉를 시청하는 성인이 된 지금이나 혼란스럽기는 마찬가지다.

사릉으로 가는 길.

　역사는 힘 있는 자의 편이고, 당시 그 힘은 단종의 숙부인 수양대
군에게 있었다. 안평대군과 금성대군을 위시한 단종의 복위 세력들
이 좀 더 치밀하게 작전을 세웠더라면 어땠을까 상상해 보지만, 역사
는 '만약'을 허용치 않는다. 수양은 결국 세조가 되었고, 힘이 강한 임
금으로서 오랫동안 자리를 지킨다. 힘없는 왕 단종은 정순왕후를 남
겨둔 채 머나먼 영월에서 짧은 생애를 마감해야 했다.

　이런 결과가 머리를 더 복잡하게 만들었다. 단종이 약해서? 세조
가 강해서? 도무지 답을 찾기 힘들었다. 그러나 고민은 오래 가지 않

았다. 비록 수 백 년이 흐른 훗날이기는 하지만 숙종은 단종 임금을 복위시켰다. 왕으로서의 지위를 돌려 드린 것이다. 세조는 잠시 동안 임금으로서 치적을 세웠을지 모르지만, 도덕적으로 결코 용서받을 수 없는 일을 한 것이다. 수양대군은 그렇게 하는 것이 옳지 않았고, 다른 방법을 찾는 것이 옳았다. 훗날 역사가 이를 증명한 게 아닐까…….

단종보다 더 비련의 세월을 보냈을 정순왕후가 잠들어 있는 사릉. 고즈넉한 공간에서 이런 생각을 해 본다. 구중궁궐에서 숨 죽여 살

정순왕후 묘소로 향하는 길에 도열해 있는 수천 그루의 노송.

세계유산으로
등록된 조선왕릉
중 하나인 사릉
안내판(오른쪽).
야생화와 어우러진
사릉의 소나무들이
장관을 이룬다
(아래).

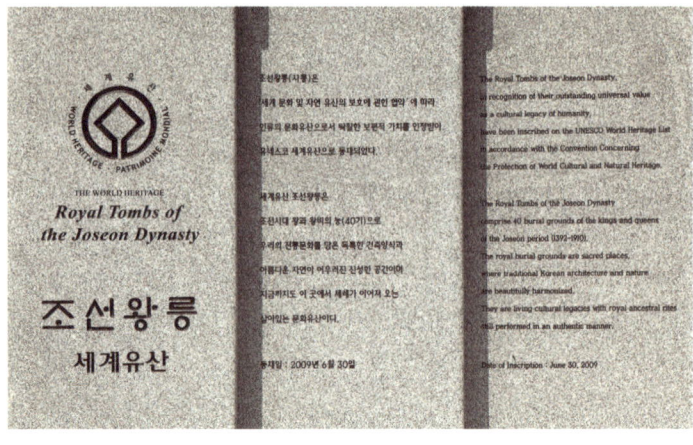

다 끝내는 유배의 길을 떠난 부군을 눈물로 지켜봤을 정순왕후. 그로 부터 64년 세월, 부군을 그리워한 애틋하고 지고지순한 사부곡(思夫曲)은 혼백이 되어 떠돌고 남으리라. 그래서 그녀의 능 이름마저 생각 '사(思)'자를 붙인 사릉일까? 분명 정순왕후는 죽어서도 단종을 생각했을 것이다. 구불구불 하늘로 뻗은 수천 그루 소나무 사이로 비치는 능을 바라보며 숙연해진 마음을 애써 달랬다.

사릉은 유네스코 세계문화유산으로 지정돼 있지만 유일하게 비공개를 원칙으로 한다. 효율적인 관리를 위해서이다. 차라리 많은 사람들로 북적거리는 것보다 낫다는 생각도 든다. 하지만 학술이나 교육적인 목적이라면 누구나 방명록만 작성하면 된다. 소풍이나 야유회 형태가 아닌, 개인 관람은 제한을 받지 않는다.

광해군 묘

사적 제363호. 조선 왕조에서 왕이었음에도 폐위돼 왕의 칭호를 받지 못한 임금이 연산군과 광해군이다. 역사의 흐름 속에서 패륜의 굴레를 쓴 두 임금이지만, 광해군에 대해서만큼은 평가의 잣대가 조금 다르다. 광해군은 새어머니인 인목대비를 유폐시키고 그 아들 영창대군마저 죽임으로써 인조반정을 불러일으켰다. 그러나 임진왜란 때 국난 극복의 힘이 되었고, 격동기에 실리외교를 통해 위기를 극복하려 했던 그의 모습은 재평가할만한 가치가 충분하다. 광해군은 재위 15년 동안 서적 편찬과 대동법 실시, 국방력 강화에 힘쓴 임금이었기 때문이다. 강화도에 이어 제주도로 유배된 광해군은 그곳에서 인조 19년(1641년) 사망해 묻혔으며, 묘는 인조 21년인 1643년에 이곳 경기도 남양주시 진건면으로 옮겨졌다. 광해군 묘에는 부인 유씨도 함께 잠들어 있다.

경기도 남양주시 진건면 송릉리 산59. 031)573-8124(문화재청 사릉관리소)

소리소

커피와 음료, 식사를 하고 라이브 공연도 즐길 수 있는 가든 형 휴식 공간이다. 소리소 (soriso)는 이탈리아어로 우리말 '미소'를 뜻한다고 한다. 2천여 평 면적에 조성한 멋진 조경이 눈길을 끄는 가운데, 통나무집과 친환경 황토로 지은 카페, 모닥불장·원두막·폭포 시설이 들어서 있다. 이밖에 고객들의 행복을 기원하는 소원의 집, 신개념 조형물인 트릭아트 등이 소리소(soriso) 빌리지를 찾는 고객들에게 아늑한 휴식 공간 역할을 한다.

'시골밥상' 메뉴는 가족 또는 친지 모임이나 한식을 좋아하는 이들에게 제격인데, 전라도식 전통 밥상 차림이다. 전통 이태리 식당인 '라이스 & 파스타'에선 젊은이들이 좋아하는 각종 요리를 즐길 수 있고, '탐앤탐스'에선 음악과 함께 향기 가득한 커피와 쥬스 등 여러 가지 음료를 주문할 수 있다.

경기도 남양주시 진건읍 사능리 580-5. 031)575-9626 sorisocafe.co.kr

소문난 맛집

광천정육점식당

1959년 신선옥이라는 이름으로 문을 연 이후로 소머리국밥(8천원)으로 4대를 이어온 광천정육점식당. 변치 않는 맛과 정성으로 미식가들의 정평이 자자하다. 화학조미료를 일절 첨가하지 않고 식재료 고유의 맛을 살린 국밥은 오랜 역사만큼 많은 단골 고객을 자랑한다. 국밥의 생명인 육수는 커다란 가마솥에 9~10두에 달하는 머리고기와 사골 등을 한꺼번에 넣고 24시간 동안 푹 고아내어 만들어진다. 찬으로 나오는 돼지껍데기 구이 또한 별미이다.

경기도 남양주시 진접읍 부평리 525 . 031)527-7002

산골에서 만나는 칭기즈칸의 문화와 예술
몽골문화촌

마석 조그만 간이역이었던 옛 마석역은 이제 흔적을
찾을 수 없다. 커다란 새 역사가 그 위용을
자랑하고 있을 뿐이다. 시간이 조금 더 지나면 옛 기차역
자리는 기억으로도 더듬지 못할 것이다.
마석역의 변화뿐만 아니다. 여행지도 많이 바뀌었다.
387번 도로를 따라 오르는 수동계곡도 관광단지화
되었고, 10여년 만에 다시 찾은 몽골문화촌은 더욱
알아보지 못할 만큼 그 모습이 새로워졌다. 전에 없었던
건물들이 들어섰고, 한 쪽에는 번듯한 공연장도 서 있다.
어느새 몽골문화촌은 이 지역의 명소가 되었고, 건너편에
위치한 산촌꽃마루에는 가족을 동반한 나들이객들의
웃음꽃이 만발한다.

함께 하기 가족끼리, 연인끼리
좋은 계절 연중 / 봄, 여름

한국과 몽골 우호의
상징으로 자리잡은
몽골문화촌 전경.

光靑戒

주소... 경기도 남양주시 수동면 내방리 250

교통... 🚃 마석역 하차 후 비금리행 330-1번 좌석버스 이용

🚗 서울 · 춘천간고속도로 → 화도IC 진출 → 마석(수동) 방면으로 우회전 후 약 17km

🚌 청량리 현대코아 또는 미주상가 앞에서 330-1번 좌석버스 이용
(25~30분 간격 운행), 몽골문화촌 하차

이용... 동절기 09:00~18:00, 하절기 09:00~19:00(매주 월요일 휴관).
몽골민속예술단 공연 – 평일 2회(11:00~12:30, 14:30~16:00),
공휴일 및 7 · 8월엔 1회 추가(16:30~18:00). 관람료 어른 4천원, 어린이 2천원.
전시관 입장료 – 어른 2천원, 청소년 및 군경 1천원, 어린이 5백원.

문의... 031)559-8018 mongoliatown.co.kr

강변철로의 시발점이었던 마석역

마석(磨石)-. 곡식을 가는 돌이니 곧 맷돌을 뜻한다. 경기도 화도읍의 마석이라는 동네는 예부터 맷돌이 많이 나서 이런 지명을 얻게 됐다고 한다.

마석에 대한 기억은 나이를 먹는 순서에 따라 조금씩 다르다. 청소년 시절 천마산스키장에서 처음 스키라는 것을 타보며 마석이라는 동네를 알게 됐다. 대학 시절엔 전태일 열사, 문익환 목사님 등이 잠들어 계신 모란공원에 가 보았다. 결혼 후에는 아내와 함께 마석 가구단지에 들러 집안에 들여놓을 옷장이며 책상 등을 살펴보았다. 요즘에는 마석5일장도 가끔 구경 간다. 서울에서 멀지 않아 언제든지 찾을 수 있기에 출발의 설렘 같은 것은 없지만, 그만큼 부담 없이 찾을 수 있는 곳이 마석이기도 하다.

그런 마석에 일찍부터 기차역이 있었다. 그러나 마석을 찾기 위해 군이 기차를 이용할 이유가 별로 없어 마석역에 내린 기억도 별로 없다. 하지만 청량리에서 출발한 경춘선 열차는 지루한 도시의 풍경을 하나씩 거친 후, 마석역을 지나면서 본격적인 기차여행의 참맛을 느끼게 해주었다. 마석역을 끝으로 남양주에서 벗어난 열차는 제법 속도까지 드높이며 한강변 쾌속 질주를 시작했기 때문이다. 차창 밖으로 스치는 시원한 풍경은 지금 생각해도 경춘선 여행의 백미였다. 마석역은 그런 강변철로의 시발점이었던 셈이다.

철거된 마석역터의 명소안내판.

혹시나 하는 마음에 그 마석역이 아직도 남아 있나 찾아보았다. 옛 기억을 더듬어 역사가 있을 법한 곳으로 들어섰다. 하지만 몇 그루 나무만 덩그러니 서 있을 뿐 아무 흔적도 없다. 잘못 찾아왔나 하고 어리둥절해 있는데 저쪽에 '명소안내'라는 안내판이 보인다. 천마산·수동유원지·새터유원지 등을 알리는 약도와 설명이 있다. 찾기는 제대로 찾은 것이다.

알고 보니 새 역사를 건설하면서 철로가 겹쳐 불가피하게 옛 역사는 2009년 2월 철거했다고 한다. 늦어도 한참 늦게 찾아온 것이다. 텅

빈 마석역 자리엔 아련한 기억만 점점이 박혀 있었다. 허탈하지만 그렇게 예전 추억을 되새기며 다음 목적지인 몽골문화촌으로 발길을 돌릴 수밖에 없었다.

수동계곡의 으뜸 명소 몽골문화촌

몽골문화촌은 좀 색다른 곳이다. 강원도 산간을 지나듯 깊은 계곡 사이를 달리다 만나는 것도 그렇고, 하필이면 왜 그곳에 몽골문화촌이 자리 잡게 되었는지도 의아스럽기 때문이다.

푸른 잔디가
상쾌한 몽골문화촌
야외 전시장.

몽골문화촌은 경기도 남양주시와 몽골 울란바토르시 사이의 우호
협력과 상호교류의 상징이다. 두 시는 1998년 10월 울란바토르시에
서 '우호협력합의서'를 정식 조인했고 그 결과 남양주시에는 몽골문
화촌을, 울란바토르시에는 남양주문화관을 건립하게 됐다.

몽골문화촌의 메인 전시관에는 몽골의 사냥도구, 생활용품과 수공
예품 그리고 화려한 전통의상과 악기 등이 전시돼 있다. 역사관에서
는 우리나라와 몽골의 역사를 시대 · 연대별로 나열해 비교하고 있으
며, 칭기즈칸을 비롯한 5대 칸의 활약상을
선보이고 있다. 눈길을 끄는 것은 생
태관이다. 흔히 몽골은 상당히 척박
한 자연환경 속에서 생활하는 것으
로 알고 있지만, 지하자원이 풍부하
고 다양한 야생식물과 동물 등이 살
고 있음을 확인할 수 있다. 더욱이 사막
에서 발굴됐다는 공룡들의 화석과 발자취

몽골 유목민들의
전통 가옥인
게르의 내부.

몽골의 멋

몽골의 전통의상은 매우 화려하여 독특한 모양의 장신구들로 이루어져 있다.
여러 부족별로 부족의 특성과 지역에 따라 전통의상이 발달되어 왔으며, 그 중
할흐족의 의상이 가장 대표적이다.

전시관 내부의
몽골 전통의상(왼쪽)과
소원을 비는 후르드(오른쪽).

는 호기심을 자극하기에 충분하다.

몽골문화촌은 특히 어린이체험관에 즐길 거리가 많다. 양의 복숭아 뼈를 쓰는 몽골판 윷놀이 샤가이, 몽골의 체스 사타르 등 색다른 놀이를 체험할 수 있고, 전통악기와 의상을 직접 연주하고 입어볼 수 있다. 또한 공연장에서는 몽골민속예술 공연단의 전통 춤과 기예 등을 관람할 수 있다. 몽골 전통 마상쇼도 놓칠 수 없는 볼거리 중 하나이다.

산골 깊숙한 곳에서 대평원을 달리던 기마민족의 전통을 엿볼 수 있는 몽골문화촌. 남양주시의 관광명소이자 마석역으로 떠나는 여행의 즐거움이다.

몽골문화촌 어린이전시관 내부(위).
몽골의 생태 전시관 모습(아래).

수동계곡

남양주시 수동면의 송천리 · 운수리 · 입석리 · 수산리 · 비금리 일대는 그 지명이 말해주듯 한 폭의 그림 같은 곳이다. 어디를 가나 시원한 물줄기가 흐르고 있어 '물골안'이란 이름으로도 널리 알려져 있다. 주금산과 서리산 · 축령산에 둘러싸인 수동계곡은 울창한 숲과 깨끗한 계곡이 어우러져 여름철 피서지로 제격이다.

특히 관리소에서 위쪽으로 1.5km 올라간 상류 구간은 바위가 많고 숲이 우거져 여름철에는 수많은 피서객들이 몰린다. 계곡 곳곳에 많은 유원지들이 형성되어 있으며 향토음식점과 민박집들이 많아 사람들의 발길이 끊임없이 이어진다. 1983년 수동국민관광지로 조성되었으며 풍부한 산나물과 수 십여 종의 산과를 비롯해 버섯 · 더덕 · 고비 · 도라지 · 두릅 등의 토산물과 토종꿀 · 밤 · 잣 등이 널리 알려져 있다.

✉ ☎ 경기도 남양주시 수동면 내방리 211. 031)592-0088(수동국민관광지 관리사무소)

산촌꽃마루

마석에서 수동계곡을 끼고 달리는 아름다운 길, 축령산 입구를 지나면 비금계곡으로 이어진다. 좁다란 계곡 사이에 하얀색의 게르와 몽골장승들이 서 있는 이색적인 문화공간이기도 하다. 몽골문화촌 맞은편에 위치한 곳으로 아기자기한 야생화 공원이 조성되어 있다. 이곳 들꽃식물원은 우리나라 자생 들꽃들 위주로 꾸며져 있는데, 우리 전통의 정자와 돌담길, 물레방아 등이 함께 조성돼 있어 운치를 더해준다. 규모는 작지만 시골 언덕에 지천으로 피던 야생화 동산처럼 편하고 아기자기한 모습이다. 아래쪽에는 분재형 실내 식물원까지 조성돼 있어 이것저것 볼거리가 많다. 특히 식물원에서 몽골문화촌과 비금계곡의 물자락이 한눈에 내려다보이는 조망도 일품이다. 가족을 동반한 캠핑 동호인들이 많이 찾는 곳이기도 하다.

✉ ☎ 경기도 남양주시 수동면 내방리 242. 031)592-0033

소문난 맛집

햇살촌

몽골문화촌을 오가는 도중의 수동초등학교 부근에 있는 맛집이다. 근동에서 가장 많은 단골을 확보하고 있다는 햇살촌은 옛날 방식 그대로 재현한 청국장맛이 일품이다. 전혀 어울릴 것 같지 않은 시래기와 갈치가 조화를 이룬 시래기갈치조림 또한 이 집의 대표 메뉴인 청국장과 쌍벽을 이룬다. 건강식 나물식단이 곁들여지며 동치미국수와 순두부요리, 녹두빈대떡 등도 있다. 청국장 1인분 6천원, 시래기갈치조림은 2인분에 1만 8천원. 식당 옆 공장에서 직접 만든 청국장을 별도로 판매하기도 한다.

✉ ☎ 경기도 남양주시 수동면 입석리 471-1. 031)593-3314

숱한 청춘들이 가슴 데우던 청평의 밤

안전유원지

흔적을 찾아 떠나는 여행은 필연적으로 조금씩은
쓸쓸하다. 저마다 잊지 못할, 어쩌면 엄청 화려했을
이야기를 그곳에 남겨 두었지만 현실에서는 기억으로만
존재하기 때문이다. 이제는 흔적만 남은 옛 청평역에
가보면 그런 생각에 잠기게 된다.

분명 이곳이 목적지가 아니었을 때도 열차가 서면 왠지
내리고 싶었다. 봄, 가을 모꼬지 시즌이 되면 대성리역에서
한 무리 젊은이들을 쏟아 부은 열차가 이곳 청평역에서 또
한 무리의 청춘들을 뿜어냈다. 삼삼오오 짝지어 왁자지껄,
젊은 청춘들은 그렇게 안전유원지로, 청명유원지로
향했다. 그리고 맞이한 청평의 밤은 용광로가 되어 그들의
뜨거운 가슴을 한 곳에 녹여 버렸다.

함께 하기 연인끼리, 친구끼리
좋은 계절 봄, 여름, 가을

한 낮에도
청평유원지 숲길은
어두컴컴할 정도로
나무가 울창하다.

🌸 주소... 경기도 가평군 청평면 청평리 134-63

🌸 교통... 🚉 경춘선 청평역 하차 후 도보 10분

🚗 춘천 방면 46번국도 → 진관IC 우회전 20.2km → 금남IC 가평(춘천)
방면 10.3km → 청평역 → 안전유원지 / 서울·춘천간고속도로
설악IC 진출 → 37번국도로 신청평대교 건너 진입

🚌 청량리역에서 1330번, 1330-2~6번 이용,
청평버스터미널에서 내려 도보 20여분

🌸 이용... 시간 제한 및 입장료 없음

🌸 문의... 031)584-0090(관리사무소), 580-2062(가평군청 문화관광과)

추억 속에 묻힌 옛 청평역, 잡초만 무성

해바라기 하나가 하늘을 향해 목을 길게 내밀고 있다. 무엇을 기다리는 것일까? 잡초가 무성한 플랫폼 한 구석의 그 해바라기는 누군가를 한없이 기다리는 듯했다.

푸른 하늘이 시리도록 아름답던 초가을 한낮, 경적소리 한 방날리며 열차가 들어서면 객차 안에서는 여지없이 우르르 청춘들이 쏟아졌다. 조용하던 플랫폼은 순식간에 활기를 띠다 못해 온통 시끌벅적해졌다. 지난 수 십 년간 되풀이된 청평역의 이맘때쯤 풍경이다.

그러나 더 이상 이 역(옛 청평역)에는 사람이 내리지 않는다. 그저 무심한 표정으로 이쪽에서 저쪽으로 건너가는 사람이 있을 뿐이다. 폐 역사를 보기 위해 카메라를 들고 여기저기 둘러보는 남녀 한 쌍이 보일 뿐이다.

흔적만 남은
옛 청평역 플랫폼.

찬찬히 주변을 둘러본다. 철로는 없어졌지만 플랫폼은 남아 있다. 철도공사 땅임을 알리는 쇠막대기도 있다. 산산이 부서진 노란 안전선이 폐역의 현주소를 알린다. 수많은 청춘들이 타고 내렸던 옛 청평역은 이렇게 몇 가지 흔적만 남긴 채 자취를 감췄다. 아까 보았던 해바라기는 아마 그 때의 어수선함을 그리워하는지도 모른다.

문득 지난겨울 눈 내리던 날의 청평역 풍경이 떠오른다. 운행 종료를 며칠 남기지 않은 역에는 굵은 눈발이 날렸고, 일단의 사람들이 이 역에 내렸다. 그것이 마지막인 줄 알았지만 새삼 기차가 서 있던 역 풍경이 그립다.

이제 더 이상 이곳에 기차는 오지 않는다. 하지만 내 젊은 날의 기억이 아직도 생생하듯, 풋풋한 청춘들과 함께 했던 청평역은 영원히 가슴 속에 남아 있을 것이다.

모꼬지의 대명사 안전유원지, 청명유원지

청평역에서 내려 조금만 걸어가면 안전유원지가 나온다. 바로 옆은 청명유원지다. 소나무 숲 사이로 너른 광장이 있고, 그 광장을 지

158

나면 북한강 수계에 속하는 조종천이 흐른다. 가평군 하면에서 청평면 청평리까지 흘러 북한강과 합류하는 조종천은 가평의 옛 명칭인 조종(朝宗)에서 유래된 것으로 전한다. 대부분 우리나라 하천이 서쪽으로 흐르는 것과 달리 조종천은 가평군의 지형적 특징으로 인해 동쪽으로 흐른다. 안전유원지와 청명유원지는 이런 조종천이 북한강과 만나기 직전, 물줄기가 크게 굽이쳐 흐르는 곳에 위치한다.

저 멀리 경춘선 전철을 뒤로하고 유유히 흐르는 조종천(위). 조종천의 보트장(아래).

들 좋고 물 좋으니 학생들의 모꼬지 장소로는 그만이었다. 유원지 관리인에게 지금도 대학생들이 많이 오냐고 물었더니, 그렇다고 한다. 하기야 그 때나 지금이나 돈 없는 학생들이 부담 없이 찾기에는 이곳만 한 곳이 없다.

어쨌든 벌써 20년이 흘렀지만 신입생 시절 학과 동기생들과 왔던 첫 모꼬지의 기억이 새록새록 하다. 안전유원지 들판에서 모닥불 피워 놓고 게임도 하고, 노래도 함께 불렀다. 그런데 지금도 이해할 수

159

안전유원지 앞
카페 거리 풍경(위).
안전유원지의
울창한 숲(아래).

없는 건, 그 때 동기생들 앞에서 '이렇게도 사~랑이 괴로울 줄 알았다면~'으로 시작되는 윤수일의 〈사랑만은 않겠어요〉를 불렀다는 사실이다. 이문세·변진섭·신승훈 등 당시 잘 나가는 가수들의 노래도 많았는데, 하필 왜 그 당시에도 한참 아저씨뻘이었던 윤수일의 노래를 불러댔을까? 더구나 이제 막 알기 시작한 여자 동기생들 앞에서 '사랑만은 않겠다'고 당당히 선언했으니 자폭도 이런 자폭이 없다. 그

뒤 실제로 과 동기생들과는 친구 이상의 관계로 발전한 적이 없다.

여전히 풀리지 않는 수수께끼를 곱씹으며 유원지 곳곳을 둘러보니 세월과 함께 변하기도 많이 변했다. 조종천변을 따라 자전거 산책로가 말끔하게 조성돼 있고, 카페와 펜션도 많이 들어섰다. 그래도 청평의 유원지는 옛 친구를 다시 만난 듯 편안하게 다가온다. 마침 며칠 후 친구들 모임이 있다던데 장소를 안전유원지로 하면 어떻겠냐고 한 번 말해봐야겠다.

영인레전드승마클럽

승마가 멋진 스포츠라는 것을 알면서도 값비싼 호사가의 놀이로 인식해 거부반응을 갖거나 그저 눈요깃거리로 여기는 사람들이 많다. 하지만 이젠 편견을 버려도 좋을 것 같다. 승마 시설의 전국적인 증대와 웰빙이라는 시대적 흐름을 타고 많은 사람들이 향유할 수 있는 생활체육 분야로 발전하고 있기 때문이다. 영인레전드승마클럽 역시 승마의 개념을 바꾸고자 노력하는 곳 중의 하나다. 부유층이 즐기는 값비싼 레포츠라는 기존의 인식을 불식시키고 누구나 쉽고 부담 없이 승마를 즐길 수 있는 기회를 제공한다. 30분 단위의 '체험승마'와 60분 단위의 '1일승마' 프로그램 등이 대표적인 사례인데 5세 이상 어린이도 체험이 가능하다. 청평면 소재지에서 쁘띠프랑스 가는 방향 산기슭에 위치한다.

경기도 가평군 청평면 고성리 638-10. 031)584-1069 www.yihorse.co.kr

가평스포랜드

청평스포랜드의 바뀐 이름으로, 청평호 상류의 맑고 고요한 수변에 자리 잡은 수상 스포츠 시설이자 ATV 시설까지 갖춰진 종합 레포츠 타운이라 할 만하다. 북한강 본류에 위치하는 데다 홍천강이 유입되는 지리적 조건으로 인해 주변 경관이 수려한 점도 자랑거리다.

바나나보트 · 땅콩보트 · 플라이피시 · 바이퍼 · 매트릭스 등의 수상 놀이기구와 수상스키, 웨이크보드, 번지점프는 물론 모터보트 투어와 ATV 투어에 이르기까지, 가족과 연인끼리 즉석에서 즐길 수 있는 놀이기구와 약간의 사전 학습으로 도전할 수 있는 스릴 넘치는 전문 프로그램들이 많다. 호텔 및 펜션과 같은 숙박 시설을 함께 운영하고 있어 가족단위로 편안하게 머물면서 초보자를 위한 수상스키, 웨이크보드 강좌에도 참여할 수 있다.

경기도 가평군 청평면 고성리 142. 031)584-3121 thespoland.com

소문난 맛집

옹기마을

안전유원지 내 조종천을 마주보는 곳에 위치한 옹기마을은 쏘가리·· 빠가사리·메기 등의 민물고기 매운탕 요리를 전문으로 하는 토속음식점이다. 인근 북한강 맑은 물에 서식하는 자연산 민물고기와 깊은 맛을 더하는 육수가 어우러져 찾는 이들의 입맛을 사로잡는다. 2~3인을 기준으로 메기매운탕 3만 원, 빠가사리 5만원, 쏘가리 7만원, 잡어 3만 5천원 등이다.

경기도 가평군 청평면 청평리 134-63. 031)584-8963

강변가요제, 겨울연가… 변함없는 연인들의 섬

남이섬

가평은 연인들의 낙원이다. 젊음의 열기가
뜨거운 곳이기도 하다. 가평역은 이를 확인하러
가는 길의 첫 번째 관문이다. 예나 지금이나 사랑하는
연인들은 버스보다 기차를 더 좋아한다. 그렇게 가평역에
내리면 두 손 꼭 잡고 대개는 남이섬 선착장으로 향한다.
지금은 없어졌지만 강변가요제가 열릴 때면 수많은
젊은이들이 가평으로, 남이섬으로 몰렸다. 아직도 가평에
가면 이선희의 〈J에게〉가 어디선가 들려오는 듯하다.
그러나 세월이 흐른 지금 남이섬에는 〈겨울연가〉가 그
열기를 대신하고 있다. 섬 곳곳에서 발견하는 배용준과
최지우의 발자취가 이를 대변한다.

함께 하기 연인끼리, 친구끼리
좋은 계절 사계절 모두 좋아요

남이섬으로 가는 배 안에서 또 다른 추억을 만든다.

✱ **주소**... 강원도 춘천시 남산면 방하리 198(남이섬)
경기도 가평군 가평읍 달전리 144-1(남이섬선착장)

✱ **교통**... 가평역에서 남이섬선착장까지 1.6km. 도보 30여분, 자전거 10여분,
버스 또는 택시 5분여 소요. 가평선착장 ↔ 남이섬 선박, 10~30분 간격으로
수시 및 정시 운행(5~6분 소요)

서울·춘천간고속도로 → 화도IC 진출 후 마석IC 이용해 청평·춘천 방면의 46번국도
진입 → 대성리·청평 → 가평오거리에서 SK경춘주유소 끼고 우회전 → 75번국도
800여m 지점의 현충탑 끼고 좌회전 후 600m 지점이 남이섬선착장

서울 인사동에서 직행셔틀버스 운행. 사전 예약제 02)753-1247 /
동서울 또는 상봉터미널에서 춘천·가평 방면 버스 이용.
가평터미널에서 선착장까지 버스 또는 택시 이용

✱ **이용**... 07:30~21:40, 입장료(왕복 도선료 포함) 일반 1만원, 할인 8천원

✱ **문의**... 031)580-8114 www.namisum.com

쓸쓸한 이정표와
잡초 우거진
옛 가평역 풍경.

손잡고 내려 손잡고 걸어 나가던 옛 가평역

　여름 오후 늦은 시각에 찾은 옛 가평역. 역시 아무도 없는 폐역에
는 풀벌레 소리만 정적을 깨뜨린다. 해질녘의 풍경이 그렇듯 하루의
마지막 햇살이 발악하듯 내리쬔다. 기차가 오가야 할 곳에는 코스모
스가 기차인 양 도열하고 있을 뿐이다. 오후의 태양빛을 머금은 꽃은
제 색깔보다 짙고 선명하다. 반갑게도 옛 가평역은 없어진 철로만 빼
면 옛 모습을 대체로 간직하고 있다. 가평역이라는 간판도 제자리에
그대로 붙어 있고, 이정표며 가로등도 불빛만 없을 뿐 그대로이다. 문
은 굳게 잠겼지만 플랫폼 위의 간이 휴게소가 옛 정취를 더한다. 휴
게실 창문 안쪽, 초록색 나무의자에 한 번 앉아보고 싶다. 금방이라도
서울 쪽에서, 아님 춘천 쪽에서 기차가 달려올 것 같다.

　예전 가평역에 내리는 손님 중에는 유난히 연인들이 많았다. 열차
가 서고 객실 문이 열리면 남자가 먼저 내린다. 그리고 손을 내밀어
그녀의 손을 꼭 잡아준다. 그녀는 그냥 내려도 될 것을 꼭 마지막 계
단에서는 두 발로 폴짝 뛴다. 개찰구 쪽으로 향하는 남녀는 두 손을
마주잡거나 어깨에 손을 얹고 걷는다. 물어볼 것도 없이 그들의 행선
지는 남이섬이었다.

　전철 개통과 함께 기차역도 사라지고 옛 추억도 그곳에 묻히고 말
았지만 새로운 전철 역사는 조금이나마 남이섬 쪽으로 옮겨져 새로
운 연인들께는 오히려 도움 되는 변화일 지도 모른다.

그곳에 가면 사랑에 빠진다

남이섬으로 들어가는 방법은 예나 지금이나 똑같다. 가평역에 내려 서로 손잡고 걷든, 자동차를 이용하든 선착장에 도달해 배를 타야 한다. 달라진 것이 있다면 배의 규모와 시설이다. 바다 위 수십 킬로 거리도 다리가 놓이는 세상이지만, 남이섬까지 가려면 오로지 배를 타야 한다. 새롭게 안 사실이지만 모터보트를 탈 수도 있고 줄에 매달려 가는 방법도 있긴 하다. 하지만 특별한 경우가 아닌 이상 그렇게 남이섬으로 횡단하는 사람은 보기 힘들다. 입장료가 포함된 왕복 도선료 1만원을 내면 더 이상 돈 들어갈 일이 없기 때문이다.

남이섬으로 향하는 배에는 크게 두 부류의 사람들이 탑승한다. 중국이나 일본에서 원정 온 단체 관광객이거나 우리의 젊은 연인들이다. 출발한 이유와 목적은 서로 다를지라도 행선지는 같다. 탑승한 이들의 표정 또한 한결같이 밝다.

남이섬에 가면
평화로운 숲과
아름다운 사랑이
따뜻한 감성을
불러일으킨다.

남이섬의
유니세프
나눔열차를
바라보는 어린이.

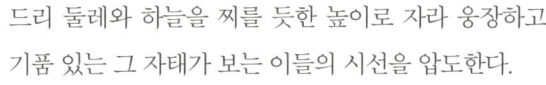

메타세쿼이아
나무 밑에서
사진 촬영에
열중인 연인(위).
낙엽을 모아 만든
하트 모양이
눈길을 끈다
(아래).

경춘선 여행지 가운데 남이섬만큼 많은 변화가 느껴지는 곳도 드물 것 같다. 예전엔 단순히 강심에 위치한 이색적인 섬에 불과했지만 지금은 국제적인 종합관광지로 변모했다. 배에서 내릴 때까지만 해도 그 분위기가 실감나지 않을 수도 있다. 섬 중심으로 들어서면 확연하게 느낄 수 있다. 배용준·최지우 주연의 TV드라마 〈겨울연가〉가 어떤 역할을 했는지 새삼 설명할 필요는 없을 것이다.

오늘날의 한류 열풍을 일으킨 발원지임에 분명한 남이섬 중에서도 대표적인 명소는 뭐니 뭐니 해도 메타세쿼이아 숲길이다. 1977년경 서울대 농대에서 묘목을 가져와 심었다는 메타세쿼이아 나무는 아름드리 둘레와 하늘을 찌를 듯한 높이로 자라 웅장하고 기품 있는 그 자태가 보는 이들의 시선을 압도한다.

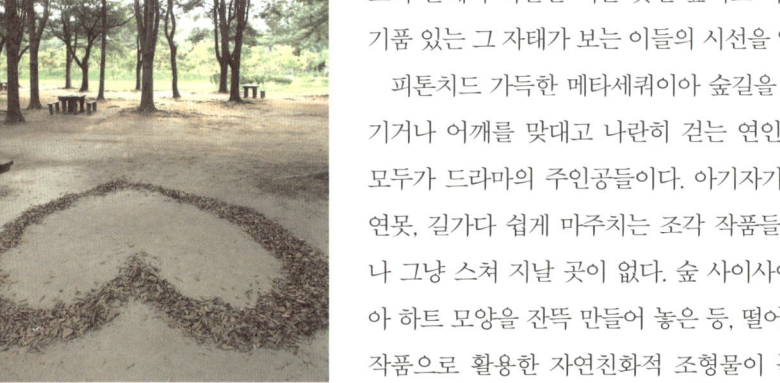

피톤치드 가득한 메타세쿼이아 숲길을 자전거로 즐기거나 어깨를 맞대고 나란히 걷는 연인들의 모습은 모두가 드라마의 주인공들이다. 아기자기하게 치장한 연못, 길가다 쉽게 마주치는 조각 작품들, 어느 것 하나 그냥 스쳐 지날 곳이 없다. 숲 사이사이 낙엽을 모아 하트 모양을 잔뜩 만들어 놓은 등, 떨어진 낙엽조차 작품으로 활용한 자연친화적 조형물이 눈길을 끈다.

하늘을 향해 쭉 뻗은
메타세쿼이아 길은
드라마 〈겨울연가〉로
더욱 유명해졌다.

나무 이정표(위).
배용준을 대신해
최지우 옆에서
포즈를 취하고
있는 중국인
관광객.(아래)

그래서 이곳을 찾는 남녀노소 모두는 〈겨울연가〉의 주인공들이 된다. 외국 관광객들일수록 더욱 적극적이다. 중국 관광객 가운데 한 남자가 배용준의 얼굴 사진에 자신의 얼굴을 대고 최지우와 나란히 포즈를 취하자 카메라를 든 여자가 오히려 더 웃음을 참지 못한다.

이곳저곳 남이섬을 제대로 느끼고 체험하려면 하루해가 모자란다. 하늘자전거와 유니세프나눔열차, 나마이카, 허버체험 등의 즐길거리는 물론 라이브갤러리를 비롯한 각종 공연과 문화체험 프로그램에 이르기까지 남녀노소의 취향을 고루 만족시켜 주는 곳이 오늘의 남이섬이다. 그러나 추가 비용 들이지 않고 남이섬의 자연을 한껏 즐기는 방법은 걷기 좋은 산책로를 찾는 일이다. 대표적인 메타세쿼이아 길을 비롯해 은행나무길, 잣나무길, 자작나무길, 갈대숲길 등 곳곳이 추억에 남을 여정들이다.

남이섬의 인기가 단순히 드라마 때문은 아닌 이유가 곧 여기에 있다. 사랑하지 않아도 이곳에 가면 사랑할 수 있게 된다. 가을이 깊어갈수록 남이섬의 매력은 점점 더 깊어지고, 눈 내리는 겨울 풍경은 찾는 이들의 마음을 따뜻하게 녹인다.

가평올레 1코스

가평올레길은 아름다운 자연자원과 수변, 친환경시설 등이 포함된 마을형, 시가지와 계곡·명산·농촌 지역 등을 지나는 건강형, 체험마을·산림·폭포·호수 등을 연결하는 계곡형 등 10개 코스로 조성돼 있다. 가평의 명소와 길이 지역별로 연결된 총연장 128km 거리로, 모든 코스를 걸으려면 44시간 30분가량 소요된다.

이 가운데 5km 거리로 1시간 30여분이 소요되는 1코스는 경춘선 가평역(신역사)에서 시작해 자라섬이화원재즈축제장 → 자라섬 입구 → 씽씽겨울축제장까지 이어진다. 이 구간은 가평의 문화예술과 청정자원, 녹색상품의 묘미를 맛볼 수 있는 도시에 포함된 초록형 길을 비롯해 다양한 경유지들로 구성되어 있다.

✉ ☏ 경기도 가평군 가평읍 달전리 일대. 031)580-4556(가평군청 문화관광과)

현대도예문화원

현대도예문화원은 자연과 더불어 참된 지식과 균형 있는 인성교육으로 유아부터 성인까지의 프로그램을 개발하고, 도자기·다도·생활(전통)예절 교육을 통하여 선조들의 슬기와 지혜로움을 계승하고 창의력과 독창성을 개발하는 전인교육을 목표로 설립된 곳이다. 교육프로그램으로 마련된 도자기체험, 다도체험, 전통(생활)예절 등을 취사선택할 수 있고, 체험교육뿐만 아니라 수련회 및 MT 장소로도 적합한 여건이다. 이를 위해 숙박과 도자기체험을 함께 할 수 있는 도자기민박도 함께 운영된다. 6,600m²의 넓은 운동장을 끼고 흐르는 화악천은 북한강의 지류인 청평천의 또 다른 상류 지류권으로, 주변 경관이 수려하고 계곡 수질이 청정하기 이를 데 없다.

✉ ☏ 경기도 가평군 북면 화악리 507. 031)581-5772 www.hddoye.co.kr

소문난 맛집

연가지가

남이섬 중앙광장 위치하는 곳으로 널리 알려진 맛집이다. 드라마「겨울연가」촬영 시 베이스켐프로 사용되기도 했던 연가지가는 이후 남이섬만큼이나 유명해져 찾는 이들이 더욱 많아졌다. 일명 '벤또'라 불리는 양은도시락에 하얀 쌀밥과 김치, 계란 프라이를 넣은 후 흔들어 먹는 옛날 도시락은 맛도 맛이지만 그 동작이 재미있어 이 집의 대표 메뉴로 자리 잡았다. 옛날 도시락(4천원)과 김치전(6천원), 막걸리(4천원)와 묵사발(1만원) 등 메뉴는 소박하나 그 안에는 잊을 수 없는 추억이란 맛이 살아 있다. 이들 메뉴를 적당히 섞어 시키면 온 가족이 함께 배불리 먹을 수 있다.

✉ ☏ 강원도 춘천시 남산면 방하리 198. 031)582-2550

굴봉산역의 랜드마크가 된 유럽풍의 수목원

제이드가든

굴봉산 경기도와 강원도의 접경지대에 있었기에 기차역의
이름도 경강역이었다. 영화 〈편지〉의 주인공이
운명적인 만남과 사랑을 시작한 것도 이곳 경강역이다.
비록 시골의 작고 허름한 기차역이었지만 이름이 지닌
의미도, 사람들 가슴 속에 새겨진 의미도 쉽게 잊을 수
없는 '큰' 역이었다.
폐역 주위를 한참 서성이다 얼마 전 새롭게 문을 연
제이드가든 수목원으로 발길을 돌린다. 계곡을 따라
유럽풍의 정원과 각종 야생화로 단장한 수목원이 자연의
포근함을 제대로 전달한다. 한화리조트가 개발한 신개념
수목원으로. 새소리와 물소리가 어우러진 '동화 속의
정원'을 표방하는 곳이다.

함께 하기 가족끼리, 연인끼리
좋은 계절 봄, 여름, 가을

170

푸른 하늘 아래
펼쳐진 제이드가든의
유럽식 가든이
시원하다.

* **주소**... 강원도 춘천시 남산면 서천리 산111
* **교통**... 🚆 굴봉산역(제이드가든역) 하차 후 제이드가든행 셔틀버스 이용
  (1시간 간격 운행) 또는 86번 버스로 햇골교차로 하차

  🚗 서울·춘천간고속도로 화도IC 진출 → 46번 경춘국도로
  청평·가평 지나 경강교 건너 1.1km 지점의 햇골교차로 우회전
  → 햇골길 890m 지점
* **이용**... 09시부터 일몰 시까지. 입장료 어른 8천원, 어린이 4천원
  (단체 및 동절기는 할인)
* **문의**... 033)260-8300 www.jadegarden.kr

이름은 잃고 옛 〈편지〉만 남은 경강역

옛 경강역에서 영화 〈편지〉를 떠올리는 건 자연스럽다. 단순한 촬영장소를 넘어 영화 스토리 전개에 빼놓을 수 없는 중요한 계기를 제공한 곳이기 때문이다. 여주인공 최진실이 기차를 타기 위해 서두르다 그만 지갑을 떨어뜨리고, 이를 본 박신양이 택시를 타고 기차를 따라잡는다. 둘은 곧 사랑에 빠져 결혼하지만 남자(박신양)가 불치병에 걸려 죽음을 맞게 된다. 언뜻 보면 뻔한 멜로영화 같지만 박신양의 마지막 영상편지 장면은 지금도 관객의 눈물을 쏙 빼놓았던 명장면으로 꼽힌다.

한적한 시골 기차역에서 벌어진 남녀의 해프닝은 아침고요수목원의 아름다운 자연과 함께 행복했던 시간을 그려내고 있다. 그러나 남녀 주인공은 영화 속에서, 현실에서 안타까운 죽음을 맞았다. 그리고 2010년 12월 그 만남의 시발점이었던 경강역도 추억의 뒤안길로 사라지고 말았다.

경강역 대합실 간판 아래로 '어서오십시오'라는 인사말이 아직도 쓰여 있지만 막상 대문에는 긴 널빤지를 못 박아 놓았다. 옆으로 돌

옛 경강역 철로
위에 세워둔
레일바이크.

아 역 구내로 들어가 보니 잡초가 우거졌을 뿐 예전 모습과 크게 달라 보이지 않는다. 레일도 그대로 깔려 있어 금방이라도 열차가 지날 것 같다. 그런데 열차 대신 레일바이크가 다가온다. 공무원처럼 보이는 사람들이 시설물을 점검하는 중이다. 경강역은 보존할 것이라더니……. 기왕이면 강변길 따라 레일바이크라도 운영했으면 좋겠다는 생각이 든다.

경강역을 대신하는 새로운 역사는 북한강변을 완전히 벗어난 산속으로 위치를 바꿨고 그 이름마저 또 굴봉산역으로 바꿨다. 옛 경춘선 기차역 가운데 이름마저 내어준 유일한 역이 되었으니 이곳 경강역이야말로 오래오래 보존되어야 마땅하지 하지 않을까……. 굴봉산역에 내려 제이드가든으로 향하는 북한강변의 경강역을 한 번쯤 들여다보는 여유를 가졌으면 좋겠다.

제이드가든
방문객 센터
건물에 설치된
조명과 화분.

숲 속에서 작은 유럽을 만나다

2011년 5월 개장한 제이드가든 수목원은 작은 유럽을 표방하고 있다. 유행처럼 번진 걷기 열풍은 이제 도시인들에게 일종의 트렌드가 됐다. 제이드가든은 이런 점에 착안해 좀 더 멋지고 조화롭게 걸을 수 있는 방법을 찾았다. 동화 속 신데렐라, 백설공주가 살던 아름다운 유럽의 숲속을 만들고 싶었던 것이다. 숲속을 거닐지만 마치 동화 속에 있는 듯한 감성의 정원, 그것이 바로 제이드 가든이 추구하는 이상향이다.

수목원은 유럽의 고풍스러운 분위기를 그대로 보여주기 위해 고건물의 벽돌과 기와를 그대로 가져왔다. 이렇게 만들어진 투스카니 양식의 방문객 센터는 그 자체로 볼거리를 제공함과 동시에 고품격 휴식을 예고한다. 만병초류 · 블루베리류 · 단풍나무류 등 2,600여 종의 식물들이 그 주인공들이다. 또한 정형화된 정원 양식

제이드가든의 푸른 숲이
편안한 휴식 공간을
만들었다.
제이드가든의
출렁다리(왼쪽).

과 수로를 중심으로 잔디와 화단을 조성한 이탈리안 가든, 예쁜 다년초화류를 봄부터 가을까지 오래도록 감상할 수 있는 영국식 보더가든 등, 다양한 테마의 소정원이 24곳에 조성돼 있다. 아울러 편안한 걷기를 표방한 수목원답게 나무내음길·단풍나무길·숲속바람길 등 3개의 관람로 가운데 가든 중심부로 이어지는 나무내음길은 바닥에 낙엽송을 잘게 부숴 깔아 놓아 스펀지를 밟고 걷는 느낌이다. 푹신푹신 야트막한 오르막길을 걷다 보면 시냇물이 졸졸 흐르고, 연못의 분수도 시원하게 하늘로 솟아오른다.

수목원은 자연 풍경도 좋지만 아이들의 놀이터로도 손색이 없다. 나무 놀이집과 은행나무 미로원 속에 들어가면 아이들뿐만 아니라 어른들도 순식간에 동심의 세계로 빠져든다.

야트막한 산길을 내려와 시냇물을 건너는
숲길은 걷는 재미를 더한다(위).
화분으로 장식된 숲길의 나무 데크(아래)

강변길 산책로

춘성대교 부근의 옛 경강역으로 향하는
길로 접어들면 뜻밖의 아름다운 길을 만
난다. 경강역에서 강촌역까지 이어지는
약 8km 구간의 서정과 낭만이 흐르는 북
한강변 길이다. 적당히 분위기 잡을 갈대
밭도 있고, 정겨운 기찻길과 시골역도 있
다. 무엇보다 좋은 점은 바람에 일렁이는 물
결과 갈대에 부서지는 바람 소리를 바로 옆
에서 생생히 느낄 수 있다는 것. 다정한 시

간을 갖고 싶은 연인이라면 강촌에서 자전
거를 빌려 하이킹을 즐기면 금상첨화다.
한편 경춘선 복선전철 개통으로 폐선으로
남게 된 기존 노선 가운데, 춘천시 남산면 서천리 일대에서 김유정역에
이르는 20km 구간은 철도부지 및 궤도시설을 활용한 철도관광지로 개
발될 예정이어서 경춘선 여행지의 또 다른 명소가 늘어날 전망이다.
✉ 강원도 춘천시 남산면 서천리~강촌리 일대.

소문난 맛집

In the Garden

제이드가든 내에 자리한 레스토랑으로
식사는 물론 음료를 마시며 휴식을 취할
수 있는 공간이다. 수목원에서 직접 재배한 유기농야채와 강원도 청정지역에
서 들여 온 식자재를 사용한다는 점을 강조한다. 아이들과 어른들의 취향을
배려한 양식 종류와 한식 종류가 있는가 하면 양쪽이 혼합된 메뉴도 있다.
굴봉산에서 직접 캔 산나물을 사용한 숙채비빔밥(9천원), 연
잎의 향이 느껴지는 연잎밥(9천원), 허브꽃비빔밥 등의
비빔밥 종류가 계절별로 제공되는가 하면, 오이채비
빔국수와 닭갈비막국수 등 국수 요리를 즐길 수도 있

다. 이밖에 양지머리버섯국밥은 어른들이 즐겨 찾고
베이비립강정은 아이들이 좋아한다고 한다.
수목원 내에서는 취사행위를 할 수 없을 뿐만 아니라
외부 식당까지의 거리도 멀어 이곳 레스토랑에서 식
사를 해결해야 하는데 아늑한 분위기가 입맛을 돋운
다. 이곳 레스토랑 외에도 2개동의 간이매점이 있어 아
이들의 주전부리도 해결할 수 있다.

강촌역에서 옛 강촌역을 찾아야 하는 이유

강촌유원지

강촌 강촌역, 아니 옛 강촌역은 낭만의 대명사이다.
뚜렷한 상대를 떠올리지 않더라도 누군가와
한번쯤 가보았을 것 같은 아련함이 있다.
강촌은 신비하다. 차창 밖으로 뽀얗게 피어오르는
북한강의 물안개를 보고 있으면 기분마저 몽롱해진다.
굴 속 같은 강촌역에 발을 내딛면 물비린내가 코끝을
자극한다. 일상의 고뇌가 사라진다. 지금 이 시간, 이
자리가 있을 뿐이다. 일상으로 돌아가기 위해 열차를 탈
때까지 꿈속을 헤매듯 사람들과 나무와 물 그리고 술과
함께 흠뻑 취한다.
그 시절 그곳에는 사랑이 있고, 우정이 있고, 낭만이 흘러
넘쳤다.

함께 하기 연인끼리, 친구끼리
좋은 계절 사계절, 특히 여름

해 기우는 강변길을
스쿠터로 달리는 장면은
보기만 해도 낭만적이다.

* 주소... 강원도 춘천시 남산면 강촌리 224-3

* 교통... 🚈 강촌역에서 강촌유원지행 버스 이용

🚗 서울 · 춘천간고속도로 강촌IC 진출 → 강촌IC교차로에서 좌회전 →
400여m 지점의 삼거리에서 우회전 → 403번 지방도로를 따라
가평 · 춘천 방향으로 9.8km 계속 직진

* 이용... 놀이시설 이외의 별도 입장료 및 시간제한 없음

* 문의... 강촌유원지 관리소 033)262-4464 gangchon.net

한 잔 술 기울이고 바라보던 북한강변의 노을

대부분 그랬지만 유독 강촌 여행의 교통수단은 기차였다. 주로 20
대에 많이 갔기에 자가용은 엄두를 못 냈고, 버스도 가능했겠지만 그
냥 그게 싫었다. 굳이 이유를 댈 필요도 없이 그 '맛'이 달랐기 때문이
다. 어느 때보다 감성이 풍부한 20대 젊은이들에게 버스는 무미건조
할 따름이었다.

선배에게 갑작스런 호출을 받은 그날도 별 계획 없이 청량리역에
서 기차에 올랐다. 선배는 그저 기차가 타고 싶었고, 강가에서 술이나
한 잔 하자고 했다. 그렇게 도착한 강촌은 이미 한낮이 훨씬 지난 시
각이었다. 강촌의 풍경은 지금처럼 화려하지 않았다. MT 시즌도 아
니었기에 거리는 한산했다. 허름한 술집에 들러 주거니 받거니, 이런
저런 이야기를 나누며 조금씩 취해 갔다. 저녁 무렵 술집에서 나와
강변을 거닐었다. 얼큰하게 취한 선배와 후배는 진지함과 낄낄거림
을 반복하며 노을 지는 북한강을 바라보았다.

여행은 여러 가지 얼굴을 한다. 꼼꼼하게 계획한 여행의 맛이 다르
고, 얼떨결에 떠난 여행에 예기치 못한 재미가 있다. 급작스럽게 일상
에서 탈출했던 그날의 기억은 지금껏 가슴 속에 작은 울림으로 남아
불쑥불쑥 물결을 일으킨다. 그러고 보니 떠오르는 기억 한 가지. 언젠
가 꼭 다시 함께 오자던 그 약속을 지금까지 지키지 못한 채 선배와
후배는 서울에서만 술을 마시고 지낸다. 생각해 보니 그날의 여행이
첫 강촌 나들이였다.

옛 강촌역으로 이어지는 강촌유원지 코스

　세월 따라 모두가 변하지만 그 변하는 모습에도 빠르고 느림이 있다. 강촌의 변화는 빨랐다. 자주 찾지 못해 그렇게 느껴질 수도 있겠지만, 그 선배와의 첫 강촌 여행 이후 친구끼리, 때론 모임에서 강촌을 찾을 때마다 예전과 다른 모습이었다. 허름한 민박집들만 몇몇 있었지만 다양한 형태의 숙박업소들이 생겨났고 음식점들이 줄지어 늘어났다. 아쉬움과 호기심에 대한 갈등을 겪기도 했다.

　이번 여행에서 특히 눈에 띈 것은 강촌이 레저의 천국이 됐다는 점이다.

　자전거 · 스쿠터와 더불어 일명 '사발이'라 불리는 ATV 등 레저용 탈것들이 넘쳐나고, 하늘 높이 솟은 철탑 위에서는 번지점프가 한창이다. 길가에는 온통 레저용 기기들이 손님을 기다리고 있고, 그 뒤로는 민박 · 펜션이 즐비하다. 강촌의 달라진 모습이다. 여자친구와 2인승 자전거를 함께 타는 것이 유일한 레저인 시절이 있었다. 저 앞에 그 자전거를 타고 가는 연인을 보니 괜히 반갑다. 아직 없어지지 않은 풍경이 있어 그런가 보다.

일명 사발이라고
불리는 ATV(왼쪽).
강촌역 주변 자전거
대여소(오른쪽 위).
강촌 레저에서
빼놓을 수 없는
스쿠터
(오른쪽 아래).

옛 강촌역 플랫폼의
그래피티(위).
기차가 다니지 않는
옛 경춘선 철교
위에서 사진 촬영을
하는 연인(아래).

대부분 달라진 강촌의 풍경을 뒤로 하고 옛 강촌역으로 들어선다. 화려한 그래피티가 역 벽면에 가득하다. 아치형 기둥에 빼곡하게 채워진 낙서가 또한 눈길을 끈다. 젊음과 낭만의 상징이던 옛 강촌역의 이력을 보여주는 현대판 유물이기도 하다. 철로를 제거한 기찻길은 다른 폐역과는 달리 말끔히 정돈돼 있다. 마치 비포장 도로 같다. 그냥 자동차라도 다니게 했으면 좋겠다 생각하며 씁쓰레한 웃음을 짓는다.

무수한 청춘들이 남긴 낙서들은 보면 볼수록 재미있다. 사랑을 구하는 애절한 내용, 변치 않겠다는 사랑의 다짐, 영원한 우정 등등, 문구 하나하나가 절절한 사연일 수도 있고 스쳐 지나간 바람처럼 공허할 수도 있다. 이제 비록 기차는 사라졌지만 이곳을 지나간 사람들의 무수한 자취는 그대로 남아 있어 세월이 지날수록 그 의미가 새로워질 것이다.

첫 강촌 여행의 기억이 아직도 생생한 지금, 다리 건너 멀리서도 뚜렷한 '강촌'이라는 글씨가 참으로 다정하다.

이곳도 좋아요!

강촌 번지점프

'지금까지의 나는 잊어라! 지상 최고의 흥분과 즐거움을 느껴보자!'

지상 42m 스카이점프, 25m 번지점프 시설을 갖춘 강촌 번지점프는 춘천권에서는 유일한 번지점프장인 데다, 특히 대학생들의 MT장소로 유명한 강촌유원지 인근에 위치해 있어 새로운 모험관광 명소로 떠오르고 있다. 점프 이용료는 25m 1회 2만 5천원, 42m 1회 3만원이며 강촌월드비전 홈페이지에서 할인권을 다운받아 지참하면 5천원을 절약할 수 있다. 강촌역에 내려 북한강변 유원지 반대쪽, 남사면 소재지 방향 약 1km 지점이다.

✉ ☎ 강원도 춘천시 남산면 방곡리 282-4. 033)262-2228, 010-2464-6663 kcbj.net

강촌관광농원

옛 강촌역과 백양리역 사이, 북한강변길에서 오양골 골짜기 1.2km 지점에 위치한 종합 휴양지이다. 약 1만평에 이르는 드넓은 공간에 각종 위락시설과 숙박시설을 갖춘 농원형 휴양지라는 점이 특징이다. 계곡 숲속에 위치한 지리적 여건으로 주변 경치는 물론 맑고 시원한 계곡물이 특히 여름철 MT 장소로 안성맞춤이다. 통나무산장의 다양한 숙박 공간과 함께 서바이블, 레일바이크, 족구장, 농구장 등의 레포츠 시설도 갖춰져 있어 가족 · 친지끼리 찾아도 즐거운 하루를 보내기에 부족함이 없다. 산속에서 키운 토종닭과 오리 요리가 입맛을 돋우고 메기 · 빠가사리 매운탕도 별미다. 굳이 승용차로 찾지 않아도 된다. 경춘선 강촌역에 내리면 인심 좋은 주인장이 픽업을 해주기 때문이다.

✉ ☎ 강원도 춘천시 남산면 강촌리 509-3. 033)261-8214 www.gangchonnongwon.com

소문난 맛집

원조검봉산칡국수

강촌역에서 검봉산 · 구곡폭포 가는 길 도중에 위치하는 칡국수 전문집이다. 가게 외관에서도 느껴지듯 음식맛이 맛좋기로 널리 소문나 구곡폭포를 찾는 주말 등산객들은 물론 주중에도 이곳을 아는 단골들이 즐겨 찾는다. 부드러우면서도 쫄깃한 칡국수는 칡의 독특한 식감이 입맛을 자극한다. 새콤하면서도 매콤달콤한 양념장이 또한 그 맛을 더한다. 구수한 옛 맛을 잊지 못하는 사람들에게 다시금 찾게 하는 매력이 있다. 춘천 지역을 찾는 사람들 열이면 아홉이 메밀국수를 찾는 것과는 달리, 이 집의 칡국수 맛을 익히 아는 단골들은 칡국수야말로 이 지역의 대표 음식이라 주장한다. 칡부침에 칡술을 곁들이는 재미도 있다.

✉ ☎ 강원도 춘천시 남산면 강촌리 109번지. 033)261-2986

이곳에 가면 점순이와 들병이가 기다린다
김유정문학촌

경춘선 옛 경강역과 함께 가장 서정적인 역으로
꼽히는 김유정역. 옛 경강역이 북한강의 서정을
대표한 것이라면 김유정역은 문학적 서정이 짙게 깔린
실레마을이란 배경 때문일 것이다.
한옥 모양의 새로운 역사를 나오면 머지않아 짚더미가
겹겹이 쌓인 김유정 초가집이 나온다. 김유정문학촌으로
들어선 것이다. 실레마을에서 태어나 서울 이사 후
부모를 차례로 잃은 작가는 기울어진 가세와 함께
학업과 중퇴, 낙향과 상경을 거듭하면서도 「산골나그네」
「소낙비」「봄봄」 등 30여 편의 작품을 남긴 채 나이
29세에 요절하고 말았다. 김유정 문학과 일화가 담긴
실레이야기마을에선 작가의 해학과 풍자, 한국적 서정을
느끼고 체험할 수 있다.

함께 하기 가족, 연인, 친구끼리
좋은 계절 연중 언제나

실레마을에 가면
토속적인 해학과
풍자를 소설에 담은
작가 김유정을
만날 수 있다.
사진은
김유정문학촌의
초가 정자

🏵주소... 강원도 춘천시 신동면 증리 868-1

🏵교통... 🚃 김유정역에서 도보 3분 거리

🚗 서울·춘천간고속도로 남춘천IC 진출 → 남춘천교차로에서 우회전 후
1.8km 지점의 70번 국도와 만나는 삼거리에서 김유정역 방면으로
우회전 → 8.6km 지점의 팔미2교차로(거문교차로)에 우회전 →
팔미교 건너 약 1.5km 지점

🏵이용... 동절기 09:30~17:00, 하절기 09:00~18:00(매주 월요일과 명절엔 휴관)

🏵문의... (사)김유정기념사업회 033)261-4650 www.kimyoujeong.org

사람 이름을 붙인 우리나라 유일한 역

　남춘천역을 향해 출발한 열차 꽁무니가 아스라이 사라지면 플랫폼을 걷기 시작했다. 가로등 밑에는 빨갛고 파란 바람개비가 그때도 빙글빙글 돌고 있었다. 뾰족하게 솟은 지붕 밑에 '김유정'이라는 역 간판이 선명했다. 바쁠 것도 없는 김유정역을 버릇처럼 늘 그렇게 빠져나오곤 했다. TV 드라마 〈간이역〉을 통해 세상에 더 알려진 김유정역은 정녕 고즈넉하고 여유로운 풍경이었다. 그러나 당시의 역명은 지금과는 달랐다.

　1939년 경춘선이 개통될 무렵부터 오래도록 이곳 간이역 이름은 신남역이었다. 같은 해 3개월 후에 신남면이 신동면으로 개편되었으나 그냥 계속 신남역이었다. 이후 2004년 12월 1일에 이르러 신남도 신동도 아닌 김유정역이란 이름을 바꿔 달았다. 이 지역 출신으로 우리나라 근대문학사에 큰 족적을 남긴 작가 김유정을 기념하기 위한 목적이었다. 이로써 김유정역은 우리나라 철도 역사상 사람 이름을 처음 붙인 유일한 사례가 되었고, 2010년 12월 경춘선 복선 개통과 함께 영월역 · 경주역과 같은 한옥 형태의 새로운 역사로 거듭 태어났다.

등나무에 폭 싸여
있는 옛 김유정역사.

옛 플랫폼 바로 앞에 새로 들어선 전철역은 구내가 빤히 보인다. 옛것과 새것이 한 곳에 공존하고 있는 셈이다. 게다가 옛것은 옛것대로 그 가치를 더욱 발한다. 2011년 가을, 사라진 무궁화 열차가 1년 만에 다시 들어선 것이다. 그때 그 역사에 여봐란 듯이 들어선 디젤 엔진 기관차 1량과 객차 2량은 춘천시가 철도공사로부터 구입한 것인데, 춘천시는 앞으로 이 열차를 리모델링해 1량은 경춘선 역사관, 또 다른 1량은 김유정 문학카페로 활용할 계획이다. 이렇게 되면 옛 김유정역은 한옥 형태의 신 역사와 함께 실레마을의 또 다른 명물로 오래오래 눈길을 끌 것이다.

삶의 질곡에서 피어난 해학과 풍자

「동백꽃」「봄봄」으로 대표되는 김유정은 탁월한 언어감각과 해학으로 사후 70년이 지난 지금껏 국민들의 사랑과 존경을 받는 작가이다. 역에서 조금 떨어진 김유정문학촌은 작가의 삶과 사랑, 문학에 대한 열정을 고스란히 모아 놓았다. ㅁ자 모양의 생가는 두꺼운 초가지붕이다. 안쪽으로 들어가면 직사각형의 내부 공간 중 가운데 부분만 뻥 뚫렸다. 사방이 막혀 어두컴컴하지만 구멍 난 지붕 사이로 파란 하늘이 뚝 떨어진다. 작가 생존 당시의 생활용품들은 아니겠지만, 툇

김유정문학촌 안에 있는 작가의 생가.

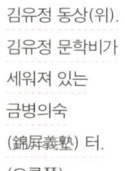

마루 안쪽의 재봉틀과 호롱이 눈길을 끈다. 부엌에는 불 꺼진 아궁이 위에 가마솥과 맷돌이 뽀얀 먼지를 뒤집어쓰고 있다.

생가 옆 전시관에는 작가의 살아온 모습과 작품들이 일목요연하게 정리돼 있다. 명창 박녹주와 끝내 이루지 못한 사랑, 고향인 이곳 실레마을에서 펼친 작품세계와 농촌활동, 그리고 병마의 고통을 삭이며 타관객지에서 생을 마감한 짧디 짧은 일생……. 사라진 경춘선을 접한 아쉬움은 비운에 간 젊은 작가 앞에서 일순간 슬픔으로 물결친다.

그러나 김유정의 문학에는 웃음이 있고, 그의 삶에는 열정이 숨어 있다. 역설적이게도 그는 어려서 어머니를 잃었고, 그런 탓인지 극도로 소심하고 말조차 더듬었다고 한다. 연희전문학교 시절, 그는 어머니를 닮은 권번의 기생 박녹주에 대한 연모의 정을 백 통 가까이 편지로 전했지만 끝내 아무 답도 들을 수 없었다. 마지막에는 폐결핵이라는 병마와 싸워야 했다. 결국 작가는 30년도 채 못 살고 1937년 3월 유명을 달리했다. 도대체 웃을 일 한번 없을 것 같은 그의 삶 속에서 어떻게 그런 해학과 풍자가 나올 수 있었을까? 아마도 절망의 끝에서만 볼 수 있는 가냘픈 희망과 의지였을 것이라 감히 짐작해 본다.

김유정의 소설을 읽을 때는 소리 없이 웃으며 읽었는데, 그의 문학촌을 나올 때는 괜스레 마음이 무겁다. 소설의 주요 무대였던 실레마을을 한 바퀴 돌고, 그가 가르쳤던 금병의숙에서 다시 한 번 발걸음을 멈춘다. 짧으나마 치열하게 생을 살다 간 영원한 젊은 작가 김유정을 기린다.

김유정 동상(위).
김유정 문학비가
세워져 있는
금병의숙
(錦屏義塾) 터.
(오른쪽)

실레이야기길

금병산에 둘러싸인 모습이 마치 옴폭한 떡시루 같다 하여 이름 붙여진 실레(증리)는 작가 김유정의 고향이며 마을 전체가 작품의 무대로서 지금도 점순이 등 소설 12편에 등장하는 인물들의 실제로 있었던 이야기가 전해지고 있다. 이를 바탕으로 만들어진 금병산 자락의 실레이야기길은 멀리서 문학기행을 오는 사람들에게 인기가 높다.
〈들병이들 넘어오던 눈웃음길〉〈금병산 아기장수 전설길〉〈점순이가 '나'를 꼬시던 동백숲길〉〈춘호 처가 맨발로 더덕 캐던 비탈길〉〈김유정이 코다리찌개 먹던 주막길〉 등등 재미난 이야기 열여섯 마당을 만날 수 있는 실레이야기길은 1시간에서 1시간 반까지의 코스를 자유롭게 선택할 수 있다.
✉ ☎ 강원도 춘천시 신동면 실레길 25. 033)261-4650(김유정기념사업회)

금병산 등산로

춘천 시내에서 정남향으로 바라보이는 금병산(錦屏山·652m)은 가을이면 그 산기슭이 비단병풍을 둘러친 듯 아름답다고 해서 붙여진 이름이다. 금병산 산자락 곳곳은 향토색 짙은 김유정 작품의 배경이기도 하다. 이를 기리기 위하여 금병산에는 김유정의 작품 이름을 따서 만들어진 등산로가 있어 이곳을 찾는 이들에게 작가의 작품과 가까이 할 수 있는 안내 역할을 하고 있다.
금병산 산행은 김유정의 외가가 있었던 학곡리 원창고개에서부터 산 정상까지 오르는 〈봄봄〉길에서 시작할 수도 있다. 봄철의 〈봄봄〉길에는 원추리꽃과 노란 애기붓꽃, 그리고 은방울꽃이 군락을 이룬다.
✉ ☎ 강원도 춘천시 신동면 실레길 25. 033)261-4650(김유정기념사업회)

소문난 맛집

호화반점

김유정역 바로 건너편에 위치한 호화반점은 TV프로그램 1박2일 촬영 시 탤런트 이승기 씨가 식사를 하면서 더욱 유명세를 탔다. 주방장이 추천하는 대표메뉴인 볶음우동은 일반 우동과 달리 매콤하면서도 깔끔한 뒷맛이 인상적이다.
보통의 중화요리가 느끼한 편인 데에 반해, 호화반점의 음식은 뚜렷한 특색은 아니지만 깨끗하고 청결하게 요리한다는 것이 이곳을 다녀가는 식객들의 평이다.
볶음우동 값은 6천원.

✉ ☎ 강원도 춘천시 신동면 증리 390-1번지. 033)261-6577

그곳엔 아직도 백조가 기다린다

공지천

춘천

그야말로 흔적도 없이 사라졌다. 언제 보아도 남춘천역 앞은 사람들로 북적거렸고, 시내버스가 쉴 새 없이 오가고, 택시가 승객을 기다리고 있었다. '몰라보게 달라졌다'고 했던가? 넓은 대로변 구멍가게만 이곳이 예전 기차역이었음을 짐작케 할 뿐 아무런 자취도 찾을 수 없다.

그래도 공지천의 백조는 오늘도 하얀 몸뚱이를 물 위에 띄운 채 손님을 기다린다. 오래된 카페 이디오피아에서 은은한 커피향이 흘러나온다. 뜨거운 커피 한 모금 입에 넣고 더는 볼 수 없는 경춘선 기차를 그리워한다. 아듀! 경춘선. 아듀! 젊은 날의 추억들.

함께 하기 가족, 연인, 친구 끼리
좋은 계절 봄, 가을

하얀 백조가 둥실 떠 있는
공지천은 호반의 도시
춘천의 상징물과도 같다.

*주소... 강원도 춘천시 근화동 일대

*교통... 남춘천역 또는 춘천역에 내려 공지천행 버스 이용

　　　　서울·춘천간고속도로 춘천JC 진출 → 중앙고속도로 춘천 방향 →
　　　　춘천IC → 공지천사거리 → 공지천

*이용... 연중무휴, 입장료 없음

*문의... 033)250-3089(춘천시 관광과)

흔적조차 사라진 옛 남춘천역

처음에는 잘못 찾아온 줄 알
았다. 분명 이 자리가 맞는데, 아무
리 찾아봐도 영 다른 동네다. 하는 수 없
이 주변을 한 바퀴 돌았다. 이 자리가 분명하다.
그러던 차에 도로변 구멍가게를 보니 간판에 '역전슈퍼'라고 쓰여 있
다. 빨간색 바탕에 '기찻길 휴게소'라는 간판도 보인다. 뒤통수를 한
대 얻어맞은 기분이다. 마석역은 역사가 있던 자리라도 남아 있었는
데 남춘천역은 아예 없어졌다. 대신 넓은 도로가 시원하게 뚫려 있을
뿐이다. 너무 시원해서 허탈하기까지 하다. 사실 춘천역에 비해 남
춘천역은 그렇게 운치 있는 역은 아니었다. 하지만 이런 결과는 전
혀 뜻밖이다.

그런데 정작 폐역사 철거로 인한 어려움은 구멍가게 쪽
이 더하다. 가끔씩 찾는 여행객이야 이렇게 한 번 놀라면 그만
이지만, 역전슈퍼 주인아주머니의 표정은 거의 체념 상태다. 힘없
이 음료수를 건네며 밖을 한 번 보라고 한다. 차도 사람도 거의 지나
지 않는다. 그렇게 북적이던 역 주변이었는데 지금은 허허벌판에 찻
길만 덩그러니 놓여 있다. 이미 문 닫은 지 오래된 듯한 기찻길휴게
소는 간판만 덩그러니 서 있다. 골목 안 야구연습장은 한판에 300원
이라고 써 붙여놓았지만 철망은 녹슨 지 오래다. 기차역 하나가 없어
진 정도가 아니라 동네 하나가 사라진 셈이다. 주인 아주머니는 언제
까지 장사를 할 수 있을지 모르겠다고 한다.

이제 남춘천역은 정말로 기억 속에서나 만나볼 수 있을 것 같다.

옛 남춘천역 터에서
외롭게 서 있는
휴게소 간판.

공지천에서 만난 백조의 호수

혹자는 이것을 보고 오리라고 한다. 하지만 기왕이면 오리보다 백
조를 타고 놀았다는 것이 말하기에도, 듣기에도 우아할 것 같다. 공
지천 다리 위에 서서 둥실 떠 있는 백조 모양의 보트들을 내려다보며
이런 객쩍은 생각만 늘어놓고 있었다.

의암댐에서 춘천시로 들어서는 초입에 있는 공지천은 춘천의 상징이나 다름없다. 주변에 야외공연장, 전적기념관, 에티오피아참전기념관 등이 있어 연중 관광객들로 붐비는 곳이다. 백조 보트는 공지천에서 빼놓을 수 없는 즐길 거리기도 하다. 저편 중도유원지를 바라보며 시원한 호수 위에서 즐기는 뱃놀이는 호반의 도시 춘천을 실감케 한다.

공지천에 가면 꼭 들러봐야 할 곳이 '이디오피아 집'이다. 커피 전문점인 이곳은 1968년 에티오피아의 6.25참전기념비가 건립될 즈음 문을 열었다. 당시만 해도 생소한 나라였던 에티오피아의 특산물인 커피를 한국 사람들에게 알리면 여러모로 좋겠다는 생각에 한 대학교수가 다방을 연 것이다. 원두커피를 처음 접하는 호기심이 큰 탓에, 특히 경춘선을 타고 춘천에 여행 온 대학생들이 많이 찾았다. 그 뒤 많은 세월이 흐르며 이디오피아 집도 부침이 있었지만 워낙 단골손님이 많은 춘천의 명소이기에 지금까지 명맥을 유지할 수 있었다. 요즘도 이곳에는 유명 인사나 연예인들이 자주 찾는다고 한다.

공지천의 명물
'이디오피아 집'

에티오피아기념관
외부와 내부 모습.

춘천 공지천변에
조성된 자전거
길이 시원하게
뻗어 있다.

그렇고 보니 공지천 입구에는 에티오피아기념관도 있다. 문을 열고 들어가 보니 1층에는 6.25 참전 당시 에티오피아 군인들의 전투 장면이 전시돼 있고, 2층에는 전통 생활양식과 민속품들이 깔끔하게 정돈돼 있다.

춘천에는 공지천 말고도 둘러볼 곳이 많다. 그곳들을 찾기 위해 예전에는 대부분 기차로 왔지만, 이제는 전철 시대가 되었다. 더 편하고 빨라진 문명의 혜택을 거부할 이유는 없다. 그러나 완전히 사라진 남춘천역과 춘천역을 기억하며 드는 허전함은 감추기 어렵다. 그럼에도 불구하고 앞으로 만들어질 경춘선의 새 추억을 기대해 본다. 예전과 또 다른 낭만과 즐거움이 기다리고 있을 것이기 때문이다.

소양강처녀상

춘천 하면 떠오르는 노래, 바로 '소양강 처녀'이다. 이 노래 제목처럼 춘천에는 정말 소양강처녀가 있다. 소양2교 옆에 위치한 거대한 소양강처녀 동상은 먼 곳을 바라보며 누군가를 그리워하고 있는 듯하다. 이곳에는 물고기동상과 소양강처녀상 그리고 기념비가 있으며, 기념비에서 버튼을 누르면 소양강처녀 노래를 들을 수 있다. 이곳은 이미 드라마와 영화 촬영도 많이 한 곳이다. 이곳에서 조금 내려가면 〈겨울연가〉의 촬영지도 있다. '소양강처녀상'은 18세 소녀의 청순함과 애틋한 기다림을 현대적 감각으로 표현한 남상연 조각가의 작품으로 높이 7m, 무게 14t의 청동으로 만들어졌으며 2005년 11월에 제작되었다.

✉ ☎ 강원도 춘천시 근화동 8-7. (033)250-3068(춘천시 관광과)

구봉산 전망대

'호반의 도시' 춘천의 전경을 한눈에 볼 수 있는 곳이다. 춘천시가지를 벗어나 동쪽을 병풍처럼 둘러친 산으로 높이는 441m이며 동면 감정리 · 장학리 · 만천리의 경계를 이룬다. 봉우리 9개가 병풍처럼 둘러쳐져 있어 구봉산이라는 이름이 붙었다. 산행은 관망대휴게소 건너편에서 시작하여 정상을 거쳐 명봉으로 이어지는 코스가 주를 이룬다. 1992년 동면 감정리와 신동면 학곡리를 잇는 춘천외곽도로가 산중턱까지 연결되면서 접근성이 더욱 좋아져 시민들의 휴식공간으로 자리 잡았다. 춘천시의 야경을 감상하며 휴식을 취할 수 있는 장소로, 곳곳에는 카페들이 들어서 있으며 최근에는 패러글라이딩을 타기 위해 많은 사람들이 찾는다.

✉ ☎ 강원도 춘천시 동면 장학리 139-54. 033)250-3089

명동 닭갈비골목

소문난 맛집

춘천 닭갈비골목에 갔을 때 가장 큰 고민은 과연 어느 곳에 들어가느냐 하는 것이다. 기왕이면 다홍치마라고 가장 맛있는 집을 찾기 마련이지만 저마다 맛의 기준이 달라 어느 집이 최고인지 가늠하기란 실로 난감한 일이다. 그 중 명물닭갈비(033-257-2961), 우미닭갈비(033-253-2428) 등이 입소문을 많이 타고 있는 편인데, 미처 알려지지 않은 맛집이 숨어 있는지도 모를 일이다. 중요한 것은 춘천 명동골목에서 닭갈비를 먹으면 후회는 없을 것이란 점이다. 뼈 없는 닭갈비 가격은 1만원. 마무리는 역시 볶음밥(2천원)이 제격.

✉ ☎ 강원도 춘천시 조양동 50번지 일대.

Section 4

사계절 트레킹 코스

★ 글·사진 임운석

백봉산
남양주아트센터 | 다산유적지

천마산과 천마산계곡
오남공룡체험전시관 | 오남저수지

축령산과 비금계곡
축령산자연휴양림 | 서리산

운악산과 녹수계곡
현리유원지 | 녹수계곡

연인산도립공원과 용추계곡
이화원 | 자라섬청소년재즈센터

보납산
가평향교 | 가평올레길

봉화산과 구곡폭포
검봉산 | 엘리시안 강촌리조트

삼악산과 등선폭포
의암호 | 강촌 자전거하이킹

봉화산
해발 520 M

← 봉화산
1.03km

남양주 굽어보며 가족끼리 걸어 보세요

백봉산

금곡

콧노래 부르며 가볍게 찾을 수 있는 백봉산은 주말
가족나들이 산행지로 적합하다.

백봉산이 가족 산행지로 적합한 이유는 다섯 가지로 꼭
맞아떨어진다. 첫째, 반나절이면 완주할 수 있는 짧은
구간이다. 높이 590m에 부담 가질 필요가 없다. 둘째,
남양주의 대표적인 육산으로 암릉 구간이 없어 걷기에
편하다. 셋째, 원점으로 회귀하는 코스가 아니어서
지루하지 않다. 넷째, 대중교통만 이용하더라도 전혀
불편함이 없다. 경춘선 전철을 이용해 금곡역에 내려도
좋고 잠실·청량리 방면에서 버스를 이용해도 된다.
다섯째, 슬로푸드를 맛볼 수 있는 지역으로 산행의
마무리가 즐겁다.

함께 하기 가족끼리
좋은 계절 사계절 언제나 좋아요

백봉산 능선길에서
내려다 보이는
한강과 남양주시 전경.

주소... 경기도 경기 남양주시 와부읍 · 화도읍 일원

교통... 금곡역 하차 후 남양주시청까지 도보 12분

46번 경춘국도로 남양주시청 맞은편까지

서울 잠실 방면에서 87, 93, 1-4, 1119, 1115-2, 1000,
9202, 1115, 1100번 또는 청량리역에서 2227, 65, 30, 165,
330-1, 765-1, 765, 1330번 버스로 남양주시청 하차.

이용... 연중무휴. 1박 2일 기준으로 성인 5만원, 청소년 3만원

문의... 남양주시 문화관광과 031)590-4241~3

백봉산에는
크고 작은
소나무들이
많아 솔향기가
그윽하다.

다산의 글귀 읊조리며 사뿐사뿐 걷는 재미

높이 590m의 백봉산은 흔히 백봉이라 부른다. 남양주시청 앞 들머리에서부터 마치고개까지 종주를 하여도 3시간 이내면 산행을 끝낼 수 있다. 물론 역순으로 시작해도 되지만 그렇게 하면 오르막 구간부터 시작하기 때문에 많은 사람들이 순방향으로 코스를 잡는다. 이 구간은 남양주시에서 조성한 다산길 13코스 구간에 해당된다. 들머리는 데크로 정비돼 있어 첫 진입부터 상쾌하다. 데크가 끝나면 조금 오르막길이 나오지만 그렇게 길지 않기 때문에 부담이 없다. 가볍게 오르막 구간을 통과하면 울창한 소나무숲 속으로 들어선다. 크고 작은 소나무 사이로 구불구불한 오솔길을 걷다보면 산행길이라기 보다는 산책로 같은 느낌이 든다. 10여분을 기분 좋게 걸었다면 두 갈래의 갈림길이 나온다. 왼쪽 길은 오르막길이고 오른쪽 길은 평탄한 대신 조금 더 긴 구간이다. 하지만 많이 돌아가는 것이 아니므로 등산 초보와 함께한다면 오른쪽 길이 무난할 것이다. 역시 한 사람이 지나갈 수 있을 정도의 좁은 오솔길이 산허리를 휘감듯 가르마를 타며 구불구불 펼쳐진다.

오솔길을 걷다보면 이정표마다 목민심서로 유명한 다산 정약용 선생의 글귀가 적혀 있다. 유배생활 중 아내가 보내온 낡은 치마저고리를 정성스럽게 재단하여 조그만 서첩을 만들고 그 위에 아버지가 당부하는 글을 적었다는 하피첩(霞帔帖)은 산행하는 이들로 하여금 생각하는 시간을 갖게 한다.

다산 선생은 이곳 백봉에서 가까운 남양주시 조안면 능내리에서 태어났다. 남양주시는 그의 업적과 사상을 기리고 배우자는 의미에서 매년 가을에 다산 유적지 일원에서 '남양주 다산문화제'를 개최하고 있다.

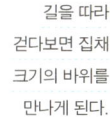

길을 따라 걷다보면 집채 크기의 바위를 만나게 된다.

좀 더 길을 따라 걷다보면 누가 쌓았는지 알 수 없는 돌탑과 집채 크기의 바위를 만나게 된다. 돌탑을 쌓은 정성과 기술이 예사롭지 않다. 큰 바위는 설악산의 흔들바위보다 서너 배는 더 커 보인다. 힘껏 흔들어 보지만 역시나 꼼짝하지 않는다. 애꿎은 일에 힘 빼지 말고 다시 발걸음을 재촉할 일이다.

걸어온 길이 숲속에 옴폭하게 파묻힌 길이었다면 이제부터는 하늘이 뻥 뚫리고 사방으로 바람이 숭숭 통하는 능선길이다. 나무 사이사이로 저 멀리 아파트 단지가 보여 일상을 훌훌 벗어났음을 실감한다. 높은 바위에 올라서면 조망이 더욱 시원해진다. 북한강을 넘어 서울까지 볼 수 있으니 눈에 낀 때를 홀딱 벗겨내는 듯하다.

90분 만의 590m 정상, 초등학생도 힘들지 않아요

50여 분만에 도착하는 곳은 소나무 쉼터. 쉼터에는 막걸리와 간단한 음료를 판매한다. 이곳은 백봉정상으로 가는 길과 시청에서 올라오는 길, 그리고 평내 호평역으로 가는 길과 반대편인 묘적사를 가는 길이 나누어지는 사거리이다.

쉼터를 지나면 약간의 오르막길이 나오는데 서로 밀어주고 당겨주며 걷다보면 금방 넘을 수 있는 길이다. 평일에는 지역 주민들이, 주말에는 서울에서 오는 등산객들이 많아서 대체로 길이 잘 조성되어 있다. 20분 정도 오르막을 지나면 4개의 벤치가 있는 솔숲 쉼터가 나온다. 소나무 아래에 앉아 땀을 훔치며 목을 축이기에 최적인 장소이다.

이곳에서 약 5분 정도 발품을 팔면 590m 백봉산 정상이다. 정상에는 정상석과 태극기가 나란히 자리하고 앞에는 2층짜리 전망대가 있다. 전망대에 올라서면 남양주 시내는 물론 서울까지 조망할 수 있어 1시간 30분여 간 등산하면

소나무 사이로 구불구불 이어지는 백봉산 등산길은 편안하기 그지없어 산책로 같은 느낌을 준다.

해발 590m 백봉 산정의 정상석과 태극기.

서 힘들었던 피로가 순식간에 해소되는 듯하다. 이런 기분 때문에 사람들은 산을 찾는다. 요깃거리를 준비했다면 여기서 해결하는 게 좋다. 마치고개로 넘어가는 길은 풀숲이 울창해서 만만한 자리를 찾기 어렵다.

전망대 아래엔 너른 마당이 있는데 억새들이 작은 군락을 이룬다.

초등학생으로 보이는 아이가 부모님 손을 잡고 정상석을 끌어안는다. 그 모습이 귀여워 어디서 왔냐고 하니, "서울에서 지하철 타고 왔어요. 하나도 힘들지 않아요. 저 잘했죠?"라며 묻지도 않은 답변까지 돌아온다. 어릴 때부터 부모를 따라 산을 찾은 아이들은 어른이 되어서도 등산을 즐긴다. 머리로 지식을 익히는 것이 아니라 몸으로 체험했기 때문이다.

간단히 요기만 하고 다시 주섬주섬 길을 나선다. 하산 길은 등산하는 길과 달리 조금 가파르기 때문에 조심조심해야 한다. 내려가는 동안 비전힐스골프장과 남양주 평내동이 조망을 책임진다. 초록 빛깔이 고운 골프장을 보며 하산하는 맛도 특별하다. 성냥갑을 세워놓은 것 같은 평내동 방향의 아파트촌도 이색적인 구경거리다. 많은 사람들이 아파트에 모여 살지만 산을 찾은 날만큼은 왠지 남의 땅을 보는

백봉산 정상에
마련돼 있는
전망대. 편안한
쉼터 역할을 한다.

백봉산 정상 전망대 뒤편에는 넓은 마당 같은 개활지가 형성돼 있다(위). 정상 부근에 있는 작은 억새 군락이 지나는 이들을 반긴다(아래).

것처럼 낯설다.

이윽고 마치고개로 떨어진다. 이곳에서 도로를 건너면 다산길 제 13코스 사릉길의 종점이 된다. 물론 하산길을 다시 올라간다면 마치 고개길 7코스의 시발점이 되는 것이다.

하산 지점에서 왼쪽으로 15분 정도 걸어 내려가면 버스 정류장이 있다. 건너편에서 평내호평역으로 가는 버스가 기다린다. 내친김에 역까지 걸어가도 불과 20분 거리다.

남양주아트센터

1990년 6월에 개관한 남양주 아트센터는 상설문화전시관이다. 지역문화 발전을 위해 지역 예술가와 예술단체들이 미술작품 등을 전시하고 있다. 입장료는 없다. 크지 않은 전시관이기 때문에 짧은 시간 작품을 감상할 수 있다. 금곡역에서 남쪽 금곡사거리 방향으로 도보 15분 거리. 금곡지구대 옆에 있다.

✉ ☎ 경기도 남양주시 금곡동 420-5. 031)591-4519 art-center.co.kr

다산유적지

백봉산을 오르며 〈하피첩(霞帔帖)〉 글귀를 읽은 사람이라면 다산 정약용 선생을 새삼 떠올려 보게 될 것이다. 조선 후기의 실학자로서 사회개혁을 실현하고자 「목민심서」「흠흠신서」 등의 여러 저술을 남긴 다산 정약용 선생의 생가가 바로 남양주시에 있다. 조안면 능내리에 있는 다산유적지 입구에 들어서면 동판에 새겨진 목민심서와 어른 키를 훌쩍 넘는 거중기가 먼저 인사한다. 학교에서 배운 것들을 눈으로 직접 확인할 수 있어 아이들의 발걸음은 즐겁기만 하다. 입구를 지나면 다산 정약용 선생의 묘와 생가, 문도사 · 기념관 · 문화관 등이 있다. 과거 형태를 완벽하게 복원해놓은 선생의 생가에는 밀랍인형이 방에 앉아 책을 읽고 있다.

평소 아내 사랑이 각별했던 선생의 묘는 생가 뒤쪽 나지막한 언덕 위에 부인 풍산 홍씨와 함께 자리하고 있다. 언덕 위에서 내려다보는 선생 생가의 모습이 한옥의 멋스러움을 자아낸다. 관람 시간은 오전 9시부터 오후 6시까지이며 관람료는 없다.

✉ ☎ 경기도 남양주시 조안면 능내리 산75-1. 031)576-9300

소문난 맛집

태능배갈비

남양주시청 직원들이 외지인들을 위해 살짝 추천하는 식당이 있다. "예전, 서울 태릉에서 1979년부터 '태능배갈비'라는 이름을 걸고 장사를 했다"는 집이다. 남양주로 옮겨와 장사를 한 지도 벌써 수년이 넘었다. 점심시간에는 갈비탕 · 육개장, 저녁시간에는 단연 갈비를 많이 주문한다.

주인장이 슬로푸드문화원에서 매니저 과정을 이수한 뒤 추가된 메뉴가 유기농쌈밥이다. 엄선된 유기농쌈채가 10~15가지 정도 나오는데 가격은 겨우 8천원이다. 된장찌개를 비롯해 모든 반찬이 국내산이다. 된장은 순창에서, 두부는 65세 이상 어르신들이 참여하는 사회적 기업 시니어클럽의 명품참두부를 사용한다. 통밀전은 재료가 풍부해 뒷맛이 깊다. 전식으로 나오는 계란 또한 유정란이다.

✉ ☎ 경기도 남양주시 금곡동 185-18. 031)559-8588 www.baegalbi.com

천마산

& 천마산계곡

정보 남양주시에 있는 천마산은 경춘선 지하철을
이용해 손쉽게 찾을 수 있는 수도권의 진산이다.
특히 봄에는 야생화가 지천에 깔리고 가을에는
안개폭포가 절경을 이루니 수도권, 그것도 전철 노선
주변에 이 같은 명산이 있다는 건 보통 행운이 아니다.
특별한 준비물을 챙길 필요도 없다. 산에서 끼니를 해결할
수 있도록 간단한 도시락과 여유롭게 산을 즐길 수 있는
마음만 있다면 누구나 천마산의 주인이 된다. 정상에
오르면 북쪽으로 철마산과 주금산 · 축령산을 조망할
수 있다. 남쪽으로는 천마산스키장과 마치고개 너머로
백봉산도 넘볼 수 있다.

함께 하기 가족, 친구, 동호회
좋은 계절 연중

천마산의 설경.
임도 따라 편하게
걸을 수 있다.

❋주소... 경기도 남양주시 화도읍 일대

❋교통... ① 평내호평역에서 165번 버스로 수진사 입구 하차(10분 이내),
역에서 도보 20분 안팎
② 마석역에서 1115-2번 버스로 천마산 관리사무소 하차(약 20분 소요).

서울 → 수석IC → 이패요금소 → 호평동 방면으로 좌회전 →
호평IC(호평마을 방면 우회전) → 천마산군립공원 이정표 따라 진행

서울 청량리역에서 165번 버스 이용(약 1시간 소요)

❋문의... 천마산관리사무소 031)590-2733

'하늘을 만질 수 있는 산'이라 명하다

국립공원으로 지정된 유명한 산보다 그 이름의 속내를 따지면 절
대 뒤지지 않는 산이 있다. 천마산이 바로 그곳이다. 천마산
(天摩山)이라는 멋진 이름은 조선을 건국한 태조 이성계
까지 거슬러 올라간다. 평소 사냥을 좋아하던 이성계
가 고려 말 마석으로 사냥을 왔다가 험준한 산세
를 보고 "이 산은 매우 높아 푸른 하늘에 홀(笏·
조선시대 관직에 있는 사람이 임금을 만날 때 손에 들
고 있던 물건)이 꽂힌 것 같아 손이 석자만 더 길
었으면 가히 하늘을 만질 수 있겠다(手長三尺可
摩天)"라는 말을 남겼다는 데서부터 비롯된다.
이때부터 '하늘을 만질 수 있는 산'이라는 뜻의
천마산이라는 이름이 생겼다고 한다.

천마산은 812m 높이에 불과한 산이지만
크고 작은 바위들이 사람의 진입을 막아
선 탓에 조선시대까지만 해도 첩첩산
중 유명한 악산으로 손꼽혔다. 오

천마산 관리사무소
입구(위)를 지나
오래지 않으면
키 큰 나무들이
여름철 뜨거운
햇볕을 가려준다.

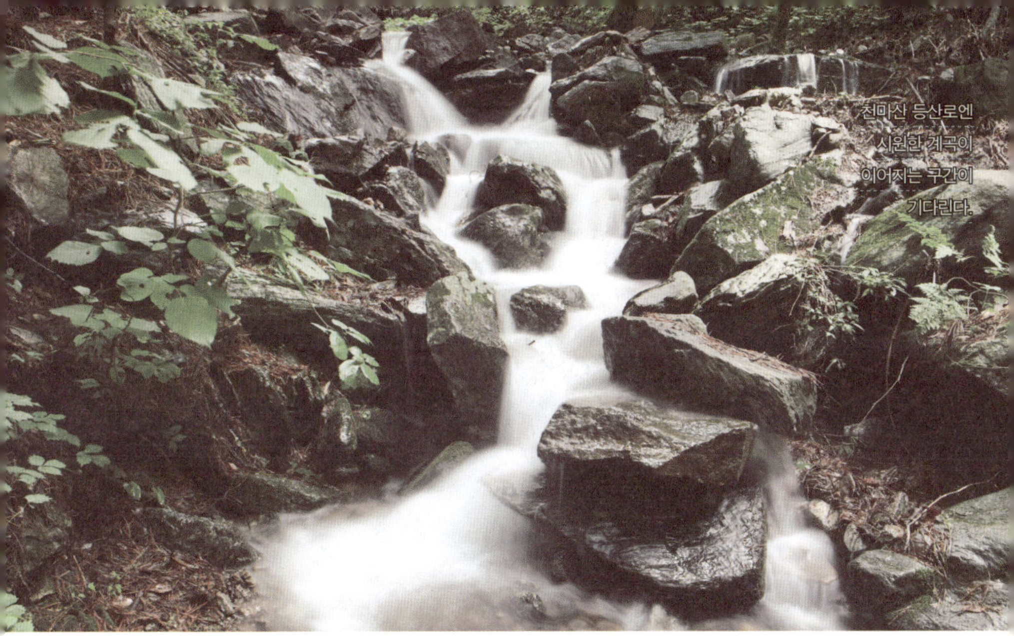

천마산 등산로엔 시원한 계곡이 이어지는 구간이 기다린다.

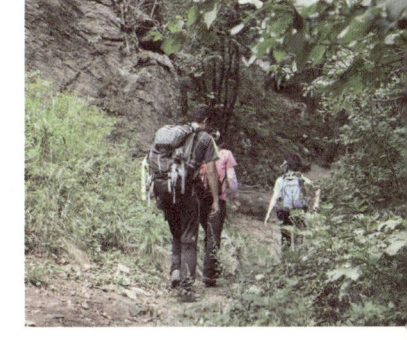

죽하면 천하의 임꺽정이 이곳을 활동무대로 삼았을까. 등산에 익숙지 않은 사람은 산세가 험하다고 느낄 수 있기 때문에 가급적 북동쪽 코스보다 서쪽 코스, 즉 천마산 심신수련장과 상명대학교 수련관이 있는 코스를 선택하는 것이 좋다. 165번 버스 기점인 호평동 라인아파트 앞 포장도로를 따라 10분 정도 올라가면 수진사를 마주할 수 있다. 자가용으로 찾는다면 공용주차장을 이용하면 된다. 잘 정비된 포장도로를 따라 천마산 군립공원 입구로 진입하면 얼마 지나지 않아 상명대학교 수련관을 만난다.

힘들어 오르는 구간이 나오면 머잖아 수고 많았다는 듯 편안한 구간이 나온다.

이곳에서부터 천마산을 오르는 길은 임도와 계곡을 선택해야 하는 두 갈래 길로 나뉜다. 체력에 문제가 없다면 가급적 계곡 옆으로 오르는 코스를 추천한다. 작은 계곡을 몇 번 건너고 나면 전나무가 울창한 삼림욕장에 다다른다. 등산복 차림이 아닌 간편복을 입고 있는 사람들을 자주 만날 수 있는데 대부분 마을 주민들이다. 간단히 몸을 풀 수 있는 운동기구도 있으니 사용해 봐도 좋겠다.

출발한 지 30~40분 정도 되면 '천마의 집'을 지나게 된다. 다소 가파르게 느낄 수 있는 임도를 계속 올라야 하기 때문에 숨이 가빠지는

계절마다 다양한 풍경을 보여주는 천마산 단풍과 하늘을 찌를 듯한 낙엽송.

구간이다. 등산은 체력 안배가 중요한 스포츠인데 가급적 자기 페이스를 잃지 않도록 주의하자. 크게 한번 심호흡하고 마지막 임도를 힘차게 오른다. 잘 정비된 길을 걸어온 탓에 임꺽정 이야기가 믿기지 않는다. 그때쯤 나타나는 것이 '임꺽정 바위'이다. 큰 바위가 좁은 틈을 사이에 두고 나란히 어깨를 맞대고 있는 모습이다. 한 사람이 겨우 이동할 수 있을 정도의 좁은 통로를 지나면 완만한 흙길이 나오고 어느덧 도착하는 곳은 헬기장. 이곳에서 마른입을 적셔준다. 원점회귀를 하는 많은 사람들이 정상을 다녀온 뒤 이곳에서 점심식사를 하곤 한다.

이성계, 임꺽정 되어 운 좋으면 안개폭포도

이제 마지막 고비가 기다리고 있다. 데크로 만들어진 가파른 계단이 그것인데, 가도 가도 끝이 없어 보이지만 한발 한발 성실히 내딛는 발걸음에 고난의 관문도 어느새 빗장을 열어젖힌다. 차곡차곡 걸어 오른 계단이 끝나면 온 세상이 발 아래에 펼쳐진다. 게다가 이곳

까지 오른 노고를 치하라도 하듯 벤치까
지 준비되어 있다. 산행을 잠시 멈추
고 이곳에서 망중한을 즐긴다. 뭔가
떠오르는 게 있을 것이다. 그렇다.
안개가 자욱한 날 천마산을 찾는
사람들에게 행운을 주는 '안개폭포'
를 감상할 수 있는 곳이 바로 이 자리
다. TV방송에 소개되면서 천마산 안개폭
포는 산을 좋아하는 사람들에게 꼭 한번은 가
봐야 할 곳으로 리스트 업 되었다.

목마른 등산객의
오아시스인
깔딱샘(위).
얼마 남지 않은 정상.
등산객들이 마지막
힘을 다해
걷고 있다(아래).

　이제 정상까지 남은 거리는 불과 100m 내외. 단걸음에 올라 갈 수
도 있겠으나 마음의 여유를 갖고 천천히 걸음을 옮겨보자. 세상 이치
가 빠르다고 좋은 것은 아니니……

　험한 산세와 발 아래로 펼쳐지는 풍광에 비해 해발 812m의 정상석
은 다소 왜소해 보인다. 그런들 어떠랴. 천마산을 품고 남양주 시내를
굽어보노라면 누르고 움츠려 사는 일상들이 말끔히 사라지고 가슴
가득히 호연지기가 샘솟는다. 마
치 발 아래 세상 모두를 가진 제
왕이라도 된 듯……. 사냥하던 이
성계의 기분이 이랬을까?

　천마산 관리소 방향으로 하산
할 생각이라면 아래쪽 벤치가 있
는 쉼터로 다시 돌아가야 한다. 하
산 길은 가파른 암릉이 많으므로
특별한 주의가 필요하다. 수진사
입구를 들머리로 잡았다면 하산
코스는 역시 천마산 관리소를 이
용하는 것이 좋다. 내려가기 수월
하기 때문이다. 관리사무소 건물
왼쪽에는 약수터가 있다. 이곳은

높이 812.3m를
알리는 천마산
정상석.

식당 사장부터 가정주부들까지 물을 받으러 오는 지역 주민들로 항상 분주하다. 여기까지 걸린 전체 산행 시간은 3시간 정도.

이밖에도 천마산 주요 등산로는 여러 가지다. 천마산 관리소(10분) - 심신훈련장(25분) - 야영장(25분) - 깔딱고개(40분) - 뾰족봉(20분) - 정상에 이르는 코스는 2시간 소요된다. 최단 코스는 수진사 입구 마을버스 종점에서 시작하여 천마의 집 - 주능선 안부 - 정상에 이르는 코스로 약 1시간 30분이 소요된다.

천마산의 산세는 마치 달마대사가 어깨를 쫙 펴고 앉아있는 형상이다. 봄에는 돌핀샘을 중심으로 야생화가 지천에 깔린다. 접사용 렌즈를 장착한 사진가들이 천마산을 자주 찾는 이유이다. '안개폭포'가 장관을 이루는 시기는 아무래도 봄철보다는 가을이다.

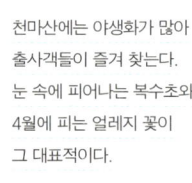

천마산에는 야생화가 많아
출사객들이 즐겨 찾는다.
눈 속에 피어나는 복수초와
4월에 피는 얼레지 꽃이
그 대표적이다.

오남공룡체험전시관

아름다운 자연환경에서 다양한 공룡을 체험 할 수 있는 곳이다. 개인 전시관으로는 최대 규모라니 운영자의 정성에 한 번 더 놀라게 된다. 야외뿐만 아니라 실내에도 공룡시대를 엿볼 수 있는 각종 전시물들로 가득하다. 특히 당시를 한눈에 볼 수 있는 디오라마를 직접 체험할 수 있다.

각종 공룡 화석을 비롯하여 아이들이 직접 만지고 체험할 수 있기에 더욱 만족스럽다. 화석 찾기, 공룡 이름 맞추기, 공룡 색칠하기 등 공룡과 친해질 수 있는 기본 프로그램을 바탕으로 공룡 풍선 만들기, 지점토 화석 만들기, 공룡 학습북 등 다양한 프로그램이 운영된다.

✉ ☎ 경기도 남양주시 오남읍 팔현리 134-1. 031)527-1239 www.dinopark.co.kr

오남저수지

1985년도에 만들어진 저수지로 오남과 양지리에 농업용수를 공급하면서 지역민들의 수변공원 역할도 한다. 총 길이 3km의 산책로가 조성돼 있어 가까운 공룡체험전시관과 연계해 아이들과 함께 찾아볼만하다. 제방을 가로질러 공룡체험관이 있는 팔현리로 가는 방향엔 방부목이 설치되 안전하다.

평지나 다름없는 산책로와 멋진 아치, 그리고 목재 다리를 건너다보면 유명 유원지에 온 듯한 착각까지 들 정도도. 산책로를 통해 숲으로 오르기도 하고 골짜기로 내려가기도 한다. 걸어서 한 바퀴 둘러보는 데 걸리는 시간은 40분 정도. 여름이면 시원한 바람과 드넓은 수면이 또한 가슴까지 적셔준다. 저수지 주변에는 다양한 메뉴의 식당과 분위기 좋은 찻집들이 자리하고 있다.

✉ ☎ 경기도 남양주시 오남읍 오남리 23-7 주변. 031)527-2772(레스토랑 쟈스민)

은향아리스파

오남저수지가 한눈에 내려다보이는 전망 좋은 곳에 위치해 있다. 불한증막과 스포츠센터, 아로마테라피 효과를 동시에 볼 수 있는 소금보석방, 노천탕 등 다양한 테마의 시설들이 갖춰져 있다. 여름에는 임시 야외수영장을 개장해 꼬마손님들에게 인기다.

✉ ☎ 경기도 남양주시 오남읍 오남리 30-5. 031)527-0048 www.spaok.co.kr

소문난 맛집

논골추어탕

천마산 등산 후 몸보신으로 찾을 만한 집이다. 천마산 관리사무소 건너편에 위치해 찾기도 쉽다. 카운터와 홀 서빙은 언제나 주인이 먼저다. 분주하게 움직이는 손놀림이 남다르다. 손님을 먼저 알아보고 찾아가는 서비스를 한다. 메뉴는 서울식 추어탕(9천원), 전라도식 추어탕(8천원), 강원도식 추어탕(2만 5천원)을 메인으로 한다. 추어탕을 못 먹는 어린이를 위해서 돈가스(6천원)가 준비되어 있다. 별식으로 추어튀김(1만 2천원)이 있는데 막걸리 안주로 제격이다.

✉ ☎ 경기도 남양주시 화도읍 묵현리 224-2. 031)591-5988

울창한 잣나무 숲 사철 푸른 곳

축령산
& 비금계곡

대성리 계절의 여왕 5월이 되면 자연의 시계는 어김없이 축령산에 철쭉을 선물한다. 그 선물을 받기 위해 산꾼들은 철쭉보다 더 화사한 등산복을 입고 삼삼오오 짝을 이룬다. 시간이 지나 여름이 되면 하늘 높이 솟은 잣나무 숲속에는 나무보다 많은 사람들이 촘촘히 나무에 기대어 서서 피톤치드를 받아들인다.

사시사철 캠핑 마니아들은 휴양림 야영장과 숙박 시설을 이용하기 위해 손놀림이 바쁘다. 인터넷 예약을 서두르는 것이다. 스펀지가 물을 흡수하듯 항상 많은 사람들을 넉넉한 인심으로 받아들이는 축령산. 이 산이 가장 좋아하는 손님은 노란 유치원복을 입은 꼬마 손님들이다.

함께 하기 가족, 친구, 동호회
좋은 계절 연중, 특히 봄 · 여름

축령산을 상징하는
울창한 잣나무숲

＊주소... 경기도 남양주시 수동면과 가평군 상면 경계 지점

＊교통... 🚃 대성리역에서 30-4번 버스로 종점 하차(약 40분 소요),
축령산자연휴양림까지 도보 10여분.

🚗 서울ㆍ춘천간고속도로 → 화도IC 진출 →
창현교차로 우회전(이정표 따라 운행) → 축령산자연휴양림

＊이용... 입장료 일반 1천원, 청소년 6백원, 어린이 3백원(축령산자연휴양림
숙박시설을 이용할 경우는 입장료 무료) / 주차료(1일 기준)
경차 1천 5백원, 소형 3천원, 대형 5천원 – 요일별 차등

＊문의... 축령산휴양림 관리사무소 031)592-0681 chukryong.gg.go.kr

축령산자연휴양림
입구. 매표소
삼거리를 지나
제1주차장
방향에서 오르는
것이 편안한
코스다.

천원의 행복

'남아로 태어나 이십대에 나라를 평화롭게 하지 못하면 후세에 누가 나를 대장부라 할 것인가.' 산에 올라 무예를 연마하던 젊은 남이(南怡) 장군이 남긴 시 한 구절이다.

이시애의 난을 평정하고 여진 토벌의 공으로 27세의 젊은 나이로 병조판서에 오른 쾌남아는 안타깝게도 수구 세력의 모함으로 국문 끝에 그만 요절하고 말았다. 장군의 비통한 죽음이 안타까워 후대 사람들은 그 산을 축령산(祝靈山)이라 일컬었다.

물론 태조 이성계에 얽힌 전설도 있다. 사냥 중에 짐승을 한 마리도 잡지 못하고 있을 때 한 몰이꾼의 '이 산은 신령스러운 산이니 산신제를 지내야 한다'는 말에 산 정상에서 제를 올린 후 성공적으로 사냥을 마쳤다는 이야기이다. 어떤 이야기가 정설인지 알 수는 없으나 축령산은 신령스런 산임에 틀림없고 '안전하고 즐거운 산행'을 기원하는 산꾼들이 즐겨 찾는 산임에 틀림없다.

잣나무 숲으로 유명한 축령산은 해발 879m의 적당한 높이로 서울에서 쉽게 찾아 하루를 알차게 즐길 수 있는 곳이다. 대표적인 등산

코스는 축령산 코스와 서리산 코스 그리고 완주 코스가 있다. 가장 일반적인 코스는 축령산 단일 코스로, 6km 정도의 거리를 2시간 30분 정도면 충분히 완주할 수 있다.

축령산 단일 코스로 오를 경우는 매표소 삼거리를 지나 제1주차장 방향으로 진입한다. 본격적으로 산에 진입하면 화장실이 없으므로 왼편에 있는 화장실을 미리 이용하고 떠나는 것이 좋다.

가파른 오르막길이 산행의 첫 관문이다. 너덜바위들이 깔린 길이라 울퉁불퉁하다. 발은 좀 고생스럽겠지만 머리는 맑아지는 느낌이다. 사방으로 하늘 높이 솟은 잣나무들이 피톤치드를 뿜어내기 때문이다. 입장료 1천원으로 이런 호사를 누릴 수도 있구나 하는 생각이 들 것이다. 10분 정도 너덜바위 구간을 오르면 암벽 약수에 당도한다. 집채만한 바위 아래로 한 방울씩 약수가 떨어진다. 여기서부터 수리바위까지는 약 500m 거리. 짧은 구간이지만 울퉁불퉁한 노면 탓에 생각만큼 속도를 낼 수 없다. 조금씩 높이 올라갈수록 잣나무보다는 활엽수가 더 많아지는데, 자세히 살펴보면 철쭉나무들이 꽤 보인다. 5월이면 산 전체가 철쭉으로 옷을 갈아입어 장관을 이룬다.

첫 발을 내딛은 지 50여 분. 드디어 수리바위에 올라선다. 예부터 골과 산세가 험해 다양한 야생동물이 서식했다고 하는데, 그 중에서도 특히 독수리가 많았다고 한다. 또 멀리서 수리바위를 보면 마치 독수리 머리 모양을 닮았다고 해서 붙여진 이름이라고들 한다. 산을

축령산의 상징인 수리바위에 독수리처럼 자라고 있는 소나무.

오르는 내내 하늘을 뒤덮은 나무들 때문에 탁 트인 조망을 볼 수 없었는데 수리바위에 올라서는 순간 가슴까지 시원해진다. 몸 속 구석구석까지 시원한 바람이 파고든다. 산을 좋아하는 사람이면 누구나 한번쯤 던지는 말. '이 맛에 산을 찾는다니까'가 절로 터져 나온다.

수리바위를 지나면 암릉 구간이다. 물론 로프와 발받침이 있어 주의만 한다면 위험할 것까진 없다.

가평이 국내 잣 생산량의 60%를 차지하는 이유

50대 후반으로 보이는 부부가 앞서거니 뒤서거니 때론 함께 능선을 걸어간다.

"최근에 은퇴를 했는데 특별한 일이 없으면 항상 산을 찾아요. 건강에도 좋고 무엇보다 부부가 함께 할 수 있어서 정말 좋아요"라며 애정을 과시한다. 나란히 하늘로 솟은 나무와 함께 서 있는 부부의 모습이 정겹다.

능선에는 키 큰 나무도 있지만 무심코 지나치면 볼 수 없는 꽃들이 지천이다. 여름 축령산은 자주달개비꽃이 한창이다.

수리바위에서 30여 분을 오르면 오른편으로 남이바위가 나온다. 남이 장군이 축령산에 올라 무예를 연마하고 휴식을 취하던 바위란다. 장군만큼의 호연지기는 아니지만 탁 트인 시야가 졸장부마저 대

여름 축령산은
자주달개비꽃이
한창이다(위).
전망이 좋은
남이바위(아래).
남이 장군의 전설이
서린 곳이다.

장부로 둔갑시킬 법하다. 발아래의 세상이 모두 내 것인
양 잠시나마 마음의 부자가 된다.

남이바위를 지나면 사방으로 탁 트인 능선을 따라
훨훨 걷게 된다. 산행을 하다보면 대부분 정상 못미처
에 깔딱고개가 있기 마련인데 축령산은 예외다. 등산 초
반에 고생을 했으니 정상으로 오르는 길은 보상을 받을 만
하다. 10분 정도 세상을 모두 가진 부자가 된 듯 당당하게 능
선 길을 걷다보면 어느덧 축령산 정상에 다다른다. 동서남북으
로 주금산과 운악산 · 명지산 · 화악산 · 용문산 · 천마산이 자리하
고 있다.

휘날리는 태극기를 뒤로 하고 절고개로 향한다. 절고개에서 등산
을 시작한 제1주차장으로 내려갈 수도 있고, 서리산으로 계속 이어갈
수도 있다. 등산객들이 많이 몰리는 주말이면 이곳은 피크닉장을
방불케 할 만큼 도시락을 먹는 사람들이 많다.

절골에서 잔디광장을 지나 임도삼거리까지 내려가는 길
은 공기부터가 다르다. 잣나무 때문이다. 마치 하늘과 악수

서리산으로
넘어가는 갈림길.
가르마 같은
이 길을 따라
직진하면
서리산이다.

태극기 휘날리는
해발 879m
높이의
축령산 정상.

라도 청하는 듯 쭉쭉 뻗은 잣나무의 위용이 대단하다. 둘레가 족히 한 아름 되는 잣나무들의 평균 높이는 20m 이상이며 수령은 50~60년 이상으로 대부분 일제강점기에 심어졌다고 한다. 가평이 국내 잣 생산량의 60% 정도를 차지한다는 사실이 새삼 실감되는 현장이다. 그래서 산 아랫마을 행현리에는 잣 가공공장과 잣을 이용한 식당들이 즐비하다.

잣나무 숲길을 나오면 '졸졸졸' 계곡물 소리가 춤추듯 들리는 임도이다. 시멘트로 포장된 임도를 10여분 걸어 내려오면 축령산 코스는 어느덧 마무리된다.

이전의 등산이 산을 정복하는 스포츠에 초점을 맞췄다면 요즘은 그 양상이 많이 바뀌었음을 느끼게 된다. 가족 간에 서로의 사랑을 확인하고 심신에 쌓인 스트레스와 질병까지 치유하는 '사랑 테라피'로 말이다. 축령산을 찾는 가족 산행객들이 좋은 본보기이다.

축령산자연휴양림

축령산과 서리산 입구에 위치한 축령산자연휴양림은 1995년에 개관했다. 사철 푸르고 울창한 잣나무 숲 사이에 자리하여 여느 휴양림보다 인기가 높다. 휴양림에서는 또 이용객을 대상으로 10시~12시, 14~16시까지 숲체험 프로그램을 운영하고 있다. 무료 체험은 인터넷 접수와 숲해설센터 사무실을 통해서만 가능하다.

숙박 시설은 성수기 기준으로 4인실은 4만원, 6인실은 6만원 선이다. 각 시설마다 침구류와 취사도구가 인원에 맞게 비치되어 있으나 세면도구 등은 개인이 준비해야 한다. 야영장은 테크 크기에 따라 4천원부터 6천 원까지이다. 숙박 시설 이용 또한 인터넷 예약이 필수이다.

✉ ☎ 경기도 남양주시 수동면 외방리 산28. 031)592-0681 chukryong.gg.go.kr

서리산

서리산(825m)은 축령산과 이웃하는 산으로 두 산을 함께 종주하는 사람이 많다. 축령산이 남성적인 산이라면 서리산은 여성적이다. 등산로도 완만한 육산이기 때문에 가족과 함께 찾기에 더욱 좋다. 정상 근처에는 있는 철쭉동산은 국내에서 으뜸가는 철쭉 군락지다. 사람 키보다 큰 철쭉이 좁은 능선 사이로 만발하여 아치 터널을 이룬다. 남양주시는 매년 5월 중순쯤 철쭉축제를 개최한다. 축령산에 비해 상대적으로 소외된 듯하지만 실제로 철쭉은 서리산에 만발한다.

산행 코스는 축령산자연휴양림 제2주차장을 시작해서 산림휴양관, 화채봉 삼거리, 철쭉동산, 서리산 정상, 억새밭삼거리, 전망대, 서리산 임도삼거리, 제2육교를 지나 산림휴양관을 통해 원점 회귀한다. 총 거리 7.1km로 2시간 30분 정도 예정하면 된다.

✉ ☎ 경기도 남양주시 수동면과 가평군 상면 경계 지점. 031)592-0681(축령산휴양림 관리사무소) chukryong.gg.go.kr

비금계곡

남양주시 수동면에 위치한 수동 국민관광지에 자리하고 있다. 서리산과 주금산 사이로 1.5km까지 이어지는 비금계곡은 기암괴석이 함께 어우러져 여름이면 더위를 피해 많은 사람들이 몰려든다. 계곡을 따라 개인이 운영하는 캠프장과 쉼터 등이 많아 아이들과 함께 하더라도 안전하게 물놀이를 즐길 수 있다. 물 좋고 산이 좋으니 당연히 풍류객들이 몰려들었을 터. 옛날 선비들이 '거문고를 감춰뒀던 곳'이라는 지명 유래가 빈말은 아닐 것 같은 느낌을 준다. 여유가 있다면 814m의 주금산까지 올라 봐도 좋을 것이다.

✉ ☎ 경기도 남양주시 수동면 내방리 비금계곡. 031)590-4243(남양주시 문화관광과)

소문난 맛집 — 돌고개주막 외

축령산 주위엔 오리·닭백숙·소고기 등의 육류 전문 음식점과 잣을 이용한 칼국수·손두부 등을 판매하는 식당들이 많다. 돌고개주막(593-6960)은 훈제 삼겹살(9천원)과 허브 비빔밥(7천원) 등을 전문으로 하는데 쌈채소를 직접 재배한다는 점을 자랑한다. 통나무산방(591-6949)은 오리 바비큐와 백숙을 전문으로 한다. 송어회로 입소문 난 곳은 청수산장(592-0905)이다. 송어껍질튀김이 무한리필 되는데 바삭하고 고소한 맛이 리필을 청하게 한다. 물론 메인은 송어이다. 송어회는 매운탕을 포함해서 1인분에 1만 4천원 안팎.

힘찬 기상의 암릉과 화려한 단풍의 조화

운악산
& 녹수계곡

청평

운악산에 올라본 사람은 왜 이곳을 경기의
금강(金剛)이라고 부르는지 알 수 있다. 크고 높지
않은 산이지만 굴곡 있는 산세와 기암괴석, 계곡이 잘
어우러져 삼합을 이루는 절경이다.
망경대를 중심으로 솟아오른 봉우리마다 절벽들이
우뚝우뚝 힘차게 치솟아 있고, 주변에는 크고 작은 암봉과
소나무들이 겹겹이 둘러싸여 그야말로 선계(仙界)에
들어 있지 않나 하는 느낌을 준다. 특히 가을에 찾으면 그
진면목을 실감할 수 있는 곳이 바로 운악산이다.

함께 하기 친구, 동호회
좋은 계절 봄, 여름, 가을

미륵바위 전경.
운악산의 대표적인
포토 존이다.

주소... 경기도 가평군 하면 일대

교통... 🚆 청평역에서 청평버스정류장으로 이동(도보 15분) 후,
현등사행 버스로 종점에서 하차.
08:30~18:30(30분 간격 운행 031-584-0239)

🚗 서울외곽순환도로 → 퇴계원IC진출 → 운악산 방향 진행

🚌 동서울종합터미널 → 청평버스정류장(약 1시간 10분 소요)
→ 현등사행 버스 환승 / 청량리에서 청평행 노선 버스로
청평버스정류장에서 현등사행 버스 환승

이용... 시간 제한 및 입장료 없음

문의... 031)580-4694(가평군 산림과)

만경대에서
바라본
운악의 산세.
단풍 계절을
놓치지 말아야
한다.

경기 '악' 산의 대명사, 하지만 풍광은 으뜸

가평8경 중 제6경으로 지정된 운악산(937.5m)은 각양각색의 기암과 크고 작은 봉우리로 이루어져 그야말로 구름을 뚫기도 하고 품기도 하는 형상이다. 산세가 수려해 예전부터 소금강(小金剛)이라 불렸을 만큼 가평의 여러 아름다운 산 중에서도 가장 으뜸이라 할 만하다.

운악산은 또 화악산·관악산·감악산·송악산과 함께 '경기 5악'에 속하는 험악한 산이다. 험한 만큼 빼어난 것이다. 이 중에서 가장 산세가 빼어난 곳으로는 운악산의 망경대를 주저 없이 꼽는다. '운악산(雲岳山)'이란 이름은 '망경대를 중심으로 높이 솟구친 암봉들이 구름을 뚫을 듯하다' 하여 붙여진 이름이다.

운악산은 가평에서 오르는 것과 포천에서 오르는 들머리가 있는데 절경을 바라보며 쉽게 오를 수 있는 곳이 바로 가평 방향이다. 운악산두부마을(가평군 하면 하판리)이 들머리다. 만약 점심 준비를 하지 않았다면 이곳 등산로 입구에서 손두부와 녹두전을 먹을 만큼 사자. 막걸리에 김치까지 능숙한 손놀림으로 포장까지 완벽하게 해주니 걱

정할 필요가 없다.

일주문을 지나면 잣나무와 활엽수가 가득한 임도로 들어선다. 470여m 거리에 이르면 망경로 방향을 알리는 이정표가 있다. 이정표를 따라 숲속으로 들어선다. 잘 정비된 나무 계단이 '갈지(之)자' 형태로 놓여 있다. 초반부터 가파른 경사가 나타나서 한숨을 쉬겠지만 그렇게 긴 구간은 아니다. 20분 정도 숨이 턱밑에까지 차오를 무렵이면 멀리 눈썹바위가 보인다. 운악산 산행에서 만나는 첫 번째 절경이다. 빽빽한 활엽수 틈 사이로 흰색 바위가 반달 모양으로 드러나는 것이 마치 눈썹처럼 생겼다 하여 붙여진 이름이다. 눈썹바위를 보고나면 곧 시야가 탁 트인다. 그다지 높이 오르지 않았는데도 조망이 좋아 좀전까지 '헉헉'거리며 가파른 길을 올라왔다는 사실을 까맣게 잊어버린다.

다시 데크가 놓인 계단을 따라 걸음을 재촉한다. 산허리를 감아 돌고, 오르막길을 박차고, 좁은 오솔길을 헤집다보면 이윽고 도착하는 곳이 병풍바위 전망대이다. 포토 존까지 마련되어 있을 정도로 그 풍경이 아름답다. 봄·여름에는 녹음과 바위가 절묘하게 조화를 이루

단풍과 어우러진 병풍바위 전경. 운악산의 이름을 실감하게 되는 풍경이다.

고, 가을이면 색색의 단풍이 바위를 감싸는 운악산에서 두 번째 만나는 절경이다.

병풍바위의 아름다운 풍광을 가슴에 담고 이제 운악산 세 번째 절경을 만나러 가야 한다. 그러나 그 절경을 감상하는 대가는 치러야한다. 역시 가파른 계단이 줄지어 기다린다. 무슨 계단이 이렇게 많을까 불평해보지만, 산 이름에서도 알 수 있듯 경기 '악' 산의 대표적인곳이 운악산이다. 지금에야 계단이 설치돼 있어 몸이 불편하지 않다면 남녀노소 오를 수 있지만 옛날에는 정말 이름값을 했었다.

힘들만하면… 미륵바위·만경대·코끼리바위 손짓

힘차게 걸음을 박차고 오르다보면 어느새 미륵바위에 다다른다. 이곳은 등산객들마다 서로 사진 찍기 경쟁을 벌릴 정도로 운악산 중에서도 유명한 포토 존이다. 기묘하게 생긴 바위가 우뚝 솟았고 그사이로 소나무들이 자라고 있다. 어디선가 학 한 마리가 날아오고 구름이 걸쳐진다면 영락없이 한 폭의 산수화가 될법하다.

미륵바위를 지나 너른 바위에 올라서서 아래를 조망해보자. 산줄기를 타고 불어오는 바람에 온 몸을 맡기고 스르르 눈을 감는다. 날개라도 있으면 펼치고 싶은 심경이다.

발걸음은 어느덧 만경대에 이른다. 멀리 화악산과 명지산·연인산·노적봉·칼봉 등 가평의 내로라하는 명산들이 한 줄로 도열한다. 손을 들어 흔들며 길을 이어간다. 만경대를 지났다면 이제 정상이 멀지 않은 것이다.

운악산 병풍바위는 바라보는 각도에 따라 운치가 다르다.

해발 937.5m를 알리는 운악산 표지석 주위엔 어김없이 사람들이 어슬렁거린다. 사진 찍을 차례를 기다리는 것이다. 도시락을 준비했다면 정상 부근 그늘진 곳으로 들어가서 식사를 하면 된다. 남은 하산 길은 오르던 코스와는 달리 수월한 편이다. 능선 길을 걷다보면 왼편에 나무를 뚫고 우뚝 솟은 남근바위가 유난히 빛난다. 칼고개를 지나 아래로 내려가면 코끼리바위를 볼 수 있는데 누가 봐도 영락없는 코끼리 형상이다. 이후부터는

남근바위를
바라볼 수
있는 전망대.

너덜바위가 있는 내리막길이다.

왼쪽엔 고려 시대 보조 국사가 창건한 고찰로, 유형문화재 제63호인 삼층석탑과 제168호인 봉선사종이 있는 현등사가 있으며, 직진하면 또 민영환 암각서를 볼 수 있다. 30~40도 정도 기울어진 넓은 바위에 민영환(閔泳煥)이라는 글자가 또렷이 적혀 있는데, 구한말 궁내부대신이었던 민영환 선생이 기울어 가는 나라의 운명을 걱정하며 바위에 누워 하늘을 바라보며 탄식하고 걱정했다는 곳이다.

운악산은 험준한 바위가 산행길 곳곳에 산재한 중급자 코스의 산이다. 오르기 힘든 만큼 멋진 경치를 선물 받을 수 있다. 안전을 위해 발받침이나 로프가 설치되어 있으니 주의만 한다면 가족이 함께 할 수도 있다. 산행 시간은 4시간 30분정도. 운악산 단풍제가 매년 10월에 개최되고 잣과 더불어 포도가 지역특산품으로 유명하다. 본격적인 포도 수확시기인 9월 초부터는 국도변을 따라 포도즙과 포도를 판매하는 농민들이 즐비하다.

현리유원지 조종천 최상류, 가평군 하면 소재지인 현리에서 운악산 입구로 오르는 도중의 오른쪽, 연인산 길목에 위치한 계곡을 말한다. 가족이나 동호회, 직장 모임으로 찾기 좋은 곳이다. 여름한철 시원한 계곡에서 물놀이와 바비큐 파티를 하다보면 더위는 남의 나라 이야기가 된다. 동막골에서 흘러내리는 청정 계곡수에는 각종 어류들이 서식해 천렵도 할 수 있다. 수심도 깊지 않아 아이들 물놀이 장소로도 안성맞춤이다. 민박을 하며 계곡 주위에 설치한 그늘막 등 여러 가지 편의시설을 이용할 수 있다.

✉ ☎ 경기도 가평군 하면 신하리 376. 031)584-3437, 010-2803-0808 www.hyeonri.com

녹수계곡 청우산 아래로 흐르는 조종천 상류 지역을 말한다. 깊은 산 속에 위치한 덕에 항상 맑고 깨끗한 물이 흐른다. 가평의 명물 잣나무가 계곡 주위를 에워싸고 있다. 가족·직장·동호회에서 여름철 피서지로 많이 이용한다. 물이 워낙 차가워 오랜 시간 물속에서 놀다보면 아이들의 입술은 금세 새파랗게 변한다. 주위에 크고 작은 펜션들이 자리하고 있어 이국적인 풍취를 더한다. 370m의 녹수봉은 한달음에 오를 수 있는 낮은 봉우리로 산책삼아 길을 나서기 좋다.

✉ ☎ 경기도 가평군 북면 백둔리 198-7.
031)580-2067(가평군청 관광 담당)

소문난 맛집

황토가든 운악산에서 유명한 먹거리는 손두부를 이용한 음식이다. 하지만 등산 후 허기진 배와 갈증 해소에 손두부도 좋겠지만 시원한 묵사발은 어떨까? 기본 반찬과 함께 제공되는 묵사발 가격은 7천원이다. 묵사발을 시키면 기본적으로 공기밥 한 그릇이 제공된다. 묵을 다 먹고 시원한 국물에 밥을 말아먹으면 한 끼 요기가 충분히 해결된다. 김·오이·깨가 듬뿍 오른 묵사발을 이리저리 비벼 먹으면 만경대에 올라 세상을 굽어보던 그 시원함을 느끼게 된다. 운악산 아랫동네는 손두부마을로 지정되어 있다. 그러니 두부 음식도 빼놓을 수 없다. 손두부는 1만원, 두부전골은 8천원이다.

✉ ☎ 경기도 가평군 하면 하판리 425-7. 031)585-3837

사랑과 소망 그리고 건강을 이루는 곳

연인산도립공원
& 용추계곡

가평

약동하는 봄의 생명력을 느끼기 위해, 찜통더위를
피해, 만자홍엽의 가을 정취를 만끽하기 위해…
연인산도립공원을 찾는 이유는 가지가지다. 하지만
무엇보다 이곳을 아이들이 많이 찾는 이유는 도심에서
느낄 수 없는 숲 체험을 위해서다. 유치원 아동부터
여드름이 불긋불긋한 사춘기 청소년까지, 숲속에
들어서는 순간 몸과 마음이 날아갈 듯한 기개를 느끼고
신록과 같은 활력을 받아간다.
숲 해설가의 친절한 설명에 교실에서 배우지 못했던
자연생태계 보존의 중요성을 깨닫게 되는 한편, 자연과
동화되는 즐거운 시간을 보내게 된다. 흙을 밟고 물소리를
듣는 순간 아이들은 더 이상 자연의 손님이 아니라
일부분이 된다.

함께 하기 어린이 동반 가족
좋은 계절 봄, 여름, 가을

옥빛 영롱한
용추구곡 폭포,
경기도 3대 폭포 중의
하나로 꼽힌다.

주소... 경기도 가평군 가평읍 승안리

교통... 가평역 하차 후 33-33번 버스 이용(약 30분소요)

서울·춘천간고속도로 → 화동IC 진출 → 화도요금소 → 가평경찰서 방향
→ 승안삼거리에서 좌회전 → 연인산도립공원탐방안내소 방향 진행

동서울종합터미널 또는 청량리 → 가평터미널(1시간 20~30분 소요)
→ 현지 버스 이용

이용... 10:00~17:00, 매주 월요일 휴장, 입장료 없음

문의... 연인산도립공원탐방안내소 031)580-9900 www.yeoninsan.go.kr

가평군을
대표하는 연인산
역시 가평군의
상징인 아름드리
잣나무들이 군락을
이룬다(위).
등산로 언덕 위에
위태롭게 자리한
잣나무(아래).

연인산 (戀人山 · 1,068m)은 이름 그대로 사랑하는 연인들이 손에 손잡고 서로를 의지하며 오르다보면 그 사랑이 이루어진다는 전설이 있다. 한국전쟁 1.4후퇴 이후에는 화전민이 터를 잡고 살면서 그 수가 300여 호에 달했다고 한다. 그 많던 화전민들은 1972년 녹화사업에 내밀려 사라지고 말았다. 화전민이 떠나간 자리에 잣나무와 낙엽송이 심겼다. 산행 길에 만나는 잣나무 숲은 대부분 옛 화전터라고 해도 과언이 아니다. 화전민이 살던 곳이라서 그런지 연인산 곳곳에는 임도가 발달해 있다. 이 임도는 산악자전거 MTB코스로 변했다.

주요 산행 코스는 백둔리 코스와 승안리 코스, 마일리 우정능선코스 등으로 나뉜다. 백둔리 1코스는 5.14km이며 3시간 정도 소요된다. 거리에 비해 경사가 심하고 너덜지대가 많기 때문이다. 만약 등산 초보자라면 백둔리 2코스를 추천한다. 6.5km 거리에 3시간 30분정도 소요되지만 1코스의 장수폭포와 소망능선을 거치지 않는 대신에 장수고개와 장수능선을 타고 넘는 다소 편한 코스다.

승안리 코스는 용추구곡을 따라 올라가는 코스이다.

여름 산행에 추천할 만한 코스이다. 하산 길에 계곡 트레킹을 즐겨도 좋고, 맑은 물에 발을 담그고 물장난을 쳐도 좋다. 용추구곡은 경기도 3대 폭포에 속할 정도로 계곡이 깊고 아름답다. 용추 버스 종점에서 공무원휴양소를 지나 칼봉산장과 청풍능선 혹은 연인능선을 지나 정상에 오른다. 경치가 좋은 대신 4시간 30분에서 5시간 30분정도 소요된다. 마지막 코스는 반대편 마일리 버스 종점을 들머리로 해서 우정고개 – 우정능선 – 우정봉을 지나 정상에 이르는 코스인데 3시간 정도 소요된다. 철쭉이 군락을 이루는 봄철 산행 코스로 적합하다. 연인산은 1999년 이후 매년 5월에 철쭉축제를 개최한다.

정상을 오르지 않아도 좋은 '용추계곡 소릿길…' 8km

초등학생 A군은 잠을 자면서, 공부를 하면서, 밥을 먹으면서도 몸 이곳저곳을 긁는다. 그런 증상은 비단 A군만의 문제가 아니다. 도심 콘크리트에 몸을 맡기고 사는 아이라면 누구나 자유로울 수 없는 것이 아토피이다. 아토피뿐만 아니라 인간이 자연을 멀리하면서 생겨난 정신적 육체적 문제는 이미 일반화 되었을 정도다. 성인들뿐만 아니라 아이들에게도 '치유여행'이 필요해 진 것이다.

치유여행이란 도심을 떠나 자연과 교감하며 생활함으로써 심신의 안정과 치유를 꾀하는 여행인데 대표적인 것이 '숲속체험여행'이다. 2005년에 도립공원으로 지정된 연인산이 이 같은 치유의 개념을 도입한 숲속체험 프로그램을 운영하고 있어 많은 학부모들의 관심을 끈다.

'용추계곡 소릿길 따라 숲속여행'에서 만날 수 있는 가을 들국화.

대표적인 프로그램으로 '용추계곡 소릿길 따라 숲속여행'이 있다. 유치원생부터 일반인까지 누구나 참여할 수 있는 프로그램이다. 5명 이상 인원이 맞춰지면 3시간 남짓 자연의 품으로 여행을 떠날 수 있다. 숲체험관에서 기본적인 숲에 대한 설명을 듣고 용추계곡 소릿길을 따라 우리나라 토종 꽃과 나무, 텃새 등 도심에선 접할 수 없는 자연을 배우는 시간이다. 계곡 옆으로 난 좁은 오솔길을 따라 걷는 아이들은 어느새 몸이 가려운 줄을 모른다. 자연의 소리에

연인산도립공원
탐방안내소에서
숲해설가의
설명을 듣고 있는
어린이들(위)과
아홉마지기 마을에서
떡메치기를 하고 있는
아이들(아래).

귀 기울이느라 서로의 이야기를 줄이고 귀를 쫑긋 세우는 아이들의 모습이 귀엽다. 길게 잡으면 왕복 거리가 8km나 된다. 인터넷으로 사전 예약을 해야 한다.

　탐방안내소 맞은편에 있는 '아홉마지기 마을'에서는 계절에 따라 다채로운 농촌체험 활동을 할 수 있다. 봄에는 산나물 캐기, 좁씨 뿌리기, 조 모종하기, 감자 심기 등이 진행되고, 여름에는 아이들이 웃음과 비명을 함께 지르는 미꾸라지잡이 함성이 하늘을 찌른다. 선선한 바람이 부는 가을에는 떡메치기, 조 수확하기, 밤 구워먹기 등을 즐길 수 있다. 이름부터 재미있는 아홉마지기 마을은 용추구곡의 발원지인 연인산의 옛 이름 '아홉마지기'에서 따온 것이란다.

이화원

가평 자라섬에 자리한 이화원은 자연생태 테마파크다. 입구로 들어서면 곱게 자란
잔디에 물을 뿜어내고 있는 분수와 연못, 정자가 반긴다. 정자가 있는 연못을 따라
가면 가평의 자랑인 잣나무가 우뚝 솟아있다. 졸졸졸 흐르는
개울을 따라 도착하는 곳은 작은 폭포다. 갈증이 난다면 실내
로 들어가자. 잘 꾸며진 정원을 감상하며 차를 즐길 수 있는
휴식 공간이 여럿 있다. 물론 찻값은 입장료에 포함되어 있다.
실내에는 열대림폭포와 열대우림정원, 고흥과수원집, 하동다정
등 볼거리들이 많다. 특히 브라질커피가든에선 은은한 커피 향
기가 코끝을 어지럽힌다. 입장료는 3천원이며 매주 월요일은 휴
관이다. 입장 시간은 09:00~18:00(동절기는 17시까지).

✉ ☎ 경기도 가평군 가평읍 대곡리 57-3. 031)581-0228

자라섬청소년재즈센터

2004년 제1회 행사를 시작으로 80여만 명이 관람한 국제
적인 축제이다. 매년 가을 자라섬을 주무대로 열리는 이 행
사는 국내는 물론 세계적인 해외 뮤지션들이 대거 참가하기 때문
에 더욱 인기이다. 부대행사장으로 이용되는 가평군청 등 가평읍
내는 행사 기간 동안 재즈 선율이 울려 퍼진다. 특히 가평읍에 소재
한 (사)자라섬청소년 재즈센터는 가평장날에 '장날 콘서트'라는 행
사를 통해 재즈 공연도 선보인다. 장터의 정겨움과 재즈의 흥겨움이
어우러져 이색적인 분위기를 자아낸다. 가평장날은 5일, 10일이다.

✉ ☎ 경기도 가평군 가평읍 읍내리 432, (사)자라섬청소년재즈센터 031)581-2813

소문난 맛집 / 송원막국수

허영만의 만화 〈식객〉에 등장한 곳이다. 막국수
를 뽑을 때 기계를 사용하지 않고 손으로 직접
눌러서 뽑는 집이다. 다소 더디고 힘든 작업이지만 주인장은 여전히 손맛
을 고집한다. 입소문이 퍼지면서 점심시간에 가면 줄을 서서 기다려야 할
정도이다. 일행이 있을 경우 수육을 함께 주문해도 된다. 수육은 막국수
를 삶은 물로 삶아서 맛이 부드럽고 잡냄새가 없다. 입맛에 따라 육수
·설탕·식초·겨자 등을 적절히 조절해서 잘 비벼먹으면 된다. 고급
식당에서 먹는 화려함은 없지만 소박한 식단을 좋아한다면 찾아볼만한
집이다. 막국수는 6천원, 제육(수육)은 1만 5천원이다.

✉ ☎ 경기도 가평군 가평읍 읍내리 363-1. 031)582-1408

보납산

가평

속담에 '작은 고추가 맵다'는 말이 있다. 몸집이 작은 사람이 큰 사람보다 재주가 뛰어나고 야무짐을 비유적으로 이르는 말이다. 가평에 있는 보납산을 올라보면 이 속담의 참뜻을 실감하게 된다. 불과 329.5m의 낮은 산이지만 그 조망만큼은 1,000m가 넘는 산을 압도하고도 남는다.

당연히, 가볍게 힘들이지 않고 오를 수 있는 산이다. 평소 등산을 좋아하지 않는 어린아이나 여성을 동반하기에 특히 안성맞춤이다. 보광사 위쪽 동굴에서 약수 한 바가지 마시고 힘주어 전망대에 오르면 가평읍내와 북한강 줄기가 파노라마 사진처럼 펼쳐져 저마다 카메라를 꺼내들게 한다.

함께 하기 가족끼리
좋은 계절 사계절 언제나

보납산 전망대
못미처에서
내려다보이는
가평읍내와 가평천.
왼쪽 멀리 북한강
줄기도 보인다.

*주소... 경기도 가평군 가평읍 읍내리 일대

*교통... 🚆 가평역 하차 후 도보 20분, 택시 이용 시 10분 이내

🚗 서울·춘천간고속도로 → 화동IC 진출 → 화도요금소 →
가평경찰서 방향으로 읍내사거리까지 직진해 사거리에서 우회전 →
가평교 지나 우회전한 후 강변로에 주차

🚌 동서울종합터미널 또는 상봉시외버스터미널 → 가평터미널
(1시간 20분 소요) / 잠실역 → 가평터미널(1시간 10분 소요)

*문의... 가평군 문화관광담당 031)580-2068

보납산에서
바라본
가평읍내 전경.

경춘선 개통으로 가장 큰 수혜 지역은 가평이 아닐까? 가평
은 서울과 1시간 거리에 있으면서 높고 낮은 명산들
이 즐비하고 유명 계곡들이 골짜기 곳곳에 자리하고 있기 때문이다.
이미 외부에 널리 알려진 관광지가 더 많지만 그렇지 않은 곳도 있
다. 그 가운데 보납산은 아직 외부인보다는 가평 현지인들에게 많이
알려진 숨은 진주 같은 곳이다. 경춘선 좌석 급행열차가 개통되면 가
족 동반 나들이객들이 특히 선호할 곳 중의 하나로 전망된다.

군수 한석봉이 벼루와 보물을 묻어두고 떠났다는 산

백두대간에서 크게 한 획을 그으며 힘차게 솟아 오른 한북정맥, 다
시 나무가 가지를 뻗어 성장하듯 지맥을 형성한 곳이 화악지맥이다.
1,468m의 화악산을 최고봉으로 마지막에 다다른 곳이 보납산이다.
보납산의 인기예감은 괜한 것이 아니다. 우선 산의 높이가 329.5m
밖에 안 된다. 산을 오래 탄 선수들이 최단 코스를 빠른 걸음으로 내
빼듯 오르면 30분 이내에 정상을 밟을 수 있는 높이다. 하지만 산의
가치를 높이로만 측정할 수 없는 법. 등산을 즐기는 동호인도 기존
남성 중심에서 여성으로 확산되었고, 주말이면 남자 혼자 배낭 메고
도망치듯 떠나던 것과는 달리 어린아이까지 손잡고 함께 오르는 웰

238

빙 산행으로의 변화 추세는 보납산과 같은 가족 산행지를 더욱 필요로 할 것이다.

인간의 기본권리 중에서 중요한 것이 자유와 평등권이라면 등산객에게 중요한 것은 조망권이다. 가평읍내를 한눈에 아우를 수 있는 탁 트인 시계는 절로 탄성을 자아내게 한다. 이 같은 보납산은 또 가평 올레길 2-2코스와 연계해도 좋다.

산의 이름에 얽힌 전설도 재미있다. 이야기는 조선시대 명필 한석봉이 주인공이다. 1599년 가평군수로 부임한 한석봉은 보납산을 유별나게 아끼고 좋아했단다. 보납산이 하나의 큰 돌로 된 봉우리여서 그의 호를 석봉(石峯)이라 정했다는 설과 함께, 그가 가평을 떠나면서 아끼던 벼루와 보물들을 산에 묻어두고, 즉 보납(寶納)하고 떠났다 하여 산 이름을 보납산(寶納山)이라 불렀다는 이야기다. 하지만 실제 보납산 이름의 유래는 가평 벌 앞에 서 있는 산자락이라는 뜻의 '벌앞'이 '버랖'으로 바뀌고, 다시 '보납'으로 바뀌었다는 설이 일반적이다.

산행 들머리는 가평교를 지나 왼쪽으로 돈 뒤 300m 정도를 직진하다 오른쪽 공터를 끼고 골목길로 접어들면 된다. 골목길에는 소소한 시골 풍경들이 가득하다. 작은 닭장에는 암수 닭들이 '구구구' 하며 모이를 쪼고 있다. 어디선가 '응애~응애' 하는 가냘프고도 날카로운 소리가 들린다. 작은 창문에서 새어나오는 갓난아기의 울음소리다. 들머리의 골목길 풍경이 국립공원 진입로에 있는 울긋불긋한 상가들보다 훨씬 정겹고 사람냄새 나는 것 같아 좋다.

등산 코스는 자라목을 기점으로 전망로를 지나 600m 정도를 치고 오르면 정상에 이른다. 거리가 2.37km 정도 밖에 되지 않으니 누구나 쉽게 정상을 품을 수 있다. 다른 코스는 자라목을 지나 보광사를 거쳐 체육공원, 보납 삼거리, 물안능선 삼거리를 거쳐 물안산, 주을길로 하산하는 6.4km의 코스이다. 첫 코스에 비해 거리가 상당히 멀다고 생각되겠지만 역시 등산로가 편안해서 쉽게 다닐 수 있다.

높이 330m를 알리는 보납산 정상석.

전망대에 오르면 파노라마 사진이 펼쳐진다

자라목을 지나 보광사까지 가는 길은 그저 편안하다. 옆으로 작은 개울도 보인다. 보광사는 규모가 작은 절이지만 이곳 산신각에서 한석봉이 공부하고 기도를 했다고 하여 방문객들의 호기심을 끈다. 보광사 앞마당을 가로질러 오른쪽으로 꺾어 올라가면 동굴이 있다. 이곳에서 나오는 약수를 마시면 머리가 좋아진다는 전설이 있어 발길을 또 이끈다.

보광사를 뒤로 하고 정상을 향하는 길은 다소 가파른 편이다. 약 400m 정도 되는 거리인데 이 길만 올라가면 정상이다. 20분 정도 오르면 전망대가 먼저 보인다. 최근에 만들어졌는데 전망대에서 바라보는 풍경은 가히 환상적이다. 가깝게는 가평군청과 가평경찰서 등 읍내 도로까지 훤하게 내려다 볼 수 있다. 망원경이라도 있으면 사람의 표정까지 읽을 수 있을 정도다. 조금 더 멀리에는 읍내를 병풍처럼 둘러싸고 있는 연인산 매봉과 깃대봉 등 수 많은 산줄기들이 한눈에 펼쳐진다. 또 다른 멋진 풍경은 북한강이다. 굽이굽이 앵돌아진 북한강 줄기와 그것을 연결해주는 다리들. 안개가 끼는 날이면 고즈넉하고 신비스러운 분위기를 연출한다. 물론 화창하게 맑은 날은 말할 필요가 없다. 파노라마처럼 펼쳐진 멋진 경관은 180도 파노라마 사진 촬영을 하기에 딱 안성맞춤이다.

전망대에서 정상까지는 채 5분도 걸리지 않는다. 정상을 밟고 하산하는 길은 최단코스이다. 다만 크고 작은 바위들이 있으므로 아이들에겐 조심시켜야 한다. 30분 정도면 충분히 내려올 수 있는 거리이다. 보납산은 비록 그 높이는 낮지만 산이 갖춰야 할 것은 모두 갖춘 알찬 산이다. 가족과 함께 짧은 산행을 원한다면 그리고 답답한 가슴을 풀어줄 시원한 조망을 원한다면 보납산으로 떠나보자.

보광사 경내의 작은 돌탑. 누군가의 소망이 담겨 있음직하다.

가평향교

전통 향교의 원형을 잘 갖추고 있는 가평향교는 1398년(태조 7년)에 세워졌다. 현재의 건물은 기존의 낡은 건물을 1980년 가평군 예산과 지역 유림들의 성금으로 대성전·서무·내삼문을 중건하고 재실을 신축하여 지금의 모습을 이루고 있다.

향교의 배치는 전형적인 전학후묘(前學後廟)의 구조를 따르고 있다. 앞쪽에 명륜당을 두어 학문 연마를 위한 강학 공간을, 뒤쪽의 높은 지대에는 대성전을 배치하여 제향의 사당 공간을 두었다. 대성전 내부에는 공자를 비롯한 다섯 성인의 위패를 봉안하고 동쪽 벽으로는 송준길 등 현인의 위패를, 서쪽에는 주희를 비롯한 현인의 위패가 모셔져 있다.

✉ ☎ 경기도 가평군 가평 읍내리 551-2. 031)580-2068(가평군 문화관광 담당)

가평올레길

가평올레길 2-2코스는 가평교를 시작으로 목동버스종점까지 이어지는 10km 구간이다. 가평올레길 중에서 가장 거리가 짧은 구간으로 여유 있게 걸어도 3시간 정도면 완주할 수 있다. 가평교에서 시작하는 만큼 가평천변을 걷게 되는데 주변 풍광을 바라보며 걷는 재미가 쏠쏠하다. 걷다가 햇볕이 뜨겁게 느껴지면 뚝 아래로 내려가 발을 잠시 담가도 좋다. 여름이면 개천에서 멱을 감고 물장구를 치는 아이들을 쉽게 볼 수 있다.

요란하게 이정표를 만들고 표지석을 세운 도시의 걷기코스와는 사뭇 다르다. 소박한 느낌의 시골 마을 풍경에 정감이 묻어난다. 외지인의 발길이 많지 않은 탓에 농가에서 키우는 멍멍이들이 경계를 하고 나선다. 하지만 그것도 잠시, 집안에서 '메~리' 하는 주인장의 소리와 함께 이내 잦아든다.

✉ ☎ 경기도 가평군 가평읍 읍내리~북면 이곡리. 031)580-4637(가평군청)

소문난 맛집

인천집

가평 맛집에 웬 '인천집'이냐 생각하겠지만 이곳에서 파는 보리밥(6천원)은 정말 맛있다. 특별할 것 없는 그냥 일반적인 보리밥이다. 큰 대접에 콩나물·상추·김가루 등을 넣고 마지막으로 보리밥을 넣어 비벼먹는 것인데 그 맛이 특별하다. 밑반찬으로 나오는 것 역시 가정식 백반처럼 별다른 특색은 없어 보인다. 하지만 그런데도 맛있다. 뜨끈한 국물이 생각난다면 유부가 곁들어진 두부만두전골(6천원)을, 잣막걸리를 한잔하고 싶다면 모두부와 녹두빈대떡(각 6천원)을 주문해도 좋다. 두부와 만두는 식당에서 직접 만들어 제공한다. 다만 시골 식당에서 도시의 친절을 기대하면 오산이다. 매월 첫째, 셋째 월요일은 휴일이다.

✉ ☎ 경기도 가평군 가평읍 대곡리 277-8번지, 가평중학교 옆. 031)581-5533

아이들과 함께 구곡폭포 보고, 문배마을 들리고

봉화산
& 구곡폭포

강촌

520m의 부담 없는 높이에 흙길로 이어지는 육산이다 보니 걷기에 무리가 없다. 특히 길가 곳곳에 가득한 야생화들은 아이들의 자연학습에도 도움이 된다. 봉화산의 명물이자 강촌 여행의 상징인 구곡폭포에 이르면 아이들은 급기야 탄성을 지른다. 시장기가 느껴질 때쯤 도착하는 곳은 그 이름도 유명한 문배마을. 산 속에 소복이 들어앉은 마을 식당에 앉아 가족이 함께 식사를 하고 저수지까지 한 바퀴 돌다보면 발길이 떨어지지 않을 수도 있다. 그래서 아내와 아이들은 다음 주말의 여행지를 기대하게 된다.

봉화산은 토끼 같은 아이들과 여우 같은 아내에게 점수 딸 수 있는 아빠들을 위해 열려 있는 산이다. 연인끼리도 좋다.

함께 하기 가족끼리, 연인끼리
좋은 계절 사계절 모두 좋아요

봉화산 등산로는
'춘천 봄내길'에
속하며 재미있는
스토리텔링이
기다린다.

← 봉화산
1.03km

물깨말 구구리길
봄내길
Bomnae-gil
총 11km 중 6.5km 지점

소
→

🔹 주소... 강원도 춘천시 남산면 강촌리 432

🔹 교통... 🚆 강촌역 하차, 강촌1.2.4반 버스정류장에서 50번 버스로 2개 정류장
이동 후 구곡폭포버스정류장 하차. 택시 이용 시 5분 안팎 소요.

🚗 서울·춘천간고속도로 → 강촌IC 진출 → 강촌 방면으로 진행 →
하나로마트 강촌점 지나 구곡폭포 방면으로 진행 →
구곡폭포 주차장(주차료 대형 4천, 중·소형 2천원)

🚌 동서울종합터미널 또는 상봉시외버스터미널 → 강촌(1시간 30분 소요)

🔹 이용... 하절기 09:00~18:00, 동절기 09:00~17:00.
입장료 어른 1천 6백원, 중고생 1천원, 어린이 6백원

🔹 문의... 구곡폭포관광지 관리사무소 033)250-3569

구곡폭포
관광지 입구.

경춘선 여행에서 빼놓을 수 없는 곳이 강촌이다. 강촌역 개찰구는 바리바리 양손에 짐을 든 대학생들과 배낭을 맨 등산객들로 항상 붐빈다. 강촌역에 내려서 그들이 향하는 곳, 십중팔구는 구곡폭포 방향이다.

춘천을 대표하는 육산은 누가 뭐래도 봉화산이다. 520m의 적당한 높이와 편안한 육산이 주는 부담 없는 등산로 덕분에 아이들도 불평을 하지 않는 곳이다. 이름 그대로 외적의 침입을 알리고 방비하기 위해 조선 시대에 봉수대를 설치했던 곳으로, 산 북쪽에 자리한 검봉산과 능선으로 연결되어 있어 종주 산행을 하는 등산객도 많다.

봉화산의 들머리는 구곡폭포를 넘어 문배마을을 지나 정상에 이르는 길과 구곡폭포 관리사무소 왼편에 있는 진입로를 이용하는 것 두 가지이다.

봉화산 정상으로 가는 길에는 볼거리들이 다양하다. 첫 번째 볼거리는 9월 한 달간 매주 토요일 오후 2시 30분 구곡폭포 내 쌈지공원에서 열리는 '토요숲속공연'이다. 성악·국악·아카펠라·재즈 등다양한 공연을 감상할 수 있다. 잘 다듬어진 등산로 주변에 세워진

아홉 구비를 돌아
60m 높이에서
쏟아지는 구곡폭포.
사시사철
기념촬영을 하는
여행객으로 분주하다.

이정표들도 재밌다. 구곡폭포 스토리텔링 테마체험이 그것인데 구곡 즉, '꿈·끼·꾀·깡' 등의 아홉 개 혼을 담아가자는 것이다. 가족과 함께 길을 걸으며 구곡에 대한 이야기를 나눠도 좋겠다. 그러는 사이 발걸음은 돌탑길을 지나 구곡정까지 다다른다. 길이 부드러워 아이들이 뛰어다녀도 좋을 만큼 평탄하다.

금방 눈에 띄지는 않지만 가까운 곳에 폭포가 있음을 직감한다. 아홉 구비를 돌아 60여m 높이에서 물줄기를 쏟아 붓는 구곡폭포를 곧 만난다. 수량이 풍부한 날에 찾으면 장쾌한 물줄기가 장관을 이룬다. 하지만 겨울에 찾아도 좋다. 구곡폭포는 빙벽 등반을 즐기는 사람들에게는 꽤나 이름난 곳이다. 꼭 그들처럼 빙벽 등반을 하지 않더라도 아슬아슬하게 빙벽에 매달려 스파이더맨처럼 폭포를 기어 올라가는 광경을 구경하는 것만으로도 스릴있고 재미있다.

'6.25전쟁도 모르고 살았어요'

폭포를 지나 잣나무 숲속으로 접어드는 길은 마치 신세계로 향하는 길 같다. 촘촘하게 하늘로 솟은 잣나무들의 열병식을 받으며 부드러운 흙길을 걷는다. 푹신푹신 2km 정도의 오솔길을 걷다보면 난데

없이 나타나는 숲속 마을이 있다. 2만여 평의 분지에 자연발생적으로 형성된 문배마을이다. 약 200년 전부터 자리 잡았다는 문배마을은 해발 430m가 넘는 높은 지대에 위치한 만큼 여름에도 그늘 밑에 들어가면 금세 더위를 식힐 수 있다. 10여 가구가 옹기종기 터를 잡았는데 그 모습이 아주 정겹다.

옛날 이곳 주민들은 농사를 주업으로 살면서 가끔 오가는 등산객에게 식사를 대접했단다. 하지만 지금은 식당이 주업이 되었다. 마을이 워낙 산속 깊은 곳에 있어 6.25 때도 전쟁이 일어난 줄 모르고 지냈다고 한다. 물론 확인할 방법은 없다. 원주민들은 대부분 떠나고 식당을 할 요령으로 이곳으로 이사 온 사람이 대부분이니 말이다. 이곳에 도착하면 대개 점심시간이 된다. 어느 집을 선택해도 좋으니 산골 정취 물씬 나는 시골밥상으로 배를 채워보자.

든든하게 배를 채웠다면 이제 얼마 남지 않은 정상으로 향할 차례다.

문배마을에 있는 저수지. 수변 따라 야생화들이 가득한 산책로가 조성돼 있다(위). 6.25전쟁도 모르고 살았다는 산속 오지, 문배마을로 향하는 산행 일가족(아래).

길은 비교적 좋은 편이다. 구불구불한 오솔길을 따라 한참을 아무 생각 없이 걷는다. 길옆으로 들꽃들이 인사한다. 그렇게 1.8km 정도를 걷다보면 '봉화산 정상 800m'라는 이정표가 나온다. 반가운 마음에 800m 정도는 뛰어오르고 싶은 생각이 들 수도 있다. 하지만 좁은 능선을 좀 더 땀 흘려 올라야 한다.

이윽고 정상에 오르면 '봉화산 520m'라고 새겨진 정상석이 반긴다. 잡목 사이로 저 멀리 북서쪽 명지산과 화악산이 보이고, 북동쪽 강 건너편으로는 삼악산이 보인다. 전후좌우 모두 산들로 둘러싸였다. 하산 길은 나무 계단으로, 걷는 데 불편함이 없다.

시작할 때와 마찬가지지로 하산 길도 평탄한 임도여서 봉화산은 가족과 함께 하기 좋다.

1.6km 정도 임도로 내려가면 곧 매표소이다.

임도 구간을 제외한 등산로에는 나무가 울창해서 여름에도 햇볕을 피할 수 있다는 점이 봉화산의 또 다른 자랑거리다. 강원도 지역에서는 보기 드문 육산으로 구곡폭포와 문배마을 등 볼거리가 많아 연중 찾는 이가 끊이지 않는다. 총 산행 시간은 3시간 정도 소요된다.

검봉산

530m 높이의 검봉산은 봉화산과 이웃한 산으로 칼을 세워 놓은 것처럼 생겼다고 하여 칼봉산이라 부르기도 한다. 강촌역에서 내려 강선사 입구를 들머리로 하여 강선사 – 강선봉 – 삼거리를 지나 검봉산 정상에 이르게 된다. 산을 오르는 동안 경춘가도와 북한강을 조망할 수 있어 눈이 즐거운 코스다. 그러나 봉화산에 비해 암릉 구간이 많은 등 뛰어난 경관에 걸맞은 수고를 치러야 한다. 검봉산 정상에서는 문배마을로 넘어가거나 곧장 봉화산으로 종주하기도 한다. 들머리 강선사 입구에서 정상까지는 약 3.3km이며 2시간 정도 소요된다.

✉ ☎ 강원도 춘천시 남산면 창촌리, 백양리, 가정리 일원033)250-30899(춘천시 관광과)

엘리시안 강촌리조트

©엘리시안 강촌리조트

아름다운 춘천 강촌에 자리한 엘리시안 강촌리조트는 겨울에는 스키를, 여름에는 수영을 즐길 수 있는 고급 리조트이다. 물론 사계절 즐길 수 있는 골프장 또한 이곳의 자랑거리다. 그 외에 3개의 호수와 테마가 있는 산책길 등도 조용한 휴식을 원하는 사람들에게 제격이다.

경춘선 백양리역에서 가까워 승용차 없이도 편리하게 찾을 수 있다. 스키장은 입문자를 위한 아주 평이한 코스도 있어 스키를 처음 배우려는 사람들이 많이 찾는다. 대학생들의 MT 장소로 인기가 높고, 눈썰매장은 아이들에게 특히 인기다.

✉ ☎ 강원도 춘천시 남산면 백양리 29-1. 033)260-2000

소문난 맛집

촌집

봉화산 등산길에 거치는 문배마을에는 10여 가구가 식당을 운영하고 있다. 식당 음식은 대부분 산채비빔밥·토종닭백숙·토종닭볶음탕·도토리묵·촌두부·감자전 등이다. 촌집은 다른 집에 비해 감자를 강판에 갈아 그 맛이 깊고 식감이 좋다. 도시에서 사업을 하다 평소 음식 손맛이 좋았던 아내를 설득해 무작정 이곳에 터를 잡았단다. 문배마을에 올 때마다 이곳에 들러 식사를 하고 간다는 한 단골은 음식 맛도 좋지만 주인아저씨의 푸근한 인상이 좋아 더 발길이 머문단다. 단골손님이 추천하는 것처럼 감자전의 식감이 좋다는 평에 공감하게 된다. 물론 비빔밥 또한 시골밥상 맛이다.

✉ ☎ 강원도 춘천시 남산면 강촌리 447. 033)261-4002

왜 삼악산 깊은 계곡에는 선녀탕만 있을까?

삼악산
& 등선폭포

나무꾼은 숨을 죽인 채 조용조용 폭포를 향한다.
꿈에도 그 사실을 모르는 선녀는 완전 무장해제
상태로 깊은 소에서 몸을 닦고 있다. 순간, 나무꾼이
밟은 나뭇가지 소리가 '딱' 하고 정적을 깬다. 그 소리에
놀란 선녀는 옷을 입는 둥 마는 둥 급하게 하늘로 날아가
버린다.

이후 삼악산 선녀탕에는 더 이상 선녀가 내려와 목욕을
하지 않는다. 하지만 혹시나 하는 바람에 뭇 남성들은
오늘도 선녀탕 주위를 어슬렁거린다. 기념촬영까지
하면서…. 크고 작은 폭포를 품은 삼악산은 드넓은
의암호까지 치맛자락처럼 드리워 찾는 이들로 하여금
더욱 가슴을 열어젖히게 한다.

함께 하기 연인, 친구, 동호회
좋은 계절 봄, 여름, 가을

시원하게 물줄기를
쏟아 내리는
삼악산 등선폭포.

* 주소... 강원도 춘천시 서면 덕두원리 118(등선폭포 관리소)
* 교통... 강촌역에서 55번, 50번, 86번 버스 이용. 택시 이용 시 15분 내외.

서울 · 춘천간고속도로 → 강촌IC 진출 후 강촌 방면으로 진행 →
강촌역 방향으로 좌회전 → 강촌삼거리 우회전 →
등선폭포 주차장(주차료 대형 4천원, 소형 2천원)

동서울종합터미널 또는 상봉시외버스터미널 →
강촌(1시간 30분 소요)

* 이용... 등선폭포 주차장 이용료, 대형 4천원, 소형 2천원
* 문의... 033)262-2215(등선폭포 관리소)

삼악산 등선폭포엔
작은 철교가
만들어져 있어
난간에 기대어
기념촬영을 하는
이들이 많다.

등선폭포, 선녀탕 지나면 또 비선폭포

해발 654m의 삼악산은 용화봉·청운봉·등선봉의 3개 봉우리에
서 뻗어 내린 능선이 암봉을 이루는 가운데, 보물을 간직한 듯 그 속
에는 등선폭포·비선폭포·승학폭포 등 크고 작은 폭포가 즐비하다.
이렇듯 험준한 산세 때문에 옛날에는 삼악산성이 자리하여 천혜의
요새가 되었다.

첫 번째 등산코스는 의암댐을 출발해서 상원사 → 철계단 → 삼악
산 정상 → 흥국사를 거쳐 등선폭포로 이어지는데, 약 4km 거리밖에
되지 않지만 암릉 구간이 있어서 2시간 이상은 예상해야 한다. 물론
역방향으로 등산과 하산을 해도 좋다. 어린 아이들과 함께라면 등선
폭포까지만 다녀와도 충분하다. 두 번째 코스는 강촌교를 시작으로
암릉 구간을 지나 등선봉, 619봉 흥국사를 지나 등선폭포로 하산하는
것이다. 총 거리 4.5km에 3시간 남짓 소요된다. 세 번째 코스는 의암

댐에서 시작해서 삼악산 정상을 거쳐 546봉 등선봉 그리고 강촌교로 하산하는 코스이다. 세 가지 코스 중에서 가장 긴 5.8km 구간으로 소요시간은 4시간 정도이다. 두 번째, 세 번째 코스는 겨울 산행 시 상당한 주의가 필요하다.

가장 일반적으로 많이 찾는 코스는 첫 번째 코스인데 순방향보다는 역방향이 오르기에 수월하다. 순방향은 항상 사람들로 붐비기 때문이다.

등선폭포 매표소를 지나면 상가들이 밀집해 있다. 순간 실망감이 밀려온다. 식당 상가에 자리를 내어준 삼악산의 모습이 순간 서글퍼 보이기까지 한다. 하지만 그 실망감은 오래 가지 않는다. '등선폭포 입구'라고 적힌 붉은색 아치를 지나면 이전과는 전혀 색다른 풍경이 눈에 가득 찬다. 높은 암벽이 누가 내려쳤는지 두 동강 나 있는데 그 사이를 지나가야 한다. 주왕산국립공원의 계곡이 웅장한 협곡이라면 삼악산 등선폭포를 향하는 길은 미니어쳐와 같은 협곡이다. 왼편으로 맑고 깨끗한 물이 졸졸 흐른다. 수량이 많은 날이면 물살이 꽤나 힘차겠다. 곳곳에 작은 폭포들이 즐비하다. 아파트 베란다에 설치하는 간이 폭포처럼 그 규모는 작지만 인간이 흉내 낼 수 없는 천연의 미를 지녔다.

작은 폭포에 감탄할 때가 아니다 싶은 마음에 걸음을 재촉한다. 몇 발짝 옮기지 않았는데 지금까지와는 전혀 다른 낙차 큰 폭포가 눈앞에 펼쳐진

하트 모양을 닮은 선녀탕. 이곳을 지나면 또 하나의 명물인 비선폭포가 기다린다.

다. 삼악산의 명물 등선폭포다. 잘 만들어진 철계단 덕분에 안전에게 시원한 물줄기를 구경할 수 있다. '쏴악~콸콸' 하며 떨어지는 폭포에 넋을 빼앗기다 보면 10여분 동안이나 망부석이 되고 만다.

"엄마, 저기 큰 폭포가 있어요. 빨리 와보세요!" 하는 아이의 고함 소리에 마술이 풀리듯 정신을 차리고 다시 산길을 오른다. 길옆으로는 계속 크고 작은 폭포들의 연속이다. 깊은 용소(龍沼)는 물빛이 푸르다 못해 검은 빛을 띠고 있다. 난간에 선녀탕이라는 팻말이 걸려 있다. 순간 발동하는 궁금증! 왜, 우리나라 모든 계곡 폭포에는 선녀탕만 있을까? 남탕이 있다는 말을 들어보질 못했으니 말이다. 선녀는 없지만 그 자리를 지키며 사진을 찍는 사람들은 즐비하다.

선녀탕을 지나 비선폭포에 다다른다. 아래쪽에 있는 폭포에 비해 그 골이 넓은 편이다. 좁은 오솔길을 걸어가면 마지막 매점이 나온다. 매점 원편으로 돌아가면 흥국사, 직진하면 333계단이다. 흥국사는 894년경에 궁예가 창건한 사찰이다. 궁예가 왕건과 맞서 싸운 곳으로, 궁예는 이곳 터가 함지박처럼 넓으므로 궁궐을 지었다 전한다. 궁궐이 완성된 후 흥국사를 창건하고 나라의 재건을 기원했다는 전설이 있다.

흥국사를 나서면 이제 본격적인 산행길이다. 먼저 평탄한 오솔길이 등산객의 심폐를 워밍업 시킨다. 이후 맞닥뜨리는 333계단.

안개 낀 상원사 대웅전을 뒤로 하면 의암매표소까지는 불과 10분 거리다.

록키처럼 뛰어올라 하산길
박정희 전 대통령 별장에서…

333계단은 말 그대로 333칸의 돌계단이다. 첫 번째 이 코스를 역방향으로 가는 이유가 바로 여기에 있다. 333돌계단을 내려온다고 생각해 보라. 무릎은 오르막보다 내리막길이 더 부담스럽다. 턱까지 밀려오는 벅찬 숨과 묵직해지는 허벅지를 간신히 달래가며 계단 정상에 올라서니 달리기 하며 계단을 뛰어오르던 영화 〈록키〉의 실베스터 스탤론이 생각난다. 그처럼 아래를 바라보고 양팔을 번쩍 들어보자.

힘든 계단 이후에는 편안한 오솔길이다. 등산길을 누가 개척했는지 알 수는 없지만 정말 인체공학적으로 만들어졌다. 가파른 오르막 다음에는 편안한 길을 내어놓으니 말이다. 걸음은 어느새 '큰 초원'에 당도한다. 조금 과장스럽긴 하지만 마당처럼 넓적한 공간이 초원의 모양새를 갖춘 것 같기도 하다. 등산객이 붐비는 주말이면 이곳은 도시락을 먹는 사람들로 가득하다. 마치 초원으로 소풍 나온 사람들처럼……. 큰 초원에서 정상까지는 800m의 짧은 거리이지만 가파른 암릉과 좁은 오솔길이 기다리므로 조금은 각오를 다져야 한다.

삼악산 정상은 높이 654m의 용화봉이다. 사방이 탁 트인 곳에 정상석이 서 있다. 의암호와 북한강이 발아래로 펼쳐지며, 의암호 한가운데에는 붕어섬이

흥국사 위쪽의 돌계단 구단. 무려 333개 계단임을 알리는 표지판이 눈길을 끈다.

여객선처럼 두둥실 떠 있다. 그 뒤로는 중도관광지가, 옆으로는 춘천 송암스포츠타운의 야구장까지 보인다.

정상(용화봉)에서 동봉을 지나 상원사까지 가는 길은 암릉 구간이다. 가파른 암릉에 철재 발판을 밟고 로프에 의지해 가며 이동해야 한다. 숨이 깔딱깔딱 넘어갈 정도로 힘든 구간이다. 이름 하여 '깔딱고개'다. 겨울에는 전문 장비 없이 절대 오를 수 없는 구간이니 주의하자.

삼악산의 대표적 사찰인 흥국사.

약 1km를 한 시간 가량 조심조심 내려오면 드디어 상원사에 다다른다. 상원사에서 의암매표소까지는 10여분이면 도착된다. 그 중간 지점에 산장이 자리한다. 1967년 박정희 전 대통령의 별장으로 지어진 건물이다. 의암호를 내려다보는 경치가 일품이니 이곳에서 차 한 잔의 여유를 즐겨도 좋겠다. 여기서 매표소까지는 불과 5분 거리다.

등선폭포에서 정상까지 오르는 길이 평탄한 육산이라면, 의암댐에서 정상까지 오르는 길은 암릉이 즐비한 악산이다. 높은 산은 아니지만 남성적인 면과 여성적인 면을 모두 갖춘, 등산의 묘미를 다양하게 즐길 수 있는 명산이 곧 삼악산이다.

의암호

북쪽 북한강 상류 물줄기와 소양강 물줄기가 만나 숨을 고르는 형상의 수면 위로 삼악산의 그림자와 '호반의 도시' 춘천의 모습이 투영된다. 의암호로 모여든 강물은 홀로 높은 단에 앉아 있는 인어상과 마주한다. 옛날 46번 국도가 의암호를 우회하기 전까지만 해도 의암호 인어상은 춘천의 관문이었지만 지금은 통행량이 줄어든 만큼 인어상이 오히려 더 매혹적인 모습이다. 1967년 12월에 완공된 의암호 주변에는 호반 순환도로가 잘 정비되어 있어 드라이브 코스로 안성맞춤이다. 낚시를 즐기는 강태공들은 자연산 잉어와 붕어낚시에 시간가는 줄 모른다. 호반 도로변 곳곳엔 인근에서 갓 잡은 붕어·잉어 등으로 매운탕과 찜을 해 여행객들의 구미를 자극하는 식당들도 많다.

✉️📞 강원도 춘천시 서면, 신동면 일대. 033)250-3068(춘천시 관광과)

강촌 자전거하이킹

북한강변을 따라 시원하게 바람을 가르며 자전거를 달려본 적이 있는가? 없다면 춘천 강촌에서 꼭 자전거 하이킹을 즐겨 보자. 강촌 자전거코스는 강촌역에서 구곡교를 지나 봉화산 구곡폭포 주차장까지 이어지는 전용도로를 이용할 수 있다. 또는 삼악산 등선폭포 입구까지 북한강을 따라가는 코스도 하이킹에 최적이다. 자전거는 1인용부터 커플용, 가족용 등 탑승 인원에 따라 다양하다. 최근에는 스쿠터와 사발이(네 바퀴 달린 오토바이)가 인기이다. 다만 차로에서는 각별한 주의가 필요하다. 대여료는 시간당 자전거(1인용) 5천원, 스쿠터와 사발이는 각 1만 5천원, 2만원이다.

✉️📞 강원도 춘천시 남산면 강촌리. 033)260-5221

의암댐 붕어찜매운탕

북한강과 의암호를 지척에 두다 보니 당연히 붕어찜과 매운탕이 유명해졌다. 붕어찜은 오래 전부터 보양에 좋은 음식으로 알려진다. 당연히 산행으로 지친 몸을 보하기 위해서도 최고의 메뉴이다. 붕어찜은 특유의 비린내를 잡아야 얼큰하고 깔끔한 맛을 살릴 수 있는데 이 식당은 그 비법을 분명 잘 알고 있는 듯하다. 춘천 하면 닭갈비·막국수라는 편견을 버리게 하는 맛집으로 추천한다. 영업시간은 오전 9시 30분부터 저녁 10시까지이며 연중무휴로 손님을 받고 있다. 사전에 연락하면 12인승 승합차가 강촌역과 김유정역까지 마중 간다. 가격은 붕어찜 작은 것부터 3만원, 4만 5천원, 6만원이다.

✉️📞 강원도 춘천시 신동면 의암리 311-1. 033)262-5495

Section ⑤

추억을 담아오는
출사 여행지

★ 글·사진 정철훈

태릉 (泰陵)
강릉 (康陵) | 육군박물관

동구릉 (東九陵)
고구려대장간마을 | 구리시 곤충생태관

모란미술관
흥선대원군 이하응 묘 | 능원대군 이보 묘역

대성리국민관광지
대성리 캠프마을 | 구암 모꼬지터

아침고요수목원
가평레저밸리 카트장 | 가평사계절썰매장

호명호수
환상의 드라이브 코스 | 중종대왕태봉

쁘띠프랑스
ING전원마을 | 열부 나주정씨 정려각

중도유원지
춘천칠층석탑 | 송암스포츠타운

조선왕릉 답사여행의 시발점

태릉 (泰陵)

갈매

태릉에는 태릉만 있는 게 아니다. 문정왕후가 묻힌 태릉과 문정왕후의 아들(명종) 부부가 묻힌 강릉이 서로 가까운 거리에 위치한다. 그러나 태릉선수촌을 중심으로 서쪽 태릉은 알아도 동쪽의 강릉을 아는 이들은 아직 많지 않은 것 같다.

중종의 두 번째 계비로 입궐해 명종을 낳은 문정왕후. 12세 어린 아들이 왕위에 오르자 수렴청정으로 권력을 휘두른 조선조 최고의 치맛바람은 사후 500여년이 다 되도록 그치지 않는 듯하다. 홀로 단릉이면서도 이웃 임금과 왕비가 나란히 묻힌 쌍릉의 규모를 압도하는 것은 물론 그 이름조차 잠식하고 있으니 말이다.

함께 하기 가족끼리, 연인끼리

좋은 계절 봄, 여름, 가을

나이 어린 아들을
대신해 수렴청정 8년과
이후 10년 권세를 누린
문정왕후의 침전인 태릉.

✤주소... 서울특별시 노원구 공릉동 산223-19(화랑로 681)

✤교통... 🚈 갈매역에서 500여m 지점의 담터버스정류장으로 이동 후
1156번 버스 이용해 태릉 · 강릉 하차

🚗 태릉입구역 → 화랑대입구역 → 화랑로 따라 육사 방면 100m 전방 좌측

🚌 시내버스 73, 202, 1155, 1156, 1225번 이용

✤이용... 관람시간 09:00~18:00, 입장료 1천원

✤문의... 02)972-0370(태릉관리소) taegang.cha.go.kr

문정왕후 무덤
오른쪽의
소나무들이
모두 허리를
숙이고 있다.
범상치 않은
모습이다.

서울시민들에게

태릉은 낯선 이름이 아니다. 설사 태릉을 가보지는 못했을망정 그 지명만큼은 머릿속에 떠올린다. 그러나 등잔 밑이 어둡다는 말처럼 서울 도심에서 가까운 태릉을 제대로 알지 못하는 이들도 많다. 중·장년층들이야 어린 시절 소풍의 추억과 배밭골의 데이트 추억까지 떠올리겠지만, TV나 인터넷을 통해 지명을 익히는 아이들은 '태릉?' 하면 '종합사격장과 국가대표선수촌 있는 곳!' 하고 대답할 수도 있다. 이런 아이들을 위해 진짜 태릉을 보여주는 건 어떨까? 조선왕릉의 의미와 가치를 한꺼번에 그리고 가장 쉽게 익힐 수 있는 곳일 뿐만 아니라, 사진에 취미를 가진 엄마·아빠에게 출사 여행지로도 안성맞춤한 곳이기 때문이다.

반나절이면 훌쩍 다녀올 수 있는 곳. 우선 태릉 가는 길은 많다. 운 좋게 곧장 연결되는 시내버스를 이용해도 좋고, 1호선 석계역이나 7호선 태릉입구역 또는 6호선 화랑대역에 내려 버스를 갈아타도 좋다. 경춘선의 경우는 갈매역이다. 어느 쪽에서 버스를 이용하든 내리는 정거장은 태릉·강릉이다.

262

권력을 휘두른 만큼 두렵고 외로웠을 문정왕후

입구로 들어서면 제일 먼저 조선왕릉전시관이 기다린다. 태릉 입장권으로 그냥 관람할 수 있으므로 시간이 걸리더라도 꼼꼼하게 살펴보는 것이 좋다. 유네스코 문화유산으로 등록된 조선왕릉의 특징과 문화적 가치를 익힐 수 있는 곳이다. 능(陵)과 원(園), 묘(墓)의 차이부터 알게 된다. 능(陵)은 왕과 왕비의 무덤이고, 원(園)은 왕세자와 왕세자비, 묘(墓)는 왕의 나머지 아들과 딸들 그리고 후궁·귀인들의 무덤을 뜻하는데, 현재 온전하게 남아있는 서울 근교의 왕릉은 40기이고 원이 13기라고 한다.

이곳 조선왕릉전시관은 '한눈에 보는 조선왕릉' '조선의 국장(國葬)' '조선왕릉의 관리' 등 세 곳의 전시실로 꾸며져 있는데, 특히 '한눈에 보는 조선왕릉'에서는 태·정·태·세·문·단·세 등…… 1대부터 27대까지 500년 넘게 이어온 조선의 연대기가 왕릉의 이름과 함께 나열됨으로써 짧은 시간 시공을 넘나드는 역사 공부를 하는 느낌이다. 또 이곳에는 관람안내지도요원(학예사)이 상주해 필요시 요청하면 상세한 해설을 들을 수 있다.

서울 근교에 위치한 나머지 38기의 왕릉을 탐방하는 데 큰 도움을 주는 이곳 조선왕릉전시관을 제대로 둘러봤다면 이제 태릉의 주인 문정왕후를 알현할 차례다. 전시관을 나와 곧장 직진하면 홍살문을 지나 정자각에 이르게 된다. 홍살문에서 정자각까지는 견치석이 직선으로 깔려 있다. 2차선(?)으로 된 견치석 길은 한쪽이 높고 한쪽은 조금 낮다. 이름 하여 신도(神道)와 어도(御道)이다. 바닥이 약간 높은 왼쪽의 신도는 능의 영혼이 후손을 마중 나온다는 길이고, 오른쪽 낮은 쪽 어도는 임금이 다니던 길이다. 따라서 법도를 따진다면 이 길에 함부로 오르면 안 된다.

홍살문에서 신도와 어도를 피해 정자각까지 좌우로 둘러갈 수 있도록 흙길이 조성돼 있다. 정자각은 능에 묻힌 망자를 위해 제례를 올리는 곳이다. 이곳 태릉의 정자각은 6.25때 파손이 되어 석축과 초석만 남았던 것을 1994년에야 복원했다고 한다.

정자각에서 먼저 올려다보게 되는 문정왕후의 능침은 보기에 따라선 매우 위압적이다. 오른쪽 소나무들도 꼿꼿이 서 있지를 못하고

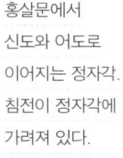

홍살문에서
신도와 어도로
이어지는 정자각.
침전이 정자각에
가려져 있다.

능을 향해 모두 고개를 숙인 자세다. 봉분 주위
에도 다양한 석물들이 조성돼 단릉(單陵)
치고는 몹시 웅장한 편이다. 그런데
도 쓸쓸한 분위기다. 천하의 권세
를 누리던 여인이 왜 혼자일까?

　문정왕후는 조선 11대 임
금 중종의 계비 장경왕후가
아들(인종)을 낳고 산후병으
로 7일 만에 승하하자 두 번
째 계비로 즉위하였다. 인종
이 세자로 책봉된 사이, 계비
문정왕후가 경원대군(훗날의
명종)을 낳게 되니 권력 다툼이
벌어졌다. 어미 없는 세자를 지키
려는 윤임을 중심으로 한 대윤(大尹) 세
력과 기존의 세자를 폐하고 경원대군을 세자로
책봉하려는 윤원형·윤원로 형제의 소윤(小尹) 세력이 벌인 암투극
이 조정을 어지럽혔다. 그러던 중 중종이 승하하고 인종이 즉위함으
로써 당쟁은 일단락되고 대권은 일시 대윤에게로 넘어갔다.

　그런데 인종이 재위 8개월 만에 그만 승하하자 상황이 역전되었다.
호시탐탐 기회를 노리던 소윤과 문정왕후의 세력에 의해 드디어 경
원대군이 보위에 올랐으니 이때 명종의 나이, 어린 12세였다. 이로부
터 문정왕후는 8년간의 수렴청정으로 천하의 권세를 누렸고, 명종이
장성한 이후에도 치맛바람을 거두지 않아 신하들과 갖은 마찰을 일
으켰다.

　명종 즉위 20년, 65세의 일기로 승하한 문정왕후는 중종 임금과 함
께 묻히길 염원했다. 먼저 떠나 지금의 서삼릉(고양시 덕양구 원당동)
에 장경왕후와 잠들어 있던 중종의 능을 지금의 선릉(강남구 삼성동)
옆으로 미리 천장해 놓기까지 했다. 그러나 선릉 옆으로 옮긴 중종의
능은 지세가 좋지 않은 등의 이유로 끝내 함께 하지를 못하고 지금의

정자각에서
바로 본
홍살문 방향.
소나무 숲이
홍살문을
에워싸고 있다.

태릉 주변의
아름다운 솔숲.
여름철 따가운
햇볕을 피해
쉬기에 좋다.

태릉에 홀로 묻히고 말았다.

천장까지 마다않고 사후를 남편과 함께 보내고자 했던 문정왕후. 후세 사람들을 그녀를 일컬어 '조선의 측천무후' '철의 여인'이라고 말하지만 아들을 지키기 위해, 가문을 지키기 위해 피를 부르고 권력을 휘두른 만큼 홀로 외롭고 두렵지 않았을까. 말년에 불교에 심취했던 것도 그 때문 아니었을까.

불 같이 살다가 홀로 쓸쓸이 누운 문정왕후의 능침만큼은 토요일에 한해 일반인들의 접근이 허용된다.

사진 이야기 좋은 사진은 사진가의 의도가 제대로 표현된 사진이다. 이를 위해서는 무엇보다 장비에 대한 이해가 우선되어야 한다. 그 중에서도 조리개와 셔터 스피드의 역할에 대해서는 아무리 강조해도 부족하지 않다. 우선 조리개와 셔터 스피드는 노출에 절대적인 영향을 미친다. 하지만 여기서 놓치지 말아야 할 것은 조리개와 셔터 스피드가 사진의 깊이(조리개)와 움직임(셔터 스피드)도 결정한다는 사실이다. 그래서 노출량을 조절할 때는 늘 최종적으로 표현될 결과물에 대해서도 신중히 고민해야 하고 결정해야 한다.

강릉(康陵)

태릉과 이웃한 왕릉인데도 아는 이들이 많지 않다. 어머니 문정왕후가 묻힌 태릉의 위세에 가려진 탓일 것이다. 태릉 동쪽 1.3km 거리, 즉 태릉선수촌 오른쪽에 위치한 강릉은 중종과 그의 두 번째 계비 문정왕후 사이에 태어나 12세 어린 나이로 왕위에 오른 명종과 그의 부인 인순왕후가 나란히 묻힌 곳이다. 어머니의 8년 섭정이 끝나고 20세에 친정을 하였음에도 명종은 어머니와 외척 세력을 단절하지 못하고 당쟁에 휘말렸다.

피비린내 나는 당쟁을 일으킨 어머니와 외척의 기세에 억눌린 탓일까. 병약한 명종은 후사를 보지 못하고 34세의 나이로 일생을 마감했으니 적자 왕통마저 끊기게 되었다. 강릉에 묻힌 명종과 인순왕후는 생애와 사후 모두가 쓸쓸하기만 하다. 태릉과는 달리 개방도 제한적이다. 토, 일요일에만 개방하되 시간 또한 09시~11시, 14시~16시로 제한된다. 7~8월과 12~2월은 전면 통제, 입장료 없음.

✉ ☎ 서울특별시 노원구 공릉동 02)972-0370(태릉관리소)

육군박물관

우리나라에서 가장 오래된 군사전문 박물관이다. 군사 유적과 유물을 조사·정리하고 이를 수집·보관 전시하기 위해 1956년 육군사관학교 내에 건립되었다. 육군박물관은 연건평 1,815평 규모로 2개의 전시실과 야외전시장 그리고 육사기념관으로 구성돼 있다. 2층에 위치한 제1전시실에는 선사시대에서 대한제국 이전까지 사용된 유물이 전시돼 있는데, 이중에는 보물 8점과 군사문화재 788점도 포함되어 있어 눈길을 끈다. 3층 제2전시실은 광복 이후의 군사 관련 유물로 꾸며져 있다. 이곳에서는 각종 무기와 장비 그리고 복식류를 포함해 502점의 전시물을 만나볼 수 있다.

관람 시간은 오전 10시에서 오후 5시까지이며 관람료는 무료. 다만 육군박물관 관람을 위해서는 개인이나 단체 모두 육국사관학교 홈페이지(www.kma.ac.kr)를 통해 일주일 전에 사전 예약을 해야 한다.

✉ ☎ 서울특별시 노원구 공릉동 사서함 77-1. 02)2197-6453~4

푸른마을

태릉목우촌마을의 새로운 이름이다. 생고기 전문점인 이곳에선 소고기와 돼지고기를 함께 즐길 수 있는데, 국내산 한우 등심이 180g에 3만 9천원이며, 국내산 돼지갈비는 200g에 1만 2천원이다. 돼지갈비의 경우 2인 세트메뉴 주문도 가능하다. 돼지갈비 2인분에 냉면·계란찜·해물부추전·양념게장 등이 곁들여진다. 2인 세트메뉴 가격 2만 8천원. 이외에 가마솥갈비탕, 차돌박이된장찌개정식 등 식사류도 만족감을 준다. 태릉 탐방 후 출구로 나오면 오른쪽 가까운 거리에 위치해 찾기에도 편리하다.

✉ ☎ 서울특별시 노원구 화랑로 657. 02)971-7777

신들의 정원, 신비로운 풍경을 카메라에 담다

동구릉 (東九陵)

갈매

동구릉은 우리나라 최대 규모의 왕릉군이다.
동쪽에 9개의 능역이 위치해 있다 하여
동구릉(東九陵)이라 부르는 이곳에는 조선시대 왕과 왕비
17명의 유택이 안치돼 있다. 새벽안개 자욱한 동구릉의
아침은 '신들의 정원'이라 불릴 만큼 신비롭고도 아름답다.
자욱하게 내려앉은 안개 사이로 보이는 흐릿한 왕릉의
모습은 보는 이로 하여금 가슴 두근거리게 만든다.
아침햇살 스며들 무렵의 솔숲 풍경과, 왕릉과 왕릉을 잇는
산책로의 멋스러움도 빼놓을 수 없다. 출사 여행객이
놓쳐서는 안 될 타이밍이다.

함께 하기 가족끼리, 연인끼리
좋은 계절 봄~가을

태조 이성계의 무덤
건원릉(健元陵).
동구릉의 9개 능역 중
가장 많은 이들이 찾는다.

*주소... 경기도 구리시 동구릉로 197

*교통... 🚈 갈매역 이용. 인근 갈매주민센터 버스정류장에서 2-1번 마을버스로
동구릉 입구 하차(약 30분 소요).

🚗 서울외곽순환고속도로 구리IC 이용, 동구릉 입구

🚌 청량리에서 88, 202번→상봉역(88, 202번) →
동구릉 / 강변역에서 동구릉행 1, 1-1, 9-2번 버스 이용

*이용... 11월~2월(06:30~17:30), 3월~10월(06:00~18:30).
입장료는 대인 1천원, 소인 5백원. 주차료 2천원.

*문의... 동구릉관리사무소 031)563-2909 donggu.cha.go.kr

'신들의 정원'이라
불리는 동구릉의
아침은 안개에
휩싸여 신비롭고도
감미롭다.

경기도 구리시 인창동에 위치한 동구릉(東九陵 · 사적 193호)은
우리나라 최대 규모의 왕릉군으로 조선시대 왕과 왕비
17위의 유택(幽宅)이 안치된 곳이다. 17개의 유택이라면 동구릉 내에
17개의 능이 있다는 얘기. 그렇다면 동구릉이 아닌 '동십칠릉'이라
불러야 하는 게 아닐까? 게다가 동구릉에 남아있는 봉분은 17개가
아닌 16개뿐이다. 아무리 손가락을 꼽아 봐도 셈이 맞질 않는다. 대체
이 숫자의 혼돈은 어디에서 오는 걸까? 동구릉을 돌아보기 전 한번쯤
이들 숫자의 비밀을 짚고 넘어가야 한다.

사연 많고 곡절 많은 '왕릉 박물관'

일반적으로 동구릉이라 하면 '도성 밖 동쪽에 있는 9개의 능'이라
고 알고 있지만 사실은 그렇지 않다. 정확하게 말하면 9개의 능이 아
니라 '9개의 능역'이라 말해야 옳은 표현이다. 홍살문과 정자각 등을
갖춘 하나의 능역에는 하나(단릉 · 單陵) 혹은 둘(쌍릉 · 雙陵), 심지어
세 개(삼연릉 · 三連陵)의 봉분이 함께 자리하는 경우가 있어 이들 능

역과 봉분의 숫자를 두고 혼돈이 생기는 것이다. 또한 동구릉에는 같은 영역인데도 하나의 언덕이 아닌 각기 다른 언덕에 왕과 왕비(헌릉), 혹은 왕과 정비·계비(목릉)의 무덤을 따로 모신 동원이강릉(同原異岡陵) 형태도 있어 이런 수치의 불일치에 영향을 미친다.

이런 이유로 동구릉을 얘기할 때는 9개의 능역에 17위의 왕과 왕비를 모신 왕릉군이라 말하는 게 가장 정확한 표현이다. 그런데 동구릉에 남아있는 봉분의 숫자가 16개라는 사실이 또 궁금증을 자아낸다. 이는 문조와 신정왕후를 모신 수릉(綏陵) 때문이다. 하나의 봉분에 왕과 왕비를 함께 안치한 합장릉의 형태를 취하고 있어 그 수가 하나 줄어든 것이다. 그래도 궁금증이 꼬리를 문다. 태조·정종·태종·세종·문종·단종·세조……, 정조·순조·헌종·철종·고종·순종. 아무리 읊어 봐도 문조란 왕호는 찾을 수가 없는데 문조의 능이 수릉이라니 어찌된 걸까. 문조는 추존 왕이다. 추존이란 왕위에 오르지 못한 사람에게 임금의 칭호를 내리는 것으로, 순조의 아들이자 헌종의 아버지인 효명세자가 바로 문조이다. 효명세자는 헌종에 의해 익종으로 추존되었다가 이후 고종에 의해 문조익황제로 재추존됨으로써 문조라는 왕호를 얻게 되었다. 동구릉을 가리켜 '왕릉 박물관'이라 부르는 이유는 이처럼 다양한 형태의 왕릉과 흥미진진한 역사의 뒷이야기를 한 자리에서 보고 깨우칠 수 있기 때문이다.

동구릉의 9개 능역 중 가장 많은 이들이 찾는 곳은 단연 건원릉(健元陵)이다. 조선을 건국한 태조 이성계의 능으로, 곧게 뻗은 솔숲을 지나 닿는 건원릉은 조선 제1대 왕의 능이라는 상징적 의미 때문일까, 다른 능과는 달리 무게감이 느껴진다. 하지만 시선을 끄는 건 따로 있다. 독특한 모습의 능침이 그것이다. 잔디를 곱게 깔아 놓은 다른 능과는 달리 건원릉의 능침은 온통 억새풀로 뒤덮여

억새풀로 뒤덮인 건원릉. 태조 이성계의 고향 함경도의 흙과 억새풀로 봉분을 만들었다.

있다. 이는 죽어서 고향에 묻히기를 원했던 아버지 태조를 위해 태종이 함경도 영흥의 흙과 억새풀을 이용해 봉분을 만들었기 때문이다.

동구릉에는 건원릉만큼 인기가 높은 곳이 또 있다. 조선 14대 왕인

선조와 원비 의인왕후 그리고 계비 인목왕후를 모신 목릉(穆陵)이다. 이곳은 세 개의 능침이 각기 다른 언덕에 위치해 있는 독특한 형태를 취하고 있을 뿐 아니라 동구릉에 있는 9개의 능역 중 유일하게 일반에 능침 공간을 공개하는 곳이기에 관람객의 발길이 끊이지 않는다.

이상의 수릉(綏陵) · 건원릉(健元陵) · 목릉(穆陵)을 비롯해 제5대 문종과 현덕왕후의 능인 현릉(顯陵), 제18대 현종과 명성왕후의 능인 숭릉(崇陵), 제16대 인조의 계비 장렬왕후의 능인 휘릉(徽陵), 제20대 경종의 비 단의왕후의 능인 혜릉(惠陵), 제21대 영조와 계비 정순왕후의 능인 원릉(元陵), 제24대 헌종과 효현왕후 그리고 계비 효정왕후의 능인 경릉(景陵) 등 9개의 능역이 저마다 사연을 품고 있는 동구릉은 바라보는 시선도 달라야 하고 카메라에 담는 피사체도 달라야 한다.

문종과 현덕왕후가
각기 다른 언덕에
누워 있는 현릉(위).
선조의 목릉 앞에 서
있는 무인석(아래).

사진 이야기   사진은 빛의 예술이다. 빛이 없으면 사진은 존재할 수 없다. 그래서 노출은 어려울 수밖에 없다. 그러다 보니 아직도 카메라에 내장된 노출계에 의존해 촬영하는 사람이 적지 않다. 하지만 노출계가 제시하는 수치는 평균값에 불과하다는 점을 명심하자. 그저 기준으로 삼으면 그만인 수치다. 적정노출이라는 것은 '사진가의 의도를 가장 잘 표현해 줄 수 있는 빛의 양'이라고 생각하자. 노출계를 이용해 기준값을 잡았으면 여기에 빛을 더하거나 빼는 것은 전적으로 사진가의 몫이다. 화가가 물감의 농담을 조절하듯 사진가는 빛의 양을 조절할 수 있어야 한다.

고구려대장간마을

구리시 아천동 우미내에 소재한 고구려대장간마을은 한류스타 배용준이 주연을 맡았던 MBC 드라마 〈태왕사신기〉의 촬영장으로 더욱 알려진 곳이다. 고구려대장간마을 관람은 고구려 유적전시관에서부터 시작된다. 지상 2층 규모의 전시관에는 각종 도자기와 투구 등 아차산 제 4 보루에서 발견된 다양한 유물들이 전시돼 있다. 전시관을 나와 야외 세트장으로 들어서면 마치 타임머신을 타고 고구려 시대로 날아온 듯한 느낌이 들 정도로 모든 건물들이 사실적이다. 야외 세트에서 가장 인기를 끄는 곳은 역시 대장간. 지름 7m의 대형 물레방아가 인상적인 이곳에는 편자와 각종 무기류 등 다양한 철제 소품들이 드라마 촬영이 끝난 지금까지도 그대로 보존돼 있다. 입장료 성인 3천원, 청소년 2천원, 아동 1천 5백원.

✉ ☎ 경기도 구리시 아천동 산 40-4(주차창). 031)550-2363 www.goguryeotown.co.kr

구리시 곤충생태관

100평 규모의 유리온실과 70평 규모의 표본전시실로 구성되어 있는 구리시 곤충생태관으로 들어서면 가장 먼저 나풀거리며 날아다니는 나비들이 내방객을 반긴다. 노랑나비 흰나비, 그 종류도 참 다양하다. 구리시 곤충생태관은 이처럼 살아있는 나비를 이용해 온실 속 자그마한 숲을 연출해 놓았다. 유리온실에선 나비 외에도 버들치 · 각시붕어 · 쏘가리 · 꺽지 등 토종 민물고기와 쌍별귀뚜라미와 물자라 등 다양한 곤충들도 함께 만나볼 수 있다. 한강으로 흘러드는 구리 왕숙천변의 구리시 환경사업소 내에 위치한다. 관람료 없음.

✉ ☎ 경기도 구리시 수택동 89. 031)551-8816 www.guribugs.go.kr

소문난 맛집

소풍갈비정육점식당

25년 전통을 자랑하는 참숯화로구이 전문점이다. 동구릉 주차장 입구에 위치한 이곳에선 남녀노소 누구나 부담 없이 즐길 수 있는 돼지갈비를 비롯해 생등심 · 소양념갈비에 이르기까지 다양한 종류의 고기를 맛볼 수 있다. 정육점을 겸하고 있어 언제나 신선한 고기를 먹을 수 있다는 점도 자랑거리. 소풍갈비정육점식당에는 고기 외에도 한우곰탕과 함흥냉면 같이 한 끼 식사용 메뉴도 있어 동구릉을 들고 나는 시간에 따라 편리하게 이용할 수 있다.

✉ ☎ 경기도 구리시 인창동 67-3. 031)563-6208

273

자연의 일부가 되어버린 도심 속 공간
모란미술관

마석 줄기차게 내달리던 북한강을 등지고
샛터삼거리에서 모란미술관이 위치한 화도읍으로
방향을 잡는다. 북한강변을 따라 이어지는 45번
국도는 최상의 드라이브 코스다. 적당한 굴곡을 따라
돌아나가는 도로도 예쁘지만 지나는 내내 눈높이를
같이하는 북한강의 모습은 일상을 벗어난 여행객에게
청량제 역할을 한다. 여름철이면 수상레포츠를 즐기는
모습들이 더욱 가슴을 들뜨게 만든다. 하얀 물보라를
일으키며 물살을 가르는 모터보트의 엔진소리는 청명한
하늘만큼이나 경쾌하다. 그 길의 끝에서 모란미술관을
만난다. 경춘선 마석역에서 도보 10분 거리로, 찾기
편하기로는 전철이 우선이다.

함께 하기 가족끼리, 연인끼리
좋은 계절 봄~가을

모란미술관은
실내뿐만 아니라
야외 조각 전시물들도
눈길을 끈다.

주소... 경기도 남양주시 화도읍 월산리 246-1

교통... 🚃 마석역에서 도보 10분

🚗 서울·춘천간고속도로 화도IC 진출 →
마석 방향, 창현아파트단지 입구 사거리에서 우회전 → 모란공원 입구

🚌 청량리역에서 1330, 1330-1번 또는
잠실역에서 1115번 버스로 모란공원입구 하차

이용... 5월~8월(09:30~18:30), 4월 및 9월(09:30~18:00),
3월 및 10월(09:30~17:30), 11월~2월(09:30~17:00),
관람료는 어른 3천원, 청소년 2천원, 어린이 1천 5백원

문의... 031)594-8001 www.moranmuseum.org

모란미술관
야외전시장 전경.

모란미술관으로 들어서면 마음이 참 편안해진다. 담 하나를 사이에 두고 왕복 4차선 도로

가 있다는 사실이 믿기지 않을 정도로 조용하고 아늑한 공간이기 때문이다. 융단을 깔아놓은 듯 새파란 잔디와 그 사이로 뻗은 산책로 그리고 아담한 연못은 그 자체로도 훌륭한 예술작품이라 할만하다.

실내외 유명 작품들과 자연경관의 멋들어진 조화

모란미술관은 실내전시장과 야외전시장으로 나뉘어 있다. 6개 전시실을 갖춘 실내전시장에서는 분기별로 다양한 기획전시가 이뤄진다. 하지만 무엇보다 반원 모양의 테라스를 갖추고 있어 전시작품을 감상하면서 주변 자연경관도 함께 즐길 수 있다는 게 매력적이다. 8,000여 평에 이르는 야외전시장에는 국내외 유명작가들의 조각품 110여점이 전시돼 있다. 때문에 눈길 닿는 곳마다 크고 작은 조각 작품들이 한자리씩 차지하고 있다.

이들 조각 작품은 사진가에게 더 없이 좋은 촬영 소재가 된다. 조각 작품들은 그 자체로도 매력적이지만 붉게 물든 단풍이 어우러진 모습이나, 연못에 반영된 이미지를 찾아본다면 보다 재미있

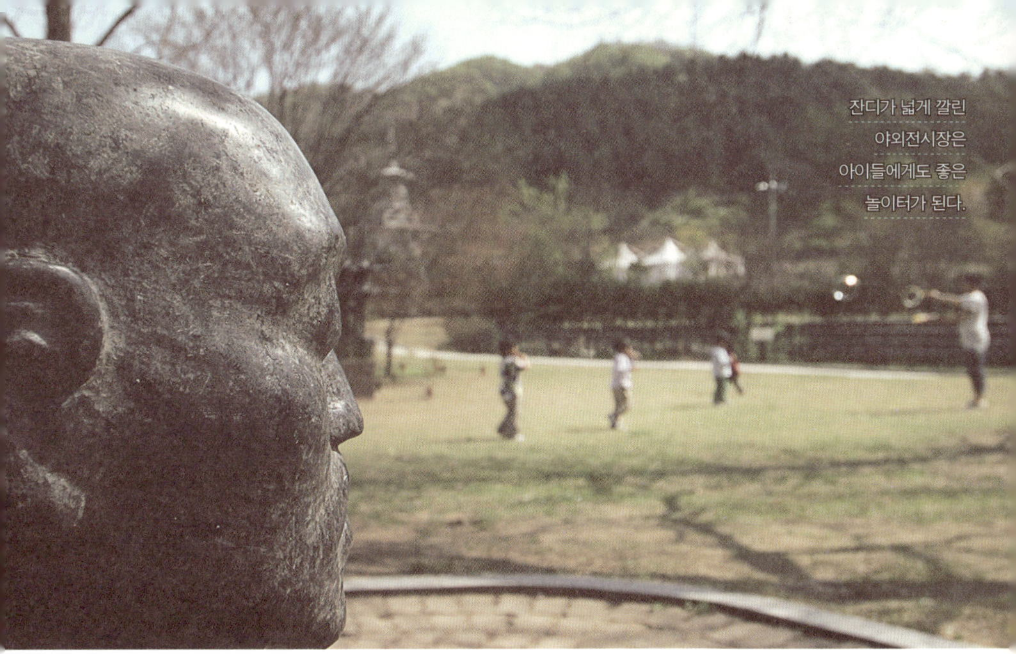

잔디가 넓게 깔린
야외전시장은
아이들에게도 좋은
놀이터가 된다.

는 사진을 얻을 수 있다. 사실 미술관과 같은 공간에서의 촬영은 그리 용이하지 않다. 자칫 조각 작품의 완성도에 의존해 이미지를 채집하는 수준에 머무를 수 있기 때문이다. 따라서 이 같은 공간에서는 촬영하고자 하는 피사체에 마음으로 다가서는 여유가 필요하다. 촬영에 앞서 산책로를 따라 하릴 없이 걸어보거나, 나무의자에 앉아 망중한을 즐겨보는 것도 좋은 방법이다. 더불어 다양한 각도에서 피사체를 관찰하는 것도 잊지 말아야 한다. 물론 렌즈가 지닌 광학적 특징을 최대한 활용해야 한다는 점도 잊지 말아야 한다. 모란미술관은 아이들과 함께하기에도 좋은 여행지이다. 다양한 장르의 미술 작품을 감상할 수 있

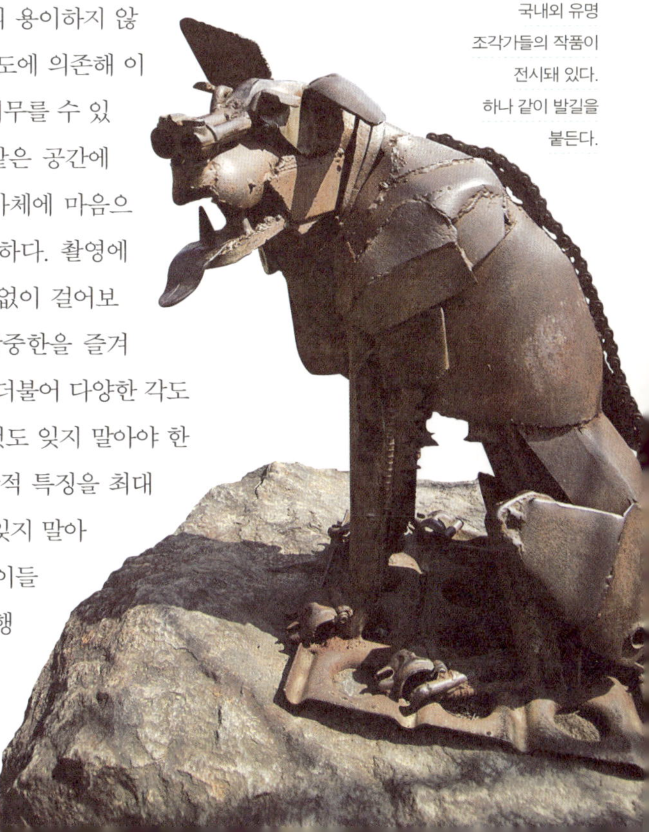

모란미술관
야외전시장에는
국내외 유명
조각가들의 작품이
전시돼 있다.
하나 같이 발길을
붙든다.

을 뿐 아니라 직접 참여해 볼 수 있는 체험 프로그램도 함께 진행되기 때문이다. 모란미술관의 대표적인 체험 프로그램으로는 '흙 놀이 도예교실'을 꼽을 만하다. '흙 놀이 도예교실'은 가변적 특징을 가진 흙을 소재로 직접적이고 감각적인 활동을 추구하는 창의적 교육프로그램으로, 일일체험과 정기수업으로 나누

모란미술관에서는 가족 관람객을 위한 다양한 체험프로그램도 진행된다.

어 진행된다.

  일일체험의 경우 주말(토·일요일) 오전 11시부터 오후 5시 사이에 미술관 내 도예 체험교실을 찾으면 누구나 참여할 수 있다. 체험 시간은 1시간 정도이며 체험 비용은 1만원. 현장에서 자신이 만든 작품을 유약 바르기와 굽기 등 후반 작업을 거침으로써 3주 후에 방문이나 택배를 통해 받아볼 수 있다. 정기반의 경우는 월 2회 또는 4회로 나뉘어 진행되며 사전에 회원으로 등록해야 한다. 비용은 월 2회 4만원, 월 4회 7만 5천원이다.

사진 이야기 적절한 렌즈를 선택할 수 있는 능력은 어떻게 키워지는 것일까. 무엇보다 '사진적 시각(Camera eye)'이 밑바탕 되어야 한다. 3차원의 공간을 2차원의 평면으로 바라볼 수 있는 능력을 일컫는 사진적 시각은 하루아침에 뚝딱 습득되는 것은 아니다. 하지만 노력 여하에 따라서 얼마든지 자신만의 독창적인 시각을 키워나갈 수 있다. 너무도 당연한 말이지만, 자신만의 독창적인 시각을 가지기 위해서는 많이 찍어보는 것 외에는 방법이 없다. 다양한 초점거리의 렌즈를 사용, 다양한 앵글로 사물을 바라보는 것 이상의 훈련은 없다는 말이다. 여기에 두 눈이 아닌 한 눈으로 사물을 바라보는 연습도 사진적 시각을 키우는 데 더없이 좋은 훈련방법이다.

흥선대원군 이하응 묘

조선 왕조 26대 임금인 고종의 아버지 흥선대원군 이하응의 묘
이다. 1863년 철종이 후사 없이 세상을 뜨자 이하응은 당시의
막후 권력자인 조대비와 공조하여 자신의 둘째 아들인 명복(고
종)을 왕위에 올린 후 대원군이 되었다. 그간의 세도정치를 타파
하고 세제개혁과 법전정비 등의 업적을 이루기노 했으나 지나친
쇄국정치와 무리한 경복궁 중건 사업 등으로 백성의 원성을 사는
등, 정치적 공과(功過)가 엇갈리는 치적을 남겼다.
대원군의 묘는 원래 1898년 고양시 공덕리에 있었으나 1908년
에 파주시 대덕리로 천봉하면서 흥원으로 격상되었다. 이후 1966
년 현재의 장소로 옮겨졌으며, 경기도 기념물 제48호로 지정돼 있다. 입장료 없음.

✉ ☎ 경기도 남양주시 화도읍 창현리 산22-2. 031)590-4721(남양주시 문화관광과 문화재팀 담당자)

능원대군 이보 묘역

조선 후기 원종(추존)의 아들인 능원대군 이보의 묘이다. 호는 담
은당, 시호는 정효이다. 인조의 동생으로 11세 때에 선조의 왕자
의안군 성에게 입양되어 능원군에 봉해졌고, 1631년에 대군으로
봉작이 격상되었다. 1636년 병자호란을 만나 남
한산성에서 항전 중에 오위도총부도총관으로 국
난극복에 힘썼고, 척화론을 주장하였다. 단아한
용모에 근면 성실한 생활로 종실의 모범이 됨으로
써 그의 죽음에 효종이 친히 문상을 했다고 한다.
능원대군 묘는 경기도 문화재자료 제115호로 지정
돼 있다. 흥선대원군 묘와 가까이 위치해 있어 함께
둘러 볼만하다. 입장료 없음.

✉ 경기도 남양주시 화도읍 녹촌리 192

소문난
맛집

종가집

사골곰탕과 찹쌀순대국을 전문으로 한다. 특히 사골
곰탕이 이 집의 대표 메뉴. 가마솥에서 24시간
동안 진하게 우려내다 보니 육수의 맛이 무척이나 깊고 진하다.
시원한 육수에 푸짐하게 더해지는 각종 부속도 빼놓을 수 없다.
얼큰한 국물을 원한다면 찹쌀순대국도 권할만하다. 주인장이 직
접 만든 큼직한 찹쌀순대가 넉넉히 들어가는 찹쌀순대국은 입맛
없는 봄·가을에 특히 인기가 좋다. 종가집에서는 이외에도 순대
곱창전골, 순대곱창볶음 등을 메뉴로 내고 있다.

✉ ☎ 경기도 남양주시 화도읍 월산리 246-15. 031)593-4448

때론 추억을 만들고, 때론 찾으러 가는 곳

대성리
국민관광지

대성리 대성리 국민관광지는 현재의 청년층은 물론
장·노년층에 이르기까지 오래도록 널리 알려진
곳이다. 서울에 거주하거나 거주한 적 있는 사람이면
대부분 그곳을 기억하고, 더러는 덜컹거리는 경춘선에
몸을 싣고 대성리로 향하던 그 시절을 추억할 것이다.
학창시절 막차를 놓쳐 대성리역 대합실에서 새우잠을
청하던 일은 아직도 기억이 새롭다. 주머니 사정
가벼운 연인들에게도 대성리는 훌륭한 데이트 장소였다.
한적한 강변산책로를 따라 걷던 가슴 설렌 기억은 눈앞에
펼쳐진 멋스러운 풍광만큼이나 아련한 추억으로
다가온다.
아직도 대성리는 역동적이고도 때로는 정적이다.

함께 하기 가족, 연인, 친구끼리
좋은 계절 사계절 모두 좋아요

수상스키를 즐기는
젊은이들.
북한강
대성리국민관광지에선
다양한 수상레저를
즐길 수 있다.

*주소... 경기도 가평군 청평면 대성리 392-5

*교통... 🚈 대성리역에서 도보로 5분

🚗 올림픽대로에서 팔당대교 넘어 우회전 → 양평 방향 6번국도 조안IC에서
청평 · 대성리 방면(45번국도) → 샛터삼거리에서 46번국도로
대성리역 못 미친 지점의 건널목에서 진입

🚌 청량리역에서 765, 1330번 버스 또는 잠실역에서 8001, 8002번 버스 이용

*이용... 연중무휴, 입장료 8백원

*문의... 대성리 국민관광지 매표소 031)584-0088

대성리

국민관광지는 내게 특별한 의미가 있는 곳이다. 처음 카메라를 사들고 찾은 곳이 바로 대성리 국민관광지였기 때문이다. 20여 년 전, 겨울이 막 시작되던 어느 날, 나는 대성리를 찾았다. 그리고 하루 종일 참 많은 사진을 찍었다. 아직도 나의 사진 앨범 속엔 그날 찍은 대성리의 모습이 흑백사진으로 고스란히 남아있다. 오늘 그 모습을 더듬기 위해 대성리로 간다.

변함없는 물안개 산책로와 신바람 보트장

참 오랜만이다. 그간 오며가며 스쳐 지난 적은 있지만 20여 년 전 그날처럼 카메라만 들고 이곳 대성리 국민관광지를 찾은 건 정말 오랜만이다. 풋풋한 대학생에서 두 아이의 아빠가 되어버린 나처럼 이곳 대성리 국민관광지도 참 많이 변했다. 찾아가는 길도, 관광지 안쪽 시설도 말이다. 하지만 변하지 않은 것도 있다. 도도하게 흘러내리는 북한강의 모습과 강물 위로 피어나는 물안개

대성리 국민관광지의 멋을 느끼려면 이른 아침에 눈을 떠야 한다.

풍경은 예나 지금이나 달라진 게 없다.

급할 것이 없다. 이곳에서 사진 촬영은 그냥 마음을 비우고 느낌을 담으면 그만이다. 하릴 없이 걷다가 추억을 더듬고 또 그렇게 되살아난 추억을 카메라에 담으면 된다. 이곳 대성리 국민관광지는 그런 곳이다. 추억을 기록하고 확인하는, 그래서 이곳에서의 시간은 더 없이 소중하다. 누군가에겐 추억을 더듬는 시간이 될 터이고, 또 누군가에게 추억을 만들어 나가는 시간이 될 터이기 때문이다.

개인적으로 이곳 대성리의 멋을 꼽자면 앞서도 언급한 것처럼 북한강에서 피어오르는 새벽 물안개가 아닐까 싶다. 마치 꿈을 꾸고 있는 듯 몽환적으로 다가오는 이곳 대성리의 새벽 풍경은 필름에 기록되는 이미지 이상으로 가슴 깊이 각인된다. 시간이 흐를수록 사진은 비록 빛이 바래 제 모습을 잃어가겠지만, 가슴 속에 깊이 새겨진 이미지들은 시간이 흐릴수록 그 빛과 색이 더욱 선명해져간다. 처음 카메라를 들고 이곳 대성리를 찾았을 때도, 20여 년이 지난 지금도 그 같은 느낌은 크게 다르지 않음을 깨닫는다.

대성리 국민관광지는 출사지 뿐만 아니라 캠핑장으로도 인기를 얻고 있다. 서울에서의 접근성이 좋기 때문이다. 아무리 길이 막혀도 1~2시간이면 캠핑장에 닿을 수 있으니 짧은 주말을 이용해 캠핑을

새벽안개 자욱한
북한강의
모습은 한 폭의
파스텔화를 보는
듯하다.

호주머니 사정이
넉넉지 않다면
직접 노 젓는
보트놀이를
즐길 수도 있다.

즐기려는 캠퍼들에게 이보다 좋을 수 없다. 대성리역과도 지척이라 간단한 장비만 챙긴다면 경춘선을 이용해서도 얼마든지 캠핑을 즐길 수 있다는 장점이 있다.

대성리 국민관광지에서 캠핑이 가능한 공간은 1천여 평에 불과하다. 그래도 화장실과 개수대 등 캠핑에 필요한 편의시설이 잘 갖춰져 있어 하루 이틀 머물기에 부족함이 없다. 캠핑장 내에는 강변산책로나 보트장 등 볼거리와 즐길거리가 풍성하다는 점도 빼놓을 수 없는 매력이다.

대성리 국민관광지 캠핑장은 진입로가 두 곳으로 나뉜다. 승용차나 승합차 등 일반 차량은 주 진입로로 진입이 가능하지만 캠핑카나 캠핑 트레일러를 이용할 경우는 대성리 국민관광지 진입로 못 미처 있는 대성삼거리에서 U턴 한 후 대성리 국민관광지 후문으로 진입해야 한다. 후문은 닫혀 있는 경우가 있으므로 대성리 국민관광지 매표소(031-584-0088)로 문의를 한 후 진입하는 게 좋다.

📷 **사진 이야기** 사진에 이야기를 담아보자. 자신의 기분이나 느낌 등 어떤 내용이라도 상관없다. 하나의 이야기가 정해지면 그 이야기를 끌어가기 위해 많은 것을 생각하게 될 것이다. 우선은 적절한 소재를 찾게 될 것이고, 다음으로는 이를 담아낼 구도를 연구하게 될 것이다. 물론 가장 좋은 광선에 대해서도 생각하게 될 것이다. 많은 시간과 노력을 투자해야 하는 일이지만 그만큼 값어치가 있는 작업이다. 처음부터 이야기를 구성하기가 부담스럽다면 간단한 제목 달기로 시작해 보는 것도 좋은 방법이다.

대성리 캠프마을

대성리는 오래 전부터 대학생들의 MT촌으로 유명세를 탄 곳이다. 때문에 대성리 국민관광지 주위로는 대단위 숙박시설을 갖춘 캠프타운이 형성돼 있는데, 그 중에서 대성리 캠프마을은 대성리 일대에서 최대 규모의 캠프촌으로 꼽힌다. 오류동 계곡을 중심으로 형성돼 있는 대성리캠프마을에는 바비큐 시설, 단체회의실, 대운동장 등 다양한 편의 시설을 갖춘 캠프 시설 40여 개소가 밀집해 있다.

구암 모꼬지터

구암 모꼬지터는 우리네 음식의 맛을 지켜가는 향토음식전문체험 공간이다. 2007년 농촌진흥청에서 '농가맛집'으로 선정한 모꼬지터에선 지역 농산물로 만든 소박한 밥상이 있고, 그 음식에 담긴 이야기를 들을 수 있다. 또한 우리 농산물을 이용한 여러 가지 체험도 가능하다. 모꼬지터에서 진행하는 대표 체험으로는 고추 따기, 앵두 따기 같은 농사 체험과 제철밥상 차리기, 화전 부치기, 송편 빚기 등 순수 우리 음식을 직접 만들어 보는 체험을 꼽을 수 있다. 모꼬지터에는 체험 공간뿐만 아니라 별도의 숙박시설도 갖추고 있어 호젓한 농가에서 하루 이틀 마음 편하게 묵었다 돌아올 수 있다. 모꼬지는 '놀이나 잔치 등을 위해 여러 사람이 모이는 일'을 뜻하는 순수 우리말이다. 관람료 무료(체험 비용 별도).

경기도 남양주시 화도읍 구암리 228-4. 031)511-7752 www.mokkojiteo.com

소문난 맛집

남원본가맛추어탕

전라도 남원의 대표 음식인 추어탕을 제대로 즐길 수 있는 곳이다. 남원의 추어탕은 맑게 끓여내는 부산 식 추어탕과 달리 된장과 들깨가루를 넣어 걸쭉하게 끓여내는 게 특징인데, 이곳 남원본가맛추어탕에서는 남원 추어탕의 맛을 그대로 살려 다른 지역 추어탕과의 차이를 느낄 수 있다. 추어탕 이외에 추어전골과 추어튀김·추어만두 등 미꾸라지를 이용한 다양한 요리도 함께 즐길 수 있다.

가평군 청평면 대성리 332-20, 대성리 국민관광지에서 북쪽 2km여 거리. 031)584-2217

고샅처럼 정겨운 산책로와 비경의 테마정원

아침고요수목원

청평

정녕 그 이름처럼 고요하고 아늑한
숲 속 별세계다. 축령산 기슭, 10만여
평의 공간에는 향긋한 허브에서 고산식물까지,
우리나라에서 자생하는 꽃과 나무들로 가득하다.
고샅처럼 정겨운 산책로를 따라 이어지는 20여 개의
테마정원은 서로 다른 얼굴로 방문객을 반긴다.
한국정원·야생화정원·하경정원·달빛정원 등
어느 곳 하나 빼놓을 수 없다. 몸과 마음을
풀어놓고 기웃기웃 이곳저곳 거닐다 보면 한나절이 훌쩍
지난다. 이이들을 동반한 가족 나들이, 연인들의 데이트
코스로 손색이 없는 곳이다.

함께 하기 가족, 연인, 친구끼리
좋은 계절 봄, 여름, 가을, 겨울

10만여 평에 이르는
아침고요수목원은
20여개의 다양한
테마공원으로
이뤄져 있다.

✽주소... 경기도 가평군 상면 행현리 산255

✽교통... 🚈 청평역에서 청평터미널 이동 후 수목원행 버스 이용

🚌 서울·춘천간고속도로 화도IC 진출 → 가평·청평 방면 → 대성리 →
청평검문소 좌회전 → 임초리 상면초등학교 앞 좌회전 → 아침고요수목원

🚌 서울 동대문역사문화공원역, 강남역, 종합운동장역에서 직행버스 운행
(탑승문의 1588-9722)

✽이용... 연중무휴. 입장료 어른 8천원, 중고생 5천원, 어린이 4천원

✽문의... 1544-6703 www.morningcalm.co.kr

아침고요수목원으로 들어서면 우선 마음이 편안해진다. 이는 신령스러운 축령산 품속에 안기듯 자리한 위치 때문이기도 하지만 코끝으로 전해오는 자연의 싱그러움 때문이기도 하다.

정문을 들어서면 우측으로 자그마한 초가와 아담한 장독대가 방문객을 가장 먼저 반긴다. 툇마루가 멋스러운 이곳은 '고향집 정원'이라 이름 붙여진 곳이다. 이름이 아니더라도 마치 시골 외갓집에 와 있는 듯한 느낌을 받게 되는 곳이다. 이곳에는 진달래 · 조팝나무 · 벚꽃 등이 자리해 아침고요수목원에서도 봄이 가장 빨리 찾아드는 공간이기도 하다. 아침고요수목원의 역사를 한눈에 살필 수 있는 '역사관'도 이곳에 마련돼 있어 본격적인 수목원 관람에 앞서 한번쯤 들러보는 것도 괜찮지 싶다.

'시가 있는 산책로' 지나면 900년생 향나무 꿈틀

고향정원 뒤에 위치한 허브가든을 지나 산뜻한 데크를 오르면 무궁화동산이 펼쳐진다. 야트막한 언덕을 가득 메운 200여 종의 무궁

화는 여름부터 가을까지 피고지고를 반복하며 언덕 전체를 화려하게 수놓는다. 아침고요수목원에서 가장 높은 곳에 위치한 무궁화동산에 서는 수목원을 한눈에 내려다보는 호사도 누릴 수 있다.

'아침계곡'이라 부르는 자그마한 계곡을 지나면 분재원이 나온다. 수목원을 조성하면서 가장 먼저 공들여 만든 곳으로, 아침고요수목 원의 여러 가지 테마공원 중에서도 특히 인기있는 공간이다. 분재원 으로 들어서면 눈길 닿는 곳마다 소나무 · 향나무 · 소사나무 · 단풍 나무 · 모과나무 등 우리네 자생수종을 이용해 가꾼 다양한 모습의 분재들이 시선을 압도한다. 오랜 시간 정성껏 가꾼 분재들은 이리 휘 고 저리 비틀어지며 자신만의 모양을 자랑하는데, 하나하나가 그 어떤 조각 작품과 비교해도 손색없을 정도로 아름답다.

잣나무 숲으로 이뤄진 '시가 있는 산책로'를 지나면 아침고 요수목원의 중심이랄 수 있는 '아침광장'이 성큼 다가선다. 이곳엔 천리향이라 명명된 수령 900년의 향나무가 반긴다. 아침고요수목원의 상징목인 이 향나무는 천년이 넘도록 건 강하게 자라라는 의미에서 천리향이라는 이름을 얻었다. 산

아침고요수목원의
상징인
'천리향'이라
불리는 900년 된
향나무.

라벤더를 쏙 빼어
닮은 맥문동.
겨울에도 푸른빛을
잃지 않는다
(오른쪽).
달빛정원에 자리하고
있는 아담한 교회.
하얀 외관이 무척이나
인상적이다(아래).

뜻한 잔디 정원을 배경으로 서 있는 천리향의 모습은 이곳 아침고요수목원을 대표하는 이미지이기도 하다.

이처럼 아침고요수목원에는 고샅처럼 정겨운 산책로를 따라 20여 개의 테마정원이 곳곳에 자리해 있다. 무궁화동산, 분재원, 아침광장 외에도 연못과 한옥이 어우러진 한국정원, 큰금매화·물싸리·바위구절초·두메양귀비 등 백두산 야생화를 만날 수 있는 야생화정원, 한반도 모습을 본떠 조성한 하경정원, 하얀 교회가 인상적인 달빛정원까지 어느 것 하나 놓칠 게 없다. 한국정원에서 달빛정원까지는 잣나무와 각종 야생화 그리고 부드러운 흙길이 어우러진 멋진 산책로가 조성돼 있어 몸과 마음을 풀어놓고 천천히 걸어볼만하다.

사진 이야기 사진에서 가장 중요한 것은 촬영이다. 그리고 그 바탕에는 프레이밍(framing)이 있다. 프레이밍은 말 그대로 파인더(finder)를 통해 화면을 구성하는 작업을 말한다. 여기에는 구도와 노출 등 사진에 필요한 다양한 기능적 부분이 포함된다. 그래서 사진가의 감각이 가장 많이 요구되는 작업이기도 하다. 프레이밍은 사진가의 개성을 담아내는 첫 단추다. 첫 단추가 잘못 끼워지면 끝이 좋을 수 없듯이 프레이밍에 실패한 사진에선 완성도 높은 작품을 기대할 수 없다. 적당히 촬영해 후반 작업에서 필요한 만큼 잘라내는 것은 그만큼 사진의 완성도를 떨어뜨리는 것임을 명심하자.

가평레저밸리 카트장

미니 포뮬러로 불리는 카트(kart)를 즐길 수 있는 곳이다. 서킷의 총 길이는 400m. 1인승과 2인승을 포함해 모두 30여대의 카트를 보유하고 있다. 이곳의 카트는 레저용으로 개조된 것으로 몸체의 폭과 길이가 일반 레이싱 카트보다 조금 크며 전면과 측면에 충격완화를 위한 안전장치도 갖추고 있다. 레저용으로 개조한 카트여서 최고 속도는 레이싱 카트의 절반 수준인 50km/h.

하지만 차체가 개방돼 있는 카트의 특성상 운전자는 주행 속도의 3배에 가까운 속도감을 느낄 수 있어 짜릿한 질주쾌감을 만끽하기에 부족함이 없다. 체험 비용은 10분당 1인승 1만 2천원, 2인승 1만 5천원. 아침고요수목원 길목인 임초삼거리에서 가까운 곳이다.

✉ ☎ 경기도 가평군 상면 임초리 377-4. 031)584-6070

가평사계절썰매장

이름처럼 봄 · 여름 · 가을 · 겨울 언제나 썰매를 즐길 수 있는 곳이다. 9,780m²규모의 가평사계절썰매장에는 중급용과 초급용 두 개의 슬로프가 마련돼 있다. 인조잔디로 이뤄진 초급용 슬로프는 길이 102m에 폭 25m이며, 중급용 슬로프는 길이 125m에 폭 25m이다. 상부까지는 80m 길이의 무빙 워크가 설치돼 있다. 이곳에서는 일반 썰매와 튜브 모양의 터비썰매를 함께 즐길 수 있다.

썰매장은 매년 6월 말에서 9월 초까지는 물썰매장으로, 12월 초에서 다음 해 2월 말까지는 눈썰매장으로 이용된다. 이용료는 중학생 이상 7천 7백원, 어린이 5천 5백원이며 이용 시간은 여름과 겨울 구분 없이 오전 10시부터 오후 5시까지. 설, 추석 당일은 휴무이다.

✉ ☎ 경기도 가평군 상면 덕현리 157-3(깃대봉길 5-20). 031)585-8991 www.gp4s.co.kr

소문난
맛집

가평아침고요 장작구이

메인 메뉴는 훈제오리와 통삼겹살이다. 두 메뉴 모두 참나무 장작 가마에서 1차로 훈제한 뒤 120℃에서 30분 정도 다시 훈제를 하기 때문에 맛과 향이 무척 깊다. 훈제 오리는 한 마리에서 4만 5천원, 통삼겹살은 1인분에 1만 3천원, 훈제오리와 통삼겹살을 함께 맛볼 수 있는 모듬훈제는 3만 5천원이다.

훈제 요리를 맛본 뒤에 먹는 막국수도 놓치기 아깝다. 막국수는 비빔막국수와 물막국수가 준비되며 훈제 요리와 함께 주문할 경우 4천원, 별도로 주문할 경우는 6천원이다. 아침고요수목원을 구경하고 나오는 길에 들리면 된다.

✉ ☎ 경기도 가평군 상면 임초리 431-5, 임초리삼거리 가까운 지점. 031)584-5392

가평에 백두산 천지를 닮은 호수가 있다

호명호수

상천 전력을 생산하기 위해 호명산 연봉에
축조한 인공호수다. 우리나라 최초의 양수식
발전소(청평양수발전소) 위쪽에 있는 저수지로, 북한강
물을 해발 538여m의 산꼭대기에 끌어올려 전기를 만드는
방식이다. 비록 인공호수이긴 해도 해발 500m가 훨씬
넘는 산봉우리에 둘레 1.7km의 거대한 호수가 존재한다는
것만으로도 신비감을 불러일으킨다.
여행객들은 이 같은 호명호수를 두고 백두산 천지와
비교하기도 하는데, 눈앞으로는 632.4m 높이의 호명산
정상이 보이고 발밑으로는 가평 제1경으로 꼽히는
청평호반이 펼쳐진다. 노선버스와 셔틀버스가 운행되고
있어 힘들지 않게 오를 수도 있다.

함께 하기 가족끼리, 연인끼리
좋은 계절 봄~가을(겨울엔 출입 제한)

해발 538m 산꼭대기에
있는 호명호수.
비록 인공호수이지만
백두산 천지에
비교되기도 한다.

✱ 주소... 경기도 가평군 청평면 상천리 산62-3 일원

✱ 교통... 🚆 상천역 하차 후 상천역입구 정류장에서 호명호수행 버스 이용. 또는 청평역
            하차 후 청평터미널에서 노선버스 이용.

         🚗 가평 방면 46번국도 → 청평1교 지나 호명리 방면 우회전(391번 지방도로)
            → 복장리 보건진료소 삼거리에서 상천리 방면으로 좌회전
            → 호명호수 주차장

✱ 이용... 12월 1일~익년 3월 15일 기간을 제외한 매일 09:00~18:00. 입장료 없음

✱ 문의... 031)580-2062(호명호수관리사무소)

홍보관 전망대에서는 호명호수는 물론 멀리 북한강까지도 한눈에 담을 수 있다.

가평8경

가운데 제2경으로 지정된 호명호수는 1980년도 완공 이후 지난 2008년부터 공원으로 상시 개방되었다. 청평양수 발전소가 만들어지면서 생겨난 호명호수는 한동안 20인 이상의 단체 관람객에 한해서만 예약제로 개방하던 공간이었기에 쉽게 찾아볼 수 있는 곳은 아니었다. 하지만 이제는 누구나 마음만 먹으면 호명호수에 올라 멋진 풍경을 감상할 수 있다. 게다가 청평역·상천역·가평역에서 노선버스를 이용해 손쉽게 오를 수 있다. 승용차의 경우는 산중턱의 주차장에 차를 세워두고 걸어 오르거나 노선버스 또는 셔틀버스를 이용해야 한다. 주말과 휴일의 경우 셔틀버스와 노선버스가 30분, 1시간 간격으로 운행되며 주중에는 노선버스만 1시간 간격으로 운행한다.

산정 호수에서 내려다보는 그림 같은 청평호

버스에서 내리면 가장 먼저 하늘과 맞닿은 호수가 여행객을 반긴다. 해발 538m 산정에 위치한 둘레 1.7km, 수면적 136,000여㎡의 거대한 호수가 단연 시선을 압도한다. 한순간 가슴이 뻥 뚫릴 정도로 시원스런 모습이다. 호수를 따라 얼마간 걸으면 전력 홍보관을 알리는 이정표가 나온다. 이정표를 따라 제법 가파른 계단을 오르면 하얀 외관이 인상적인 팔각정 모습의 전력 홍보관이 모습을 드러낸다. 1층은 전력 홍보관으로 그리고 2층은 전망대로 꾸며 놓은 곳이다.

호명호수에 있는 4개의 전망대 가운데 가장 높은 곳에 위치해 방문객들은 이곳을 빠뜨리지 않는다. 먼저 홍보관 1층의 전시물을 관람하고 2층으로 오르면 마침내 하늘빛을 닮은 호수가 그 모습을 온전히 드러낸다. 눈높이를 같이해 바라볼 때와는 또 다른 절경에 입이 다물어지지 않는다. 호명산 줄기 가운데 한 곳 산정

에 움푹하게 자리한 호수이고 보니 첩첩이 둘러싸인 주변 산세와 어우러진 모습이 별천지를 연상케 한다. 왜 이곳을 가평 제2경이라 부르는지 수긍이 되고도 남는다. 전력 홍보관 전망대에서는 호명호수뿐 아니라 저 멀리 청평양수발전소와 북한강의 모습까지도 한눈에 담을 수 있다.

호수 주변의 산책로도 빼놓을 수 없다. 호수를 따라 이어지는 산책코스는 1.6km 정도. 하지만 종합안내소에서 전력 홍보관과 천상공원을 거쳐 조각공원까지 꼼꼼히 돌아보려면 3km 정도는 걸어야 한다. 만만찮은 거리지만 중간 중간 나무벤치나 휴식공간이 잘 조성돼 있어 쉬엄쉬엄 돌아보면 지루할 사이가 없다. 천상원(하늘공원) 옆 전망 데크에선 가평 제1경인 청평호반을 굽어볼 수 있고, 버스 정류장으로 이용되는 종합안내소 옆 잔디공원도 산책 후 무거워진 다리를 풀어놓기 좋은 곳이다. 카펫을 깔아놓은 듯 곱게 펼쳐진 잔디공원 여기저기에는 돗자리를 펴놓고 도시락을 먹으며 휴식을 취하는 가족의 모습도 여럿 눈에 띈다. 호명호수 안에는 꼭 필요한 화장실과 간이매점이 있을 뿐, 추가 편의시설이 없기 때문에 음료수와 간단한 먹을거리는 미리 준비해 가는 것이 좋다.

전력홍보관까지는 제법 가파른 계단을 올라야 한다(위 사진). 전력홍보관에서는 이곳 양수발전소 시설 현황을 살펴볼 수 있다(아래).

호명호수 주변에는
모두 네 곳의
전망대가 마련돼
있다.

　　호명호수를 돌아본 뒤에는 버스를 기다릴 거 없이 산중턱 주차장까지 천천히 걸어 내려오는 것이 좋다. 구절양장마냥 굽이굽이 이어진 도로는 차를 타고 오를 때와는 또 다른 분위기를 자아낸다. 원시림을 방불케 할 정도로 울창한 숲이며, 도로 후미진 곳마다 두껍게 쌓여 있는 이끼들이 파릇파릇 보는 이를 반긴다. 게다가 차량통행이라고 해봐야 30분마다 혹은 1시간마다 오가는 버스가 전부이다 보니 도로 전체를 차지하고 걷는 호기 아닌 호기도 부려볼 수 있다. 호명호수에서 주차장까지는 4km가 조금 넘는 거리지만 도로 전체가 완만한 내리막이어서 생각만큼 힘들지도, 또 시간이 많이 걸리지도 않는다.

환상의 드라이브 코스

'환상의 드라이브 코스'로 불리는 가평군의 8번국도는 가평읍 복장리 삼거리에서 청평면 상천리를 잇는 10.8km 구간을 가리킨다. 호명산 북쪽 산자락을 타고 구불구불 이어지는 8번 군도는 환상의 드라이브 코스라는 애칭에 걸맞게 운전하는 재미에 더해 다양한 볼거리가 가득하다. 오가며 만나는 독특한 모습의 카페들도 한몫을 더한다. 복장리 삼거리에서 1.7km 지점에 위치한 카페 갤러리 로코(031)581-0083)는 8번 국도를 이야기 하면서 빠지지 않고 등장하는 곳. 건축디자이너인 부인이 설계를 하고, 화가인 남편이 인테리어를 한 이곳은 멋스러운 외관 때문에 사진 촬영

명소로 알려진 곳이기도 하다. 갤러리 로코와 함께 빼놓을 수 없는 곳이 귀곡산장(www.guigok.net)이다. 독특한 이름 때문에 한번 찾게 되고, 그렇게 맺어진 인연으로 다시 찾게 되는 그런 곳이다. 갤러리 로코를 지나 시원스레 돌아나가는 길을 5분 정도 오르면 도로 오른쪽으로 귀곡산장을 알리는 이정표가 나오고, 이정표를 따라 2km 정도 비포장도로를 달리면 그 끝에 귀곡산장이 기다린다.

✉ ☎ 경기도 가평군 가평읍 복장리 삼거리 ~ 청평면 상천리 구간의 8번 군도. 031)582-0492(갤러리 로코)

중종대왕태봉

조선 11대 왕인 중종의 태(胎)를 모신 곳이다. 중종은 1506년 연산군이 폭정으로 폐위되자 왕으로 추대되었다. 재위 기간 중 기묘사화 등 수많은 당쟁을 야기하였으나 군자를 개편하고 양전을 실사하는 등 많은 업적을 남기기도 했다. 또한 인쇄술을 개량해 신동국여지승람을 비롯한 각종 문헌의 간행과 역대 왕조의 실록을 보관하기 위해 사고를 짓는 등 재위 38년 동안 민족문화 진흥에 대업을 이룩한 왕이기도 하다. 이곳 태봉은 1515년 중종의 왕위 등극을 기념하여 당초 묻혀있던 태실(태를 묻어두는 석실)과 태항(태를 담는 항아리)을 다시 제작하여 조성한 곳이다. 지금의 태봉은 일제강점기 당시 도굴, 파손 된 것을 1986년 향토유적 제6호로 지정하면서 복원한 것이다. 상색초등학교에서 가까운 거리.

✉ ☎ 경기도 가평군 가평읍 상색리 산112. 031)580-2068(가평군 문화관광과)

소문난 맛집

산마루가든

호명호수 주차장에서 20m 가량 떨어진 호젓한 산중에 자리한 맛집이다. 한방 닭백숙을 전문으로 하는 이곳에선 직접 키운 토종닭에 당귀·감초 등 각종 한약재를 함께 넣고 닭백숙을 끓여내는데, 토종닭의 쫄깃한 육질과 한약의 은은한 향이 어우러진 맛이 일품이다. 한방닭백숙 외에도 한방오리구이, 닭볶음탕, 더덕정식, 산채정식 등도 산마루가든에서 추천하는 메뉴들이다.

✉ ☎ 경기도 가평군 청평면 상천리 1522-1. 031)585-8989

한국에서 프랑스를 체험하다

쁘띠프랑스

청평호가 내려다보이는 야트막한 언덕 위에
자그마한 프랑스 마을이 자리해 있다. '한국 속의
프랑스 마을'을 표방한 쁘띠프랑스(Petite France)가
바로 그곳이다. 우선 첫발을 들이는 순간, 정녕 두 눈이
휘둥그레지고 '여기가 한국 맞아?'라는 감탄사가 절로
튀어 나온다. 하양과 주황이 어우러진 건물들, 그 사이로
보이는 청평호반의 풍경은 그야말로 한 폭의 그림 같다.
한국의 자연과 프랑스의 멋이 더해진 이곳 풍경은 수많은
사진 동호인들을 불러들이고, 가족 여행객들과 연인들의
발길을 오래도록 붙든다. MBC 인기 드라마 '베토벤
바이러스'의 촬영지가 바로 이곳이기도 하다.

함께 하기 가족끼리, 연인끼리
좋은 계절 사계절 모두 좋아요

프랑스 문화와 예술을
체험할 수 있는
가평의 쁘띠프랑스.
서울 도심의 서래마을과는
또 다른 분위기다.

＊주소... 경기도 가평군 청평면 고성리 616

＊교통... 청평역 하차 후 청평터미널에서 고성리 쁘띠프랑스 행 버스 이용

서울·춘천간고속도로 → 화도IC 진출 → 46번 경춘국도 대성리 지나
청평댐 입구에서 고성리 방향의 75번국도 10km여 지점

＊이용... 연중무휴 09:00~16:00까지(폐장 1시간 전까지 입장 가능).
입장료 성인 8천원, 청소년 6천원, 소인 5천원.

＊문의... 031)584-8200 www.pfcamp.com

『어린왕자』를
테마로 한
공간답게
곳곳에서 소설 속
주인공들을 만날
수 있다.

쁘띠프랑스에선 마주치는 건물 하나, 소품 하나하나가 모두 좋은 사진의 소재가 된다.

프랑스의 아담한 뒷골목을 연상시키는 쁘띠프랑스의 분수광장.

하양과 주황으로 색을 입힌 멋스러운 건물은 물론 그 사이로 바라보이는 청평호의 모습도 무척이나 매력적이다. 그만큼 볼거리가 풍성하고 사진 촬영을 하는 즐거움만큼이나 이 작은 한국 속 프랑스 마을을 꼼꼼히 살펴보는 것도 놓칠 수 없는 즐거움이다.

쁘띠프랑스의 중심이랄 수 있는 원형극장 뒤로는 갤러리와 스튜디오가 자리해 있다. 큰 규모는 아니지만 각종 전시회가 열리고 체험 프로그램이 진행되는 곳이다. 이곳 갤러리와 스튜디오 옆 계단을 오르면 숙박동 옆으로 애니메이션과 영화를 상영하는 소극장이 나오고 그 앞으로 분수광장이 모습을 드러낸다. 작지만 운치 있는 분수와 붉은 벽돌을 깔아놓은 바닥이 참 잘 어울리는 곳이다. 프랑스의 어느 작은 도시 뒷골목을 그대로 옮겨놓은 듯한 이곳에선 향기 짙은 커피 한 잔이 절로 생각난다. 분수광장 주위로는 생텍쥐페리 기념관과 오르골 하우스 그리고 어린왕자 기념품 매장과 매점 등이 모여 있다.

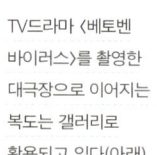

눈에 익은 '베토벤 바이러스'의 무대… 숙박도 가능

《어린왕자》의 작가 생텍쥐페리의 삶과 죽음 그리고 그의 작품세계를 한눈에 볼 수 있는 생텍쥐페리 기념관을 지나 오르골 하우스로 들어서면 감미로운 오르골 멜로디가 관람객을 반긴다. 자명금(自鳴琴)이라고도 불리는 오르골은 길이가 다른 금속판을 음계별로 달고, 여기에 바늘이 촘촘히 붙은 원봉을 부착해 태엽의 힘으로 원통을 돌리면 바늘이 금속판을 튕겨서 소리를 내도록 하는 장치로, 18세기 프랑스 귀족들 사이에서 유행했던 음악완구다. 당시 귀족들은 담배 케이스나 인형 상자 등에 오르골을 장착해 자명종 대신 사용하기도 했다고 한다. 단순하지만 깊은 울림이 있는 오르골 멜로디는 사람의 마음을 편안하게 만드는 마술 같은 매력을 지니고 있다. 오르골 하우스에서는 매시 40분마다 10분씩 오르골을 감상할 수 있다.

오르골 하우스 맞은편에 자리한 어린왕자 기념품 매장에서는 손수 오르골을 만들어 볼 수도 있다. 사실 '오르골 만들기'보다 '오르골 꾸미기'에 더 가까운 체험인데, 다양한 모양의 플라스틱 조각을 이용해 나만의 오르골을 만들어 보는 오르골 체험은 매시 정각 선착순으로 참여할 수 있다.

야외무대 옆 A동 지하는 대극장이다. 200여명을 동시에 수용할 수 있는 이곳 대극장은 음향과 영상 시설이 갖춰져 연주회와 공연장으로 활용되는 곳이다. 하지만 쁘띠프랑스를 찾는 관람객들이 어느 곳보다 먼저 이곳을 찾는 이유는 MBC 인기 드라마 《베토벤 바이러스》의 촬영장이었기 때문이다. 드라마의 메인 무대라고 할 수 있는 강마에(김명민 분)가 지휘하던 시향의 연습실이 바로 이곳. 드라마 내용상 화면에 자주 등장

TV드라마 〈베토벤 바이러스〉를 촬영한 대극장으로 이어지는 복도는 갤러리로 활용되고 있다(아래).

MBC TV
인기드라마
〈베토벤바이러스〉
촬영장으로
사용된 공간.

한 곳이어서 처음 와보는 곳임에도 낯설지
않을 수도 있다. 대극장에선 매일 3회(11:30
13:30 15:30) 클래식 연주와 샹송 공연 등 다양한 공
연이 펼쳐진다. 공연 관련 내용은 쁘띠프랑스 홈페이지를
통해 확인할 수 있다.

　대극장의 긴 복도를 지나 뒷문과 이어진 계단을 오르면 드라마 '베
토벤 바이러스'의 또 다른 촬영장이 기다린다. 주인공 강마에가 집무
실로 사용했던 공간이다. 이곳에는 드라마가 끝난 지금까지도 드라
마 촬영 당시 사용했던 소품들을 고스란히 보존해 두고 있다. 고풍스
러운 의자와 책상은 물론 책상 위에 펼쳐놓은 악보까지 그대로다. 당
장에라도 강마에의 비아냥거리는 호통소리가 들릴 듯하다. 한쪽 벽
면을 가득 메운 드라마 출연진의 사인 보드도 인상적이다.

　프랑스 주택전시관도 흥미롭다. 주택전시관 입구에서는 이 주택에
대한 간략한 내용을 살펴볼 수 있는데, 150년 된 프랑스 고택을 그대
로 옮겨 놓은 것이라는 설명이다. 집을 구성하는 모든 자재, 그러니까
기와 · 기둥 · 창문 · 바닥재는 물론 집 안에 있는 식탁이며 침대 심지
어 세면대에서 욕조까지도 모두 프랑스에서 가져온 것들이라고 한
다. 하지만 그 중에서도 특히 시선을 끄는 건 거실 안쪽 벽에 기대어
있는 두 개의 의자다. 언뜻 보기에도 고풍스러워 보이는 이 의자는
프랑스 감정 평가사로부터 18세기 귀족들이 사용했던 것으로 인증을

멀리서 본
쁘띠프랑스 전경.

받은 제품들이다.

　18세기 프랑스의 고택까지 구경했으니 이제는 출출해진 뱃속을 챙길 차례. 금강산도 식후경, 아무리 멋진 풍광도 뱃속이 허하면 눈에 제대로 들어오지 않는 법. 다시 A동으로 발걸음을 옮긴다. 쁘띠프랑스에서 식사를 할 수 있는 곳은 A동에 자리한 비스트로가 유일하기 때문이다. 이곳에선 한식과 양식 가운데 취향에 맞는 메뉴를 고를 수 있다.

　볼거리 풍성한 쁘띠프랑스에서의 하루는 짧기만 하다. 한나절 이렇게 돌아보고 나오기가 아쉽다면 쁘띠프랑스 내 펜션에서 하룻밤을 보내는 것도 괜찮다. 유럽풍으로 지어진 쁘띠프랑스 펜션은 2인실에서 10인실까지 모두 32개의 객실이 갖춰져 있으며, 애완견 동반과 객실 내 취사는 금하고 있다.

사진 이야기　우리는 늘 앞만 보고 걷는다. 그래서 그 방향에 익숙하다. 하지만 모든 사람에게 그 방향은 익숙하고, 익숙한 것은 특별히 주의를 끌지 못한다. 사진도 마찬가지다. 적당한 렌즈를 사용해 적당한 눈높이에서 적당히 찍은 사진은 그저 그럴 수밖에 없다. 결국 좋은 사진을 만드는 것은 사물을 어떻게 바라보고 어떻게 접근하느냐의 문제다.
가끔은 뒤를 돌아보자. 내가 방금 지나온 길이지만 전혀 다른 느낌으로 다가올 때가 있다. 그리고 가끔은 주저앉아보자. 내가 서 있던 곳이지만 낮아진 눈높이만큼 달라진 세상이 보일지 모른다. 그 순간을 놓치지 말자.

ING전원마을

쁘띠프랑스에서 북한강변을 따라 북쪽 10여km 지점에 10여 개의 펜션과 카페들이 모여 자그마한 마을을 이룬 곳이다. 목조 주택과 통나무 주택 등 제각각의 멋을 한껏 뽐낸 건물들이 북한강 기슭을 바라보며 그렇게 옹기종기 모여 있다. 마치 유럽의 작은 마을에 와 있는 듯한 착각이 들 정도로 이국적인 모습이다. 어디에 서서 어떻게 앵글을 잡든 예쁜 기념사진 한 장 남기기에 이만한 곳도 없을 듯싶다. 여유가 있다면 마음에 드는 예쁜 카페를 찾아 따뜻한 커피 한 잔 마시는 것도 괜찮다.

✉ ☎ 경기도 가평군 가평읍 금대리 55-60. 031)582-4646(에끄랑펜션)

열부 나주정씨 정려각

ING전원마을로 향하는 도중의 가평읍 복장리에 있는 나주정씨 정려각은 17세에 복장리의 창녕 조씨에게 시집온 나주정씨의 행적을 기리기 위해 세운 정각이다. 마을에서 이름난 효부이자 열부였던 나주정씨는 52세의 나이로 타계한 남편 조씨의 빈소에서 90일간 식음을 전폐한 채 호곡하다 남편의 장례 하루 전날인 같은 해 9월 27일 34세의 젊은 나이로 순절했다고 한다. 이 같은 사실을 전해들은 조정에선 이듬해 나주정씨에게 열부 정문을 하사했고, 마을에선 지금의 자리에 정려각을 세우게 된 것이다. '정려(旌閭)'란 효자나 열녀, 충신 등의 행적을 기르기 위해 그들이 살던 집 앞이나 마을 입구에 세우는 문이나 정각을 일컫는다.

✉ ☎ 경기도 가평군 가평읍 복장리 300-2. 031)580-2068(가평군 문화관광과)

소문난 맛집

검단집

쁘띠프랑스에서 복장리 방향 약 1.5km 지점의 검단집은 북한강이 한눈에 내려다보이는 언덕에 위치한 민물고기 전문점이다. 대표 메뉴는 매운탕. 그중에서도 특히 얼큰하면서도 담백한 메기 매운탕이 일품이다. 메기 매운탕 외에 쏘가리 · 빠가사리 등을 이용한 매운탕도 맛볼 수 있으며, 사전에 미리 주문하면 토종닭을 이용한 닭볶음탕과 닭백숙도 준비가 가능하다.

✉ ☎ 경기도 가평군 청평면 고성리 425. 031)585-6977

의암호 물안개가 빚어내는 비밀의 섬
중도유원지

남춘천 중도유원지는 의암댐 건설로 생겨난 섬이다.
드넓은 의암호 수면에 둘러싸인 34만 평 면적의 섬
남쪽에 아담한 숲과 잔디 공원이 조성돼 있어 사계절 내내
대학생들의 MT나 야유회, 체육대회 장소로 사랑받는다.
수변 따라 조성된 산책로는 물론 다양한 편의시설이
갖춰져 있어 연인 또는 가족, 단체 행사 여행지로도
인기다.
각종 체육행사와 재미나는 게임을 즐길 수 있고, 캠핑을
하거나 다중숙소와 중도펜션에서 숙박이 가능하며 보트를
즐길 수 있는 수상 레저 시설과 수영장도 마련돼 있다.
힘센 의암호 붕어를 낚을 수 있는 낚시터도 있다. 봄에는
신록이, 여름엔 녹음이, 가을엔 단풍이 물들어 계절마다
독특한 분위기를 연출한다.

함께 하기 가족끼리, 연인끼리, 친구끼리
좋은 계절 봄, 여름, 가을

중도유원지 일대는
어디든 자전거를 타거나
걸어 다닐 수 있는
코스가 조성돼 있다.

❋주소... 강원도 춘천시 중도동 603

❋교통... 남춘천역에서 11번 버스를 타고 공지천사거리에서
74, 75번 버스 환승 후 베어스호텔에서 하차

서울·춘천간고속도로 춘천IC 진출 → 남춘천역 → 온의사거리 →
공지천 → 강원국악예술회관 → 중도선착장

❋이용... 첫배 09시, 마지막배 18시(30분 간격 운행). 입장료 포함한 도선료
어른 5천 3백원, 대학생 4천 8백원, 청소년 4천 3백원, 어린이 3천 4백원

❋문의... 033)242-4881 www.gangwondotour.com

아침 햇살을
받아 황금빛으로
물든 중도선착장.
이곳에서
배로 5분이면
중도유원지에
닿는다.

1967년 의암댐이 준공되면서 호수 안에는 크게 세 개의 섬

이 생겼다. 그 중의 하나로 면적이 가장 크고 중심에
위치한 섬이 중도이다. 이곳 중도유원지로 들어가기 위해선 당연히
배를 이용해야 한다. 선착장은 춘천시 삼천동과 근화동 두 곳에 있다.
삼천동 선착장에서는 일반 관광객을 위한 유람선이, 근화동 선착장
에서는 차량을 실어 나르는 철부선이 운항한다. 각각의 선착장에서
중도까지는 불과 5분 정도 거리. 매일 30분 간격으로 운항하는 유람
선 이용료에는 유원지 입장료가 포함되며, 근화동 선착장의 철부선
은 금요일부터 일요일까지만 운행되는데, 도선료는 승용차(운전자 포
함) 왕복 2만원, 1인 추가 시 어른 3천원, 어린이 1천 5백원이다.

물안개 속에 잠기는 아침 풍경이 압권

중도유원지에 도착하면 섬이라는 이름이 무색할 정도로 깔끔하게
정돈된 잔디광장이 가장 먼저 반긴다. 주위로는 나무들도 제법 무성
하다. 덕분에 유원지라기보다는 어느 한적한 공원에 와 있는 느낌을
받게 된다.

중도유원지에는 선사시대유적지인 적석총과 움집, 고인돌 같은 유
물들도 남아 있어 함께 둘러보기 좋다. 유원지 내의 이동은 도보가
일반적이지만 걷기가 부담스럽다면 유원지 입구에서 전기자동차를

선사시대유적지인
고인돌 같은
유물들도 남아 있어
함께 둘러보기 좋다.

빌려 이동할 수도 있다.

잔디광장은 곧 천연 축구장이며 족구장·배구장·농구장에선 삼
삼오오 짝지어 신바람나는 한판 승부를 벌일 수 있다. 가족 또는 연
인 끼리 자전거를 빌려 타면 드라마 '겨울연가'의 주인공이 되고, 수
상레포츠 시설에선 바나나보트와 윈드서핑, 수상스키를 즐길 수 있
다. 여러 가지 시설물 가운데 또 하나 빼놓을 수 없는 곳이 오토캠핑
장이다. 중도오토캠핑장은 1백 12만 2천㎡ 규모
로 조성된 중도관광리조트의 부대시설 중
하나. 세 개 구역으로 나뉘어 있는 캠핑
장은 동시에 5백동의 텐트를 수용할
수 있으며, 각각의 캠핑장마다 취사
장과 화장실이 하나씩 마련돼 있다.
사진가에게 각양각색의 텐트들이
줄지어 늘어선 모습은 좋은 촬영 소
재가 되기도 한다. 특히 어스름이 깔리
기 시작하는 저녁 무렵의 캠핑장은 기대 이상
으로 멋진 야경사진을 촬영할 수 있는 장소 중 한곳이다.

의암호에 살포시 담겨 있는 중도의 모습은 밖에서 바라볼 때도 매
력적이다. 아기자기 하게 꾸며 놓은 유원지 모습과는 또 다른 중도의

중도유원지에는
동시에 5백동을
수용할 수 있는
캠핑장이 마련돼
있다. 어둠이 내리면
별세계가 펼쳐진다.

중도의 아침은
아름다운 한폭의
그림처럼
다가온다.

매력을 카메라에 담고 싶다면, 조금은 거리를 두고 중도를 바라보는 것도 좋다. 중도의 모습을 가장 잘 들여다 볼 수 있는 곳으로는 의암댐에서 현암리 쪽으로 이어지는 403번 지방도로를 꼽을 수 있다. 호반의 도시 춘천에서도 최고의 드라이브 코스로 꼽히는 이곳이야말로 중도의 아름다움을 카메라에 담기에 최적의 장소이다. 특히 이른 아침, 스멀스멀 피어오르는 물안개와 중도의 모습은 그 중에서도 백미. 자가운전자라면 이 멋진 도로를 한번쯤 달려보는 것도 좋겠다. 의암호를 끼고 도는 호반 드라이브는 의암로터리에서 시작하는데, 46번국도와 403번지방도가 만나는 의암로터리에서 춘천시내로 이어지는 46번국도를 버리고 403번지방도로 올라서면 의암호의 멋진 풍광을 맘껏 즐길 수 있다.

📷 **사진 이야기** 좋은 사진은 사진가의 의도가 제대로 표현된 사진이다. 이를 위해서는 무엇보다 장비에 대한 이해가 우선되어야 한다. 그 중에서도 조리개와 셔터 스피드의 역할에 대해서는 아무리 강조해도 부족하지 않다. 우선 조리개와 셔터 스피드는 노출에 절대적인 영향을 미친다. 하지만 여기서 놓치지 말아야 할 것은 조리개와 셔터스피드가 사진의 깊이(조리개)와 움직임(셔터 스피드)도 결정한다는 사실이다. 그래서 노출량을 조절할 때는 늘 최종적으로 표현될 결과물에 대해 신중히 고민하고 결정해야 한다.

춘천칠층석탑

보물 제77호인 춘천칠층석탑은 도심 한 가운데 자리해 있는 고려시대의 석탑이다. 이 석탑은 2중 기단의 칠층석탑으로 기단부 전체가 땅 속에 묻혀 있던 것을 2000년 5월에 해체, 복원하면서 지금의 모습을 되찾게 되었다. 원래 충원사라는 사찰에 있던 석탑으로 추정하는데, 이는 조선 인조 때 이곳의 현감이었던 유정립이 인조반정으로 파직당하고 낙향해 이 탑 부근에 집을 지으려고 터를 닦던 중 '충원사(忠圓寺)'라는 글이 새겨진 그릇을 발견했기 때문이라 한다.

✉ ☎ 강원도 춘천시 소양로 2가 162-2. 033)250-3076(춘천시청 문화예술과)

송암스포츠타운

춘천시 송암동에 위치한 송암스포츠타운은 명실상부 춘천을 대표하는 레포츠 공간이다. 종합운동장을 비롯해 야구장 · 테니스장 · 실내외 빙상장을 갖췄으며, 스포츠 클라이밍 · 인라인스케이트장 · 국궁장 같은 레포츠 공간도 마련돼 있다. 이외에 수상스키와 낚시를 즐길 수 있는 수상레저시설도 빼놓을 수 없다. 국궁장 뒤쪽의 하늘공원까지는 산뜻한 산책로가 마련돼 있어 온가족이 가볍게 산책을 즐길 수도 있다. 하늘공원에서는 송암스포츠타운은 물론 춘천시 일대가 한눈에 들어온다.

✉ ☎ 강원도 춘천시 송암동 157. 033)264-0660(춘천시체육진흥재단)

소문난
맛집

큰마당막국수

막국수 전문점인 큰마당막국수는 너나할 것 없이 원조를 자처하는 춘천에서 원조란 간판을 내걸지 않고 장사를 하는 집 중 한 곳이다. 하지만 그 맛의 내공은 결코 만만치 않다. 10년 넘게 한 자리에서 막국수만을 고집해 온 주인장의 손맛 때문이다. 막국수는 시원한 육수에 사리를 넣고 그 위에 얇게 여민 무와 총총히 썰어놓은 김 그리고 매콤달콤한 양념장을 넣어 비벼먹는데, 그 맛이 무척이나 깊으면서도 부드럽다. 입맛에 따라 설탕을 조금 넣어 먹어도 괜찮다. 막국수 가격은 보통 5천원, 곱빼기 6천원.

✉ ☎ 강원도 춘천시 삼천동 32-1, 삼천동 선착장에서 남춘천역으로 향하는 방향의 삼천사거리 옆. 033)244-2775

경춘선 추억 만들기

MT, OT, 가족모임 하기 좋은 곳 24

스타힐 리조트

천마산을 배경으로 개발된 스타힐리조트는 6개의 전용리프트가 설치되어 있고 호텔을 비롯한 각종 부대시설이 편리하게 마련되어 있어 겨울철 스키어들이 즐겨 찾는다. 숙박시설을 비롯한 연수시설까지 갖추고 있어 다양한 행사가 가능하다. 여름에는 야외수영장을 개장한다. 서울 청량리역(롯데백화점 앞)과 잠실역(8번 출구 월드타워 앞)에서 노선버스를 이용할 수도 있다. 주변에 천마산, 서울종합촬영소, 몽골문화촌, 수동국민관광지 등 볼거리도 많다.

✉ ☎ 경기도 남양주시 화도읍 묵현리 548. 031-594-1211
www.starhillresort.com

썬힐펜션

앞쪽으로 물안산과 호명산, 뒤쪽으로 청우산과 불기산이 있어 등산객들에게도 익숙한 곳이다. 3개 동으로 지어진 펜션은 각 동마다 넓은 발코니가 있어 붉게 물든 저녁노을과 시원한 경치를 즐길 수 있다. 기업워크숍, 단체모임, 대학생 MT 등 다양하게 이용 가능하며, 8백여 평의 넓은 운동장과 1천 평의 잔디구장이 있어서 단체행사 시 다목적으로 활용할 수 있다. 주변 여행지로 자라섬과 청평수상레저, 남이섬, 강촌스키장, 상천에덴놀이공원 등이 있다.

✉ ☎ 경기도 가평군 가평읍 상색리 372-1. 031-582-6455 www.sunhillpension.com

화랑유원지

오토캠핑장 둘레로 밤나무가 있어 자연그늘이 좋다. 때문에 주말이나 성수기에는 예약이 필수. 최대 300동까지 텐트를 설치할 수 있으나 모두 그늘은 아니니 예약을 서둘러야 한다. 캠핑장 바로 앞에 명지계곡에서 내려오는 물길이 있다. 샤워시설과 화장실·매점 등 편의시설이 있어 이용하기 좋다. 인조잔디가 깔려있는 풋살구장과 배구장·족구장은 단체체육활동에 적합하다. 주변에 연인산·남이섬·명지산 등이 위치해 캠핑과 트레킹을 동시에 즐길 수 있다.

✉ ☎ 경기도 가평군 북면 목동리 720-2. 031-582-9169
www.campgp.co.kr

가평 산내들체험마을

폐교된 목동초등학교를 리모델링하여 만든 자연체험 시설로 명지산 가는 길목에 있다. 북한강으로 흘러드는 가평천 상류의 지류인 화악천의 맑고 깨끗한 냇물이 흐르는 곳으로, 냇가에는 꺽지ㆍ버들치ㆍ쏘가리ㆍ쉬리 등 1급수에 사는 어종들이 풍부하게 서식하고 있다. 수학여행, 과학캠프, 마술캠프, 스키캠프, 간부수련회 등 계절별로 다양한 체험프로그램이 있으며, 주변 농가들과 함께 농촌의 향기를 듬뿍 느낄 수 있는 농촌체험도 진행한다.

✉ ☎ 경기도 가평군 북면 목동리 916-7. 031-401-1123 www.theworldline.co.kr

가평 야생화 캠프

4천여 평의 자연 속에 자리한 대단위 캠프장으로, 가족캠프나 초ㆍ중ㆍ고생의 생태체험, 대학생 MT와 OT, 워크숍, 단체 모임 등 다양한 구성원들이 찾기에 적합하다. 6백여 평 규모로 조성되어 있는 야생화단지는 생태체험학습장과 천체관측소로 활용되며, 각종 야생화와 약초 등을 관찰할 수 있다. 산나물과 약초 채취, 계곡 물놀이, 단풍놀이와 밤 줍기, 눈썰매, 목공예 등 계절별로 즐길거리가 많다. 5~100명 규모의 객실에 세미나실과 빔프로젝트 시설도 있다.

✉ ☎ 경기도 가평군 북면 화악2리 850. 031-581-2832 www.flowercamp.net

신성밸리 캠핑장

방갈로ㆍ펜션ㆍ캠핑장을 골고루 갖추고 있다. 화장실과 세면장이 깨끗하고 개수대와 샤워장에는 더운물을 사용할 수 있어 여성 이용객들의 만족도가 높다. 여름에는 수영장을 이용할 수 있어 아이들을 동반하기에 좋고, 겨울이면 수영장에서 송어낚시를 즐길 수 있다(체험은 사전 문의 필수). 무엇보다 겨울이면 세면대와 개수대에 화목난로를 운영한다. 캠핑 열풍으로 성수기에는 예약은 필수다. 인근의 어비계곡과 어비산 트레킹을 즐길 수 있다.

✉ ☎ 경기도 가평군 설악면 가일2리 40. 010-3408-05601 www.sinsungvalley.co.kr

청심국제연수원

국제연수원은 구성원 간의 이해와 화합을 위해 심신을 단련하고 기업 구성원으로서 자신의 위치와 역할을 되돌아봄으로써 조직력 대화의 기회를 제공하는 데 설립 목적을 두고 있다. 청평호 후미진 기슭에 자리해 주변 경관이 수려한 데다, 다양한 편의시설과 다이내믹한 프로그램이 돋보이는 곳이다. 편안한 숙박 시설과 교육 시설은 물론 '아자아자 운동실' 'A-YO 댄스실' '아리랑 풍물실' 등과 함께 산책로, 숲 탐방로, 수상스포츠장도 마련돼 있다.

✉ ☎ 경기도 가평군 설악면 송산리 595. 031- 589-1700 www.cheongacamp.com

상천 에덴유스호스텔

'전원 속의 스포츠'를 기치로 내세운 상천에덴스포츠타운의 숙박시설이다. 호텔급 시설을 갖추고 있으며 각 방마다 욕조·냉장고·에어컨·TV가 구비돼 있다. 800여 평 규모에 수용 인원 1천여 석에 달하는 컨벤션홀이 있는가 하면, 학생들의 MT나 직장인들의 워크숍에 적당한 규모의 세미나실(빔 프로젝트·OHP·화이트보드·음향 시설 완비)도 갖춰져 있다. 전천후 실내 테니스장과 13층 건물 위에 40m 높이로 세워진 전망대도 돋보인다.

✉ ☎ 경기도 가평군 청평면 상천리 295-4. 031-581-3900 www.eden-town.com

쁘띠프랑스펜션

'한국 속의 프랑스 마을'을 표방한 쁘띠프랑스(Petite France) 내에 있는 펜션이다. 프랑스풍의 아름다운 건축물과 문화를 체험할 수 있는 곳이자, TV 드라마 〈베토벤 바이러스〉의 촬영지로도 널리 알려진 곳이다. 어린왕자 뮤지컬 영상, 세계 타악기 체험 등 다양한 공연과 관람은 물론, 직장인들과 학생 단체 수련회를 위한 여러 가지 프로그램들이 마련돼 있다. 2명에서 12명까지 사용 가능한 객실이 마련돼 있으며, 숙소 내에서는 취사 금지다.

✉ ☎ 경기도 가평군 청평면 고성리 616. 031-584-8200 www.pfcamp.com

대성리 원두막 캠프

북한강의 지류이자 수동
천의 하류인 구운천변에 자
리해 여름철에 찾아오면 낮에는
물놀이, 밤에는 캠프파이어를 즐길 수
있다. 겨울철에는 얼음 썰매도 재밌다. 숙실은 4인 이상 단체 위주로 꾸며져 있는데,
4~7인에 적합한 소형 룸과 10~20인 또는 20~30인에 적합한 중형 룸, 50~70인 규
모의 대형 룸이 있는가 하면 최대 80~120인까지 수용 가능하다. 서바이벌과 사륜오
토바이, 숯불 바비큐 식사, 노래방을 한꺼번에 이용할 수 있는 패키지 상품도 있다.

✉ ☎ 경기도 가평군 청평면 대성리 412-1. 031-585-4840 www.daesungri.co.kr

하늘정원펜션

숲과 계곡을 끼고 있는 하늘정원펜션은 유럽풍의 외관
이 눈길을 끈다. 실내 분위기와 주변 시설물도 깔끔하
고 잘 정돈된 분위기다. 부지 자체가 넓어 야외 테라스
공간이 넉넉하고 인조잔디구장도 조성돼 있다. 작은
운동장에선 족구 · 농구 · 미니축구를 즐길 수 있으며,
겨울철이면 펜션 아래의 계곡이 얼어붙어 썰매 타는 재미
도 색다르다. 8~10명 또는 15~20명이 묵을 수 있는 원룸 형
태와 25~30명의 투룸 형태, 40~50명 규모의 다중룸이 있다.

✉ ☎ 경기도 가평군 청평면 대성리 420-2. 070-8222-0733 www.sminbak.net

언덕위에하얀집

이름처럼 산뜻한 하얀 외관이 인상적인 곳이다. 숙박 시설
인 본채 앞에 위치한 넓은 운동장에는 족구장과 농구장이
별도로 마련돼 있다. 계곡 주위의 방갈로와 평상을 이용할
수 있다는 것도 장점이다. 각 객실에는 싱크대와 취사도구
가 비치돼 있으며 바비큐를 위한 바비큐 통은 무료로 빌려
준다. 경춘선 전철을 이용해 대성리역에 내려 전화를 하면
픽업을 해준다. 가까운 관광지로는 대성리국민관광지와 수
동국민관광지, 비금계곡과 몽골문화촌 등이 있다.

✉ ☎ 경기도 가평군 청평면 대성리 518-10. 031-585-1248
www.w-house.com

청평자연휴양림

청평호반을 바라보는 울창한 숲 속에서 대자연을 느끼며 쉴 수 있는 곳이다. 숙박을 할 수 있는 산림휴양관 5개 동과 커플들을 위한 메이플라워 2개 동을 비롯해 전망대 · 피크닉장 · 수영장 · 계곡 · 숲속카페 · 세미나룸 · 광장 · 강당 · 산림욕길 · 약수터 등의 시설을 고루 갖추고 있다. 가족 단위 휴양객뿐 아니라 단체교육이나 연수 목적의 장소로도 아주 적합하다. 뽀루봉(710m) 골짜기 아래에 위치한 곳으로 야외활동을 고루 즐길 수 있다는 점이 자랑거리다.

✉ ☎ 경기도 가평군 청평면 삼회리 33-1. 031-584-0528 www.campcp.com

솔내음 MT하우스

대학생들이 MT 장소로 즐겨 찾는 청평 안전유원지 입구에 있는 아담한 펜션이다. 2~3명이 묵을 수 있는 작은 방부터 30~40명이 묵을 수 있는 큰 방까지 다양하게 갖추고 있어서 가족 단위는 물론 대학생 MT, 단체 워크숍 이용에 좋다. 각 방에는 TV · 에어컨 · 주방 시설이 잘 갖춰져 있어 편리하며 숙소 앞은 바로 조종천이다. 수심은 1m 안팎으로 어린이가 있는 가족이나 단체 물놀이에 안성맞춤이다. 경춘선 청평역에서 가까워 찾기에 편리하다.

✉ ☎ 경기도 가평군 청평면 청평리 93-6. 031-584-4313 www.solsmell.co.kr

좋은아침연수원

운악산과 명지산 사이 1만여 평의 대지 안에 3천여 평의 넓은 잔디광장을 갖추고 있다. 앞으로는 쉬리 · 버들치가 서식하는 1급수 조종천이 흐른다. 천정부터 바닥까지 탁 트인 유리창을 통해 계절 따라 바뀌는 아름다운 자연을 모든 객실에서 감상할 수 있다. 180명, 80명 규모의 강의실과 60명, 30명, 15명 규모의 세미나실 등 총 8개 교육실을 갖추었고, 정규 규격의 천연 잔디 축구장과 전통 누각, 야외 데크, 편의점 등의 부대시설이 있다.

✉ ☎ 경기도 가평군 하면 상판리 291-1. 031-584-3945 www.gmhrd.com

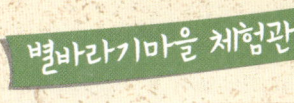

별바라기마을 체험관

명지산과 연인산, 귀목봉과 청계산 사이의 둔덕에 있는 녹색농촌체험마을이다. 귀목봉에서 발원한 조종천이 흐르는 곳으로, 마을에는 반딧불이서식생태공원도 있다. 체험관은 6~7명이 묵을 수 있는 아늑한 객실이 4개 있으며, 세미나실도 준비되어 있다. 별바라기마을에서는 천체관측 체험 외에도 수서생물 관찰, 숲 체험 같은 자연생태 체험과 계절별로 다양한 농촌 체험을 진행한다. 마을 뒤쪽 명지산 중턱에는 사설 천문대인 코스모피아가 있다.

✉ 📞 경기도 가평군 하면 상판리 466-3. 031-585-3823
www.byeolbaragi.com

청암산장펜션

운악산과 명지산 · 청계산 · 연인산이 병풍처럼 감싸고 있는 곳에 자리 잡은 펜션형 산장이다. 이 지역은 생태계보호구역으로, 1급수의 맑은 조종천과 반딧불이 집단 서식지로 유명하다. 부대시설로 30여 평의 회의실이 있어서 단체 모임, 워크숍, MT 등에 두루 적합하며, 식당 · 바비큐장 · 노래방 · 운동장 · 캠프파이어 시설 등이 고루 갖춰져 있다. 주변 관광지로 연인산과 명지산을 비롯해 아침고요수목원 · 가평사계절썰매장, 운악산과 현등사 등이 있다.

✉ 📞 경기도 가평군 하면 상판리 474-14. 010-3307-5239 www.casanjang.com

아이린펜션

고풍스러운 외관과 야외수영장이 매력적인 곳이다. 아침고요수목원 가는 길변에 위치한 곳으로 푸른 숲에 둘러싸인 펜션 앞으로는 조종천의 지류인 임초천 맑은 물이 흐른다. 2~4인을 위한 가족형 객실과 함께 단체 모임을 위한 독채형 객실도 있다. 복층으로 구성된 크렘린궁의 경우 상트룸과 블라디룸을 독채 형식으로 빌리면 최대 14인까지 묵을 수 있다. 객실마다 독특한 인테리어가 돋보이고 일부 객실에는 월풀과 당구대도 설치돼 있다.

✉ 📞 경기도 가평군 상면 임초리 35-7. 070-7722-4257 irene.gp114.net

산바라기마을 우리콩 MT촌

가평의 자연경관 가운데서 가장 빼어나다고 자랑하는 '경기금강'의 운악산과 천년고찰 현등사가 있는 마을이다. 우리콩만을 사용해 만든 손두부, 두부전골 등 두부를 이용한 다양한 먹거리와 체험거리가 있어서 우리콩두부마을로 유명하며, 마을 앞에는 조종천이 흘러 물놀이하기에도 좋다. 마을에는 다양한 숙소가 있어서 MT · 야유회 · 체육행사 · 수련회 · 가족모임 등을 할 수 있다. 숙소로는 안마당(031-584-6600, www.anmadang.com) 등이 있다.

✉ ☎ 경기도 가평군 하면 하판리 산바라기마을. 031-585-1231 www.kongvillage.co.kr

강촌이야기

2인실부터 80인 이상 숙박 가능한 객실까지 다양한 시설을 갖추고 있다. 가족 단위는 물론 단체 MT도 가능하다. 산악용 · 여성용 · 커플용 · 아동용 등 다양한 자전거 대여가 가능하며, 대형 주차장 시설이 완비되어 있다. 노래방기기와 바비큐 · 로스구이 시설, 캠프파이어 시설이 되어 있으며 민박 바로 옆에 있는 남산초등학교 운동장을 이용해 축구 · 족구 · 배구 등을 즐길 수 있다. 주변 여행지로는 강촌랜드와 구곡폭포 · 문배마을 · 남이섬 등이 있다.

✉ ☎ 강원도 춘천시 남산면 방곡리 126-10. 033-262-3399 www.gcstory.com

강촌MT마을 리틀강촌펜션

강촌역에서 걸어서 5분 거리. 객실은 2인실부터 최대 100명을 수용할 수 있는 단체실까지 다양하다. 입실은 오후 3시이며 퇴실은 다음날 오전 12시이다. 청소보증금으로 5만원을 받고 있는데 퇴실 시 반환받을 수 있다. 1만원을 내면 바비큐 그릴과 숯 등을 제공받을 수 있다. TV · 에어컨 · 냉장고 · 취사도구가 갖춰져 있으나 세면도구는 준비해야 한다. 주변에 엘레시안강촌, 구곡폭포, 문배마을 등 춘천의 대표적인 관광명소가 즐비해서 더욱 편리하다.

✉ ☎ 강원도 춘천시 남산면 강촌리 309. 010-9004-3375 www.gangchonmt.com

강촌관광농원

강촌역과 5분 거리에 있어 편리하
다. 숲속에 옴팍하게 들어앉아 상
쾌한 산공기를 즐길 수 있으며 야외
활동을 하기에 전혀 문제가 없도록 농구대
·족구네트·자전거 등 시설이 준비되어 있다. 작은 객실
부터 대형 객실까지 인원에 따라 선택할 수 있다. 흑염소
를 비롯해서 매운탕, 삼겹살까지 주문이 가능하다. 객실은
작은 규모도 있지만 대부분 단체손님을 위한 공간이다. 넓은
운동장까지 갖추고 있어 학교MT, 수련회 등에 적합하다.

✉📞 강원도 춘천시 남산면 강촌리 509-3. 033-261-8214 www.gangchonnongwon.com

연화펜션

자라섬과 남이섬 중간의 북한강변에 위치한 연화펜
션은 특히 여름철 수상레포츠를 즐기기에 좋은 곳이
다. 겨울에는 또 15분 거리의 강촌스키장을 찾아 하
루를 즐길 수 있는 등, 물과 산이 조화를 이룬 입지조
건이다. 종합레포츠타운으로 수상레저는 물론 산악
사륜오토바이, 서바이벌, 번지점프, 경비행기, 래프팅
시설이 갖춰져 있고, 대형운동장(축구·족구·농구장)
과 세미나장 등의 부대시설을 이용할 수 있다. 10인, 8인
규모의 객실이 마련돼 있다.

✉📞 강원도 춘천시 남산면 방하리 165-3. 033-263-5513, 010-6275-8345
www.x-town.co.kr(홈페이지 개편작업 중)

기화유스호스텔

남이섬 남쪽 북한강변에 위치한 곳으로 야유회, 단
체 수련회, 중·고생 수련회, 대학생 OT·MT, 기
업체 연수 및 워크샵 등의 행사를 하기에 안성맞
춤이다. 자연을 훼손하지 않고 지은 건물 자체가
돋보인다. 뒤편으로는 아름다운 숲과 계곡을, 앞
으로는 맑고 푸른 북한강변을 끼고 있어서 자연
그대로 뛰어난 비경을 자랑한다. 5명, 10명, 15명
단위의 단체실과 30명이 함께 들어갈 수 있는 찜질방
형태가 있고, 강당 시설도 잘 구비돼 있다.

✉📞 강원도 춘천시 남산면 방하리 365-1. 033-263-1151 www.kiwayh.com

놀치지 마세요!
경춘선 신바람 축제 캘린더 14

아래 축제 행사는 일정 및 장소, 행사 내용이 당해 연도 사정에 따라 다소 변경될 수 있으니 공식 홈페이지나 문의처 안내 전화로 사전에 확인하세요!

1월

자라섬씽씽겨울 축제

새해 겨울 놀이 종합선물세트. 송어 얼음낚시, 스노우 판타지아, 눈사람 기네스, 겨울 놀이 광장(눈썰매 · 얼음썰매 · 빙상자전거 · 전동썰매 · 스노우 래프팅), 50인 초대형 썰매 등 각종 이벤트 및 체험 행사가 열린다. 대단위 규모의 얼음썰매장에서는 전통썰매, 눈썰매, 자전거썰매 등을 탈 수 있고, 겨울놀이 얼음광장에서는 개 썰매, 스노 MTV, 스노 모바일 보트 기차, 시베리안 허스키 개 썰매 등이 등장한다.

날짜 매년 1월 초순~말일까지
장소 자라섬 및 가평천(늪산 앞) 일원
교통 경춘선 가평역 하차 후 연계 버스 이용
주최·주관 가평군
(@ 031)580-4321(생태레저사업소)
www.singsingfestival.net

4월

북한강 문화나들이

북한강유원지 내의 야외공연장에선 매주 토요일 오후가 되면 다양한 공연과 체험 프로그램이 펼쳐진다. 미술조각 공예체험, 긱종 영화 상영, 물놀이 레크리에이션, 인형극, 스포츠댄스, 타악 공연 등 성인과 청소년은 물론 어린이들이 좋아하는 프로그램들이 많다.

- **날짜** 매년 4월~10월, 매주 토요일 오후 3시
  (7월~8월은 매주 토요일 오후 5시)
- **장소** 북한강야외공연장(남양주시 화도읍 금남리 174-1)
- **교통** 경춘선 마석역에서 30-9번 버스 이용
- **주최·주관** 남양주시
- **(@** 031)590-4244(남양주시 문화관광과) www.nyj.go.kr

김유정문학제

우리나라 현대 단편문학의 대표작가인 김유정 선생의 문학사적 업적을 되새기고 추모하는 행사이자 문학축제로, 작가의 고향인 실레마을(지금의 증리)에서 열린다. '김유정 산문백일장' '김유정 소설 입체낭송대회' '소설 「봄봄」 「동백꽃」 속의 점순이를 찾아라' '목마고우(木馬故友) 대회' '실레마을 닭운동회' 등이 개최되고 풍물장터도 열려 입맛을 돋운다. 백일장 및 소설 낭송대회는 인터넷으로 사전 신청을 해야 한다.

- **날짜** 매년 4월 4번째 주 금, 토, 일요일
- **장소** 김유정문학촌(춘천시 신동면 증리 868-1) 등
- **교통** 경춘선 김유정역에서 도보 거리
- **주최 | 주관** 춘천시, 춘천MBC | 김유정문학촌
- **(@** 033)261-4650(김유정문학촌) www.kimyoujeong.org

연인산전국산악자전거대회

국내 최고의 첼린지 코스로 꼽히는 경기도 도립공원 연인산을 주무대로 펼쳐지는 MTB 대회. 크로스컨트리 개인 등급별로 진행하되 개인 성적 합산 방식으로 단체 시상도 한다. 참가 희망자는 인터넷으로 사전 신청을 해야 한다.

날짜 매년 5월 중순 일요일
장소 가평종합운동장-연인산-칼봉산 일원
교통 경춘선 가평역 하차
주최 | 주관 가평군 | 국민생활체육전국자전거연합회
☎@ 031)580-2148(가평군 문화관광과) www.gpmtb.com

춘천마임축제

춘천(자연)과 마임(예술)과 축제(난장)를 멋지고도 흥겹게 조화시킨 특색 있는 축제로 꼽힌다. 순수 민간단체가 주도하는 행사이면서도 문화체육관광부가 5년 연속 우리나라 최우수축제로 지정할 만큼 해를 거듭할수록 그 인기가 드높다. '공식초청작' '자유참가작' '야외공연공모선정작' 등의 공연 프로그램과 'festival in festival' '페스티벌 클럽' 등의 축제 프로그램, '아! 水라장' '미친 금요일' '도깨비 난장' 등의 신화 프로그램을 비롯한 기타 부대 행사가 동시다발로 개최되어 어느 하나 놓치기가 아깝다.

날짜 매년 5월 마지막 주 일요일~일요일(8일간)
장소 마임의집, 봄내극장, 춘천문화예술회관, 춘천인형극장
교통 경춘선 남춘천역 또는 춘천역 하차
주최 | 주관 (사)춘천마임축제, 한국마임협의회, 춘천MBC |
  (사)춘천마임축제 운영위원회
☎@ 033)242-0585(춘천마임축제) www.mimefestival.com

청소년문학축제(봄봄)

중고등학교 국어교과서에 실려 있는 「동백꽃」「봄봄」
의 작가 김유정의 삶과 작품을 재음미함으로써 입시
공부에 찌든 청소년들의 꿈과 정서 함양에 활력을 불
어넣어 주는 행사. '김유정 소설 속편 쓰기' '인기 작가
와의 만남' '김유정 소설 퀴즈 골든벨' '김유정 소설 연극
공연' 등이 펼쳐지고, 청소년들의 다양한 장기를 겨뤄보
는 '봄봄 장기자랑'도 진행된다. 사전 참가신청 필수.

날짜 매년 5월 4번째 토요일
장소 김유정문학촌(춘천시 신동면 증리 868-1)
교통 경춘선 김유정역에서 도보 거리
주최·주관 (사)김유정기념사업회
(@ 033)261-4650(김유정기념사업회) www.kimyoujeong.org

8월

춘천아트페스티벌

2002년 춘천무용축제로 출
발한 춘천아트페스티벌은 각
자의 재능과 재원을 조금씩 보태
는 재능기부로서의 열린 축제이며 당
대 최고의 공연예술로 평가받는다. 매년 8월 첫째 주, 건
축가 고(故) 김수근 선생의 작품인 춘천시어린이회관은
국내외에서 활동하는 전문 아티스트와 스태프들이 함께
만들어내는 아름답고 완벽한 무대가 된다. 다양한 장르의
무용과 음악 공연이 동양과 서양, 전통과 현대를 아우른다.

사진·이도희

날짜 매년 8월 첫째 주 목요일~토요일
장소 춘천시어린이회관(춘천시 삼천동 223-2)
교통 경춘선 남춘천역 또는 춘천역 이용
주최 | 주관 춘천시문화재단, 춘천아트페스티벌 | 춘천아트페스티벌 운영위원회
(@ 033)251-0545(춘천아트페스티벌) www.ccaf.or.kr

춘천인형극제

1989년에 시작된 춘천인형극제는 국내외 인형극단과 인형극인들이 한자리에 모이는 세계적인 축제 한마당으로, 인형극과 다양한 부대 행사가 함께 열려 호반의 도시 춘천에 꿈과 동심을 불러 모은다. 개막 퍼레이드 '인형들의 거리 퍼포먼스'를 필두로 각종 '초청극'과 '아마추어 인형극 경연대회'가 개최되고, '인형 만들기'와 '인형극 체험' 프로그램이 운영되며 부대 행사로 '어린이 벼룩시장'도 개설된다.

날짜 매년 8월 초 · 중순경 8일간
장소 춘천인형극장(춘천시 사농동 277-3), 육림랜드
교통 경춘선 춘천역
주최|주관 춘천시, (재)춘천인형극제 | 춘천인형극제집행위원회
(@ 033)242-8450(춘천인형극장) www.cocobau.com

춘천 닭갈비·막국수축제

춘천의 명물 닭갈비와 막국수 잔치 한마당이다. 춘천 일대의 닭갈비·막국수 전문 업체들이 참가하는 닭갈비 부스와 막국수 부스가 설치되는 메인 행사장에선 춘천향토음식 요리 경연대회가 열리고, 100인 닭갈비·막국수 무료 시식 행사가 흥을 돋운다. 이밖에 막국수 전통틀 체험 및 막국수 빨리먹기, 메밀 떡메·타작 등의 체험 행사와 춘천 농특산물 판매관도 개설된다.

날짜 매년 8월 말경, 6일간
장소 춘천송암스포츠타운(춘천시 송암동 157) 등
교통 경춘선 남춘천역
주최|주관 춘천닭갈비·막국수축제조직위원회, KBS춘천방송총국 | 춘천닭갈비·막국수축제조직위원회
(@ 033)250-4347(축제 조직위원회) www.mdfestival.com

9월

춘천국제연극제

극장 위주의 공연을 지양하고 '열린 무대, 열린 축제'로서 다양
한 장르의 연극 공연을 지향하는 국제적 행사이다. 매년 15개국
이상의 해외 팀이 참가함에 따라 다양한 풍습과 문화를 접하고
익힐 수 있는 기회도 된다. 국내 최대 규모의 연극 축제일 뿐만
아니라, 호반의 도시 춘천을 세계에 널리 알리는 행사로 평가받는
다. 개막식 특별 공연을 비롯한 공식 초청작과 국내에선 처음 선보
이는 해외 참가작, 다양한 장르의 국내 참가작 등이 공연된다. 전체
적으로 관람료가 저렴한 편이며, 예매에 한해 24세 이하와 65세 이
상, 그리고 10인 이상 단체 관람객에겐 할인 혜택이 주어진다.

날짜 매년 9월 초순, 9일간
장소 문화예술회관, 봄내소극장, 어린이회관 등
교통 경춘선 남춘천역 또는 춘천역에서 시내버스 이용
주최·주관 춘천국제연극제 조직위원회
☎@ 033)241-4345(춘천국제연극제 사무국) www.citf.or.kr

소양강문화제

춘천에서 가장 오래 된 전통민속축제. 춘천의 전
통민속문화를 발굴해 계승·보존하고 시민의 화합
을 다지는 향토축제로서 전통민속 행사는 물론 현
대예술 행사도 가미된다. 봉의산제, 축하공연, 외바
퀴수레싸움 시연, 전국 전통굿 시연, 휘호 대회, 줄다
리기, 그네뛰기, 씨름, 투호 등의 민속 행사가 특히 볼
거리다. 청소년을 위한 젊음의 축제도 펼쳐진다.

날짜 매년 9월 마지막 주 목, 금, 토요일
장소 춘천시 삼천동 시민공원(중도선착장)
교통 경춘선 남춘천역에서 시내버스 이용
주최│주관 소양강문화제위원회 │ 춘천향교 등 지역 단체
☎@ 033-254-5105(소양강문화제위원회) www.chuncheon.go.kr

10월

춘천애니메이션포럼

국내 최대의 애니메이션 종합축제. 국내외의 다양한 애니메이션을 접할 수 있고, 각종 애니메이션 체험도 겸할 수 있어 어린이는 물론 애니메이션을 좋아하는 성인들에게도 인기다. 3D영화제를 비롯한 애니메이션 원리 체험과 퍼즐 체험, 동아리 행사 및 각종 인형극 초청 공연이 부대 행사로 열린다. 메인 행사장인 애니메이션박물관은 국내 유일의 애니메이션 전문 박물관으로, 축제 기간이 아닌 평일에 찾아도 아이들과 즐거운 하루를 보낼 수 있다.

- **날짜** 매년 10월 초순 전후 2, 3일간
- **장소** 춘천시 서면 현암리 애니타운
- **교통** 경춘선 춘천역에서 노선버스 이용
- **주최·주관** 춘천시, (재)강원정보문화진흥원
- **(@** 033)245-6100(강원정보문화진흥원) www.caf21.org

석봉한호선생전국휘호대회

조선시대에 가평군수를 지낸 석봉 한호 선생의 유덕을 기리는 문화축제 행사. 전국적으로도 권위 있는 휘호 대회로 발전해 개인은 물론 가족 동반 참가자들도 많다. 한문서예·한글서예·문인화 등 3개 분야 가운데 1개 부문만 참가 가능하고 일반부(만 18세 이상)와 중·고등부, 초등부로 나누어 기량을 뽐내게 된다. 휘호에 필요한 필구 일체(낙관 포함)는 본인이 준비해야 하며, 참가 접수는 행사 15일 전까지 가평문화원으로 우편 또는 팩스를 이용하면 된다. 일반부를 제외한 초중고부는 참가비가 없으며, 일반부의 참가비 또한 전액을 가평사랑상품권으로 교환해준다. 대회 입상자에겐 소정의 상금과 상품이 수여된다.

- **날짜** 매년 10월 첫째 주 일요일
- **장소** 가평체육관(가평군 가평읍 대곡리 343)
- **교통** 경춘선 가평역 하차
- **주최|주관** 가평군청 | 가평문화원
- **(@** 031)580-2061(가평군 문화관광과), 582-2016(가평문화원) www.gp.go.kr

326

자라섬국제재즈페스티벌

지난 2005년 제2회 행사 때 총 10만 방문 관객을 돌파한 이래, 해를 거듭할수록 인기를 더해가는 자라섬국제재즈페스티벌은 북한강 자라섬과 함께 가평읍을 전국의 관광명소 반열에 올린 기획상품으로 평가 받는다. 자라섬 메인 스테이지에서는 국내외 재즈 뮤지션들의 수준 높은 공연을 관람할 수 있고, 가평읍 일원에 마련된 스테이지에서는 국내 힙합과 소울, 펑키, DJ 등 다양한 장르의 최고 뮤지션들이 펼치는 공연을 관람하면서 함께 열광할 수 있다. 음악과 자연이 하나 되는 축제의 섬 '자라섬'에서 펼쳐지는 감동의 무대를 찾을 때는 교통 혼잡을 피해 전철을 이용하는 것이 가장 효과적이다. 관련 홈페이지를 통해 공연 프로그램을 사전에 확인해 두는 것도 필수.

날짜 매년 10월 중순 전후 3, 4일간
장소 자라섬 및 가평읍 일대
교통 경춘선 가평역에서 도보 거리
주최 | 주관 가평군청 | 자라섬재즈센터
(@ 031)580-4321(생태레저사업소), 581-2813(자라섬재즈센터)
www.jarasumjazz.com